くり返し聞きたい

分子生物学講座

坂口謙吾／著

羊土社
YODOSHA

羊土社のメールマガジン
「羊土社ニュース」は最新情報をいち早くお手元へお届けします!

●主な内容
・羊土社書籍・フェア・学会出展の最新情報
・羊土社のプレゼント・キャンペーン情報
・毎回趣向の違う「今週の目玉」を掲載

●バイオサイエンスの新着情報も充実!
・人材募集・シンポジウムの新着情報!
・バイオ関連企業・団体の
　キャンペーンや製品,サービス情報!

いますぐ,ご登録を! ➡ 羊土社ホームページ　http://www.yodosha.co.jp/
（登録・配信は無料）

はじめに

　分子生物学という学問が社会で話題になるようになってから久しい．名前はバイオだとか遺伝子工学だとか言われることもあるが，要するに生物学の一環である．この単語を周りの一般の方が聞いたとき，どういう印象をもつだろうか？

　聞いてみた．ほとんどの方々が「何となく難しそうな音で，聞く気がしない，中身などどうでもいいやという気分になり」，さらに「テレビのバイオ番組の最初のカバーシーンや医薬品会社のCMに出てくる化学分子の立体構造がぐるぐる回っていたり，亀の子が一杯の化学構造がゾロゾロ出てくる場面を連想する」，「オタクみたいな者が誰か勝手にやれや，という気分になる」そうであった．

　まあ，実際にそういう分野でしょうね．私自身が分子生物学者を40年以上やってきたが，直接一般社会に関係する話ではないと思う．確かにオタクの世界です．マスコミが騒ぐわりには身近ではない．

　にもかかわらず，なぜこんなに世の中は（マスコミは）バイオバイオと騒ぐようになったのだろうか？

　この説明は「なぜ私は分子生物学者になったのだろうか？」という私的な疑問から入った方がわかりやすい．

　高校で大学受験にあたり理系と文系のコースに分けて教育する方法は，今を去ること半世紀前，私が高校生だった頃にはもうあった．まだ15〜16歳の少年であった．高校では理系進学組の方が賢いような雰囲気があり，

ちょっと数学や理科ができると「お前は理系だ」「賢い！賢い！」と先生たちに煽てられる．子供だから，たちまち褒められて有頂天になり理系クラスに入り良い気分になる．そして大学に入る．すると理系は分野が細かく分かれているから，何か理系の科目を選択せねばならなくなる．私はあんまり数学や物理などを基礎とする学問など好きでなくて，仕方なくバイオ系を専攻したというだけの話である．高校時代に多少数学や理科ができたところで，多くはそんな学問が必ずしも好きなわけではない（大学に入ってからわかったが，私などは性格的に数学や物理が大嫌いだった）．そして，卒業にあたり，たいして選択肢もなく飯の種として続け，辞めるわけにもいかず，なんとなくズルズルと流されてバイオの研究を何十年もやっていたにすぎない．

　この有様を見たらわかる通り，私の若き日にはバイオなど全く人気もなく誰も見向きもしなかった学問なのである．それが，私が中年にさしかかる頃（当時のアラフォーですな）から突如バイオブームが生じた．

　21世紀はバイオの時代なのだそうである．バイオの基礎メカニズムは人の身体の原理を全て解決するため，癌は治り，アルツハイマーは治り，いかなる血管障害も治り，成人病（生活習慣病）は怖くなくなる．そして，20世紀の鉄や石炭石油の時代は終わりを告げ，新しいバイオ素材が取って代わり，新しいバイオエネルギーが普及する．なるほど．とても驚きましたな．

　たぶん，それまでの高度成長期に一世を風靡した他の科学技術領域が飽きられて，残っていた領域が珍しかったのでしょうな．機械工学・ロボット工学，電子工学などの専門家に聞くと，そういう世界の製品はニーズがあれば，もうどんな物でも創れるそうである．「もし欲しい物があったら，何でも創ってご覧に入れますよ」と言ってくださる方が多い．そしてもう一つ「でも，もう何をやっていいのか目標がないんですよ．やって欲しい

ことを見つけてくださいよ」と言われるのである．発達の結果，未来への展望のコンセプトが減衰しているのである．

　マスコミも飽きますわな．何かもっとわからなさそうな素人にもわかるフレーズのある領域を探す．今は癌やアルツハイマーが社会問題である．介護となると政治の世界でもある．もっともらしい話をバイオがいっぱい流してくれる，それもアメリカ発で．飛びついた．

　それが私の結論でした．

　とにかくその原点となったのが分子生物学である．
　ブームに乗って，私も分子生物学の本を書いてみることにした．しかし多くの難解な教科書的な本とは異なる観点から書く．特に「癌・難病と進化」に焦点を当てて話を進める．癌・難病と"生き物の進化"なぞ，何の関係もないような気がするし，そこへ"分子生物学"なる分野が入ると，無関係同士のオンパレードに見える．しかし，関係しているのである．私のような落ちこぼれ学者の観点から流行の世界を書けば，また，今まで見過ごされていた内容があることを再認識させ，新しい研究テーマを設定するためのきっかけが生まれるかもしれない．
　つまり，この本は，正統な分子生物学とは編集組み合わせが全く異なり，興味本位に好き勝手な方向から編集した独断的な分子生物学である．癌や難病は人間の話なので，そっちの方を睨んだ趣味的な生物の話と思っていただければよい．ただし，そのかわりに，癌や難病の話とは密接に関係していることがわかる．

　書いてみたら，思ったより長くなった．したがって，飽きないようにすぐ読み終われることを念頭に，いろんな話題を細切れにして，なるべく各章だけで完結するように書いてある．進化・遺伝・染色体・発生など生物

の基本を専門用語抜きで物語風に書き，マスコミで話題になる話もいくつか解説するつもりで書いた．気楽に読んでいただきたい．

　この本は，著者が東京理科大学理工学部応用生物科学科の新入生に対する講義「生物学概論」で行っていた中身を肉付けしてまとめたものである．もともとはこの講義用の原稿だった．ところが，この新入生向けの原稿がわりと評判がよく，他大学の多くのバイオ系の先生方にも興味をもっていただいた．そこで改めて初心者向けの「分子生物学」の参考書・教科書としてまとめた．一般にバイオの新入生は高校時代に生物を履修していない者が多数いる．この講義の教科書として，高校の生物Ⅰの復習も兼ねて，その学生たちにも分子生物学をわかっていただけるような噛み砕いた内容になっている．教科書としては書き方がかなり型破りであるが，趣味的に読んでもらえると教育効果がより上がると思うので，新しいスタイルの教科書のつもりで書いた．バイオ系に興味をもつ専門外の方々や大学生，高校生にも読んでいただける程度の難易度にしてある．高校で生物を履修していなくてもわかるようにまとめた．

　この本を出すにあたり，ご指導，ご助言をいただきました羊土社編集部の蜂須賀修司氏，イラストなどは同編集部の林理香氏をはじめ，私の研究室の院生や卒研生，職員に大層お世話になりました．ここに厚く御礼を申し上げたい．

2010年2月

坂口謙吾

謝 辞

本書の図表作成には多くの人たちに参加していただいた．
以下に，本書の編集やイラスト・図表の作成等に携わった職員，学生の名前を列挙させていただく（順不同）．

東京理科大学理工学部応用生物科学科　坂口研究室

高草木洋一

岩端一樹	羽生紫織
菅原弘子	東川陽子
高草木香織	浅井悠輔
矢内拓郎	稲場潤哉
小寺啓文	関　泰隆
松本勇記	瀧澤健介
澤田典宏	蛭子紗帆
鈴木愛こ	山北悠介

東京理科大学理工学部応用生物科学科　菅原研究室

角田真希子

草柳友恵

真仁田大輔

片山友里

黒澤　敦

佐々木芳恵

くり返し聞きたい 分子生物学講座

CONTENTS

はじめに　　　　　　　　　　　　　　　　　　　　　　　　　　　　　　*3*

第1章　分子生物学，癌など難病，そして唐突に「進化」との繋がり　　　　　　　　　　　　　　　　　　　　　　　　　　　　*14*

まずは身近なテーマから…／生物学の基本概念を理解しよう／抗生物質－進化によって生まれた選択毒／癌に効く抗生物質もあるのか？／細胞膜と自己増殖／癌特効薬開発のキーポイント／もし癌が完治できるようになったら？／薬開発におけるバイオビジネスがもつ可能性

第2章　メンデルの法則を化学的に説明できますか？
〜分子生物学（分子遺伝学）の考え方の土台〜　　　　　　*28*

まずは遺伝学をちゃんと理解しよう／メンデルの法則を化学的に説明できますか？／「化学的」と「生物学的」の考え方の違い／メンデルの遺伝の法則／家族なのにメンデルの法則が当てはまらない？／何でもかんでも対立遺伝子／染色体は遺伝子を乗せた舟である／さていよいよメンデルの法則の化学的な解説

第3章　遺伝子，DNA，突然変異　　　　　　　　　　　　　　　*47*

遺伝子の実体探しの歴史／物理学からのアプローチ／遺伝子＝DNAの証明／DNAとは何か／DNAは長いヒモ状の物質である／人のDNAのうち遺伝暗号はたった1割／遺伝子に傷がつくと突然変異が起こる／

小さな突然変異が積み重なると…／DNAの変異はなぜ起きる？／RNAとは何か／RNAの種類／発生と遺伝子の関係

第4章 DNAを増やすしくみとキズ治し　76

DNAの複製のあらまし／DNA複製のための化学合成反応／DNA複製のはじまり／DNA合成の伸長反応／DNA複製にミスは起きないのだろうか？／1本のDNAのあちこちで複製が行われている／DNAの修復／DNA損傷と修復／DNA損傷を起こすその他の原因／DNAのキズの治し方

第5章 細胞，染色体，細胞分裂　94

細胞の構造／細胞分裂時には染色体が現れる／染色体とは／細胞は周期をもって分裂する／姉妹染色分体＝姉妹DNA／染色体の微細構造／染色体中の遺伝子は偏って分布している／塩基配列には複雑なのと単純なのがある／DNAの反復配列／無駄なDNAにも意味はある／DNA複製は染色体のあちこちで起こっている

第6章 進化はどうやって起こった？　115

遺伝学と進化の考え方の違い／突然変異の第一歩：DNA上の傷／染色体の数と異種間交雑／進化の中で染色体の数は増えていった／交雑と重複のくり返し／発生時のエラーによる染色体の倍加／細胞分裂時に一部の染色体の数が増える／いらない染色体は減らそう／環境に適応しながら染色体の数は増えてきた／重複と多型化による進化

第7章 遺伝子で見えてくる進化のカラクリ
〜平安時代にあなたの祖先は800兆人？〜　130

生物の系統と分類／多細胞生物は生殖のための細胞が分業している／太古のトンボはゆっくり飛んでいた？／分子進化／進化中立説／進化系統樹／生存競争と進化

第8章 どうして親は2人いるのか？　　144

親の精子や卵子の染色体の数は半分しかない／同じでない細胞同士が合体した方が有利／真核生物の登場／細胞分裂の前にはDNAは2倍に増える／減数分裂時に染色体の組換えが起きる／組換えにより親と少し異なる遺伝子ができる／オスとメスの区別，オスのでき方・メスのでき方／Y染色体があればオスになるのか？／性の決定機構／Y染色体の役割

第9章 分子から見た減数分裂のしくみ　　158

減数分裂の特徴／減数分裂の詳しいプロセス／減数分裂の鍵：遅延DNA合成／相同染色体の対合が起こるメカニズム／染色体組換え時の傷を修復するDNA合成／ディアキネシス期以降のプロセス

第10章 進化でひもとく発生のしくみ　　168

動物の初期発生／38億年の進化のプロセスをくり返す発生／植物ではどうか？／発生が進むにつれ細胞が分化する／嚢胚期とクラゲは似ている／胚葉の由来が同じなら親戚同士／植物同士の構造の比較／進化と遺伝子と身体の器官／植物や菌類の減数分裂とその起源／遺伝病／遺伝病とメンデルの法則／癌になりやすい体質をもつ人

第11章 遺伝子を眼で見る
～染色体の組換えと遺伝子地図～　　189

ショウジョウバエの巨大染色体／ショウジョウバエは癌研究材料にうってつけ／日本人は実はみな親戚同士だった？／染色体の組換えと遺伝子地図

第12章 DNA修復のしくみは神経・免疫でも活躍していた
198

DNAポリメラーゼ／DNAポリメラーゼと神経系・免疫系／DNA組換えが産んだ抗体の多様性／中枢神経の記憶素子にDNAは関係しているのか？／短期記憶はRNA，長期記憶はDNAが担う？

第13章 遺伝子組換えはアブナイか？
～クローンと再生医療のはなし～
210

異種生物間の人工的遺伝子組換え／遺伝子操作の道具たち／遺伝子組換え作物の誕生／遺伝子操作も進化の一形態にすぎない／クローン生物＝同じ遺伝子をもつ生物／一生増え続ける再生組織の細胞／植物には分化全能性はあるが，動物にはない／再生医療による臓器移植の夢

第14章 癌はどうやって起きる？ どうやって治す？
230

固形癌に効く制癌剤はあるか？／固形癌の中には薬が浸透しにくい／副作用のない制癌剤探しの方向性／発癌源の代表格，紫外線／癌の元になる体内の損傷／突然変異と発癌／癌を治すにはどう考えるべきか（現状）／制癌剤研究の問題点／癌を治すにはどう考えるべきか（私案）

第15章 常識外しの薬の見つけ方
248

実験動物を使った薬探し／ターゲットスクリーニング（標的探索法）／身体の中のバランス型ブレーキ物質／進化や発生から見た薬と身体／糖鎖は細胞膜のマジックテープである／糖鎖を応用した薬探し／糖鎖工学研究の難点と打開策／毛細血管の新生を応用した癌治療

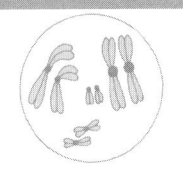

第16章 老化と寿命
～人は何歳まで生きられるか？～　　　*267*

平均寿命はどこまで延ばせるか？／老化を防ぐ方法はあるか？／染色体の寿命を決めるもの－テロメア／テロメアを引き延ばすテロメラーゼ／寿命を決めるもう１つの要素－活性酸素

第17章 心や記憶はバイオで解き明かせるか　　　*274*

自分という存在の認識，意識とは？／クローン人間を創っても元の人間は復活しない／記憶を司る遺伝子も単細胞生物から進化した？／おわりに

索引 …………………………………………………………………… *281*

Column

ゴジラは地球の重力下では生存できない？	*74*
減数分裂研究の壁	*167*

くり返し聞きたい
分子生物学講座

1 分子生物学，癌など難病，そして唐突に「進化」との繋がり

　分子生物学というと，ほとんどの本がDNAの解説から入る．そのDNAを説明するために完全な有機化学の話から始まり，DNAの素材であるヌクレオチドの構造の解説から入るのが普通である（どんなものかは，**図1**を見てください）．しかし，そんな話からされてもたいていの方々には無味乾燥である．

❖ まずは身近なテーマから…

　分子生物学が身近な話題と密接に関係している話から入ろう．訳のわからない難解な学問ではなく，身近な人間や目に入る高等生物の遺伝から掘り下げるように解説したい．

　特に，中高年になると，癌や動脈硬化，アルツハイマーなど多くの難病に悩んでおられる方も多いし，たとえ，健康でもそういう病気の存在に毎日不安を抱いている中高年の方々は非常に多いだろう．

　このような難病は生活習慣病（以前は成人病）と言われ，伝染病のような外から突如不意に来るような病気ではなく，生き物の身体の本質的なところに根本原因がある病気である．普通の健康な人たちが高年齢になると誰にでも起こり得る避けられない病となってくる．これを治療する方法の確立が急がれる．そのためには身体（というより生命）の機能を分子レベルで解明しないとわからない問題も多い．そのため，過去半世紀の間，分子生物学の発展が待たれた．すでにこのような薬への応用は一定の成果を

図1 DNAの分子構造とヌクレオチドの構造

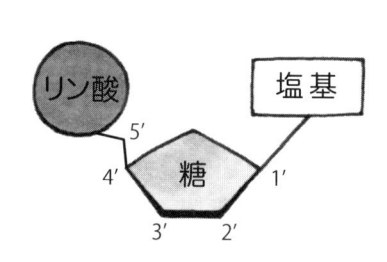

ヌクレオチド（デオキシリボースの1'に塩基，5'にリン酸基をもつデオキシリボース）が3'-5'間でホスホジエステル結合によりポリヌクレオチド鎖を形成し，2本の鎖（互いに逆方向）が相補性をもつ塩基同士（A＝T，G≡C）で水素結合を形成し，二重らせん構造を形成している．詳しくは後章で解説する

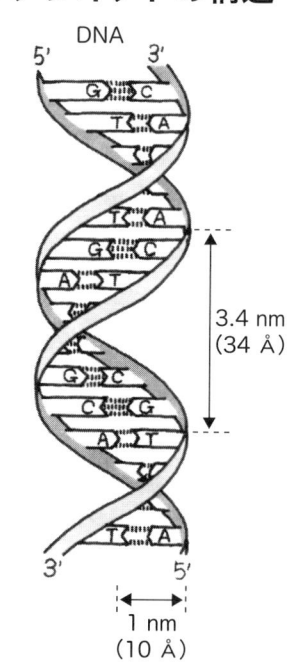

上げつつあるが，まだ，多くの難病が治るわけではない．

　では，この本は医学的な話から始めるのか，というとそうではない．逆転の発想で書く．なぜかというと，基礎の分子生物学者として，現代の難病医薬品向けの応用研究の中で，1つ大きく欠けている部分があると常日頃から思っているからである．分子生物学は生物学の一分野である．ところが難病の解決に一刻も早く走りたい，という気持ちが全世界に先走り，分子生物学の話は，人や哺乳動物だけの研究に「異常」に偏り（「極端」に，と言った方が当たっている），生物全般を見て判断するという方向が弱い．その理由は，基本的にバイオ研究の多くは，医学薬学の専門家が中心となってきたためである．

　結果として，人や哺乳動物の研究だけだと「ちょっと生物学的不可思議」な現象に出会うと頭を抱えて立ち往生する場合が，近頃は多い．

例えて言うと，中高年で初めてパソコンに出会い覚えるケースと似ている．使い方がわからない．即物的に，字を打つにはこういう風に操作すればよい，と若者に教えてもらう．確かに使用可能になる．しかし，ちょっとトラブルが発生するとか，少し応用して違う操作をしたいと思うと，また若者を呼んで聞かないとわからない．これとよく似て，生物学の基本を習わず，分子生物学の上っ面をなぞって応用に用いると，基本からやる暇もないので，目の前の患者かそれに近い生き物の生物学だけになってしまう．結果として極めて近視眼的な発想で研究開発を行ってしまうのである．これからそういう事例を随所で紹介しながら話を進める．

　例えば，癌は医師が見ればすぐわかる組織である．そこで，癌を退治しようと思えば，他の組織には毒がなく，癌にだけ毒になるような物質を探そう，という議論になる．そして実際に探されている．いくつか見つかってもおり，臨床にも用いられている．しかし，それらの薬は「猛毒で使うのが大変」ということは，現在では医者も患者もご存じである．そして，制癌剤＝猛毒という概念は常識化してしまい，それ以外はあり得ない雰囲気になってしまっている．

「制癌剤＝猛毒」

これは「ちょっと生物学的不可思議」現象に出会い立ち往生，の見本例である．

もっと根本的なところから考えていかなければならない．

❖ 生物学の基本概念を理解しよう

生物学の基本概念は，実は生き物の進化なのである．分子生物学は分子遺伝学とも書くように遺伝学を基本としているが，この中には進化学も入っている．しかし，医学応用には，進化の基本が全く入っていないのである．一部借用の，老人の手習いパソコンとよく似ている．この概念がないと実はこういう難病は理解しにくいのである．例えば抗生物質の多くは病原菌の細胞には猛毒だが，人の細胞には無毒である．一方，現在ある猛毒の制癌剤は人ばかりでなく，ほとんど全生物，病原菌にも猛毒である．この違いを考えた人はほとんどいない．しかし，考えないと人には無毒な制癌剤の開発は不可能である．

この本では，その今までになかった観点を加味して分子生物学を解説することを意図している．まんべんなく分子生物学を解説する教科書ではなく，普通はあまり触れられない部分を中心とした少し偏った分子生物学ということになる．

❖ 抗生物質—進化によって生まれた選択毒

20世紀の大発見の一つに**抗生物質**がある．ここから**選択毒**という流行の言葉ができる．選択毒とは，上記のごとく病原菌には猛毒だが，人間には無毒，というような片方だけに選択的に効くという意味である．この発想で，癌には猛毒だが人には無毒な物を見つければ，ペニシリンで肺炎が一発で治ったように，癌も薬一発で直すことができるはずだ，と考えられるようになった．すでに70年以上の歴史をもつ考え方であり，今も大いに信奉されている．他の難病の薬探しも同様である．そして，その差を見つけ

図2 「生（き物）」に「抗」う物質

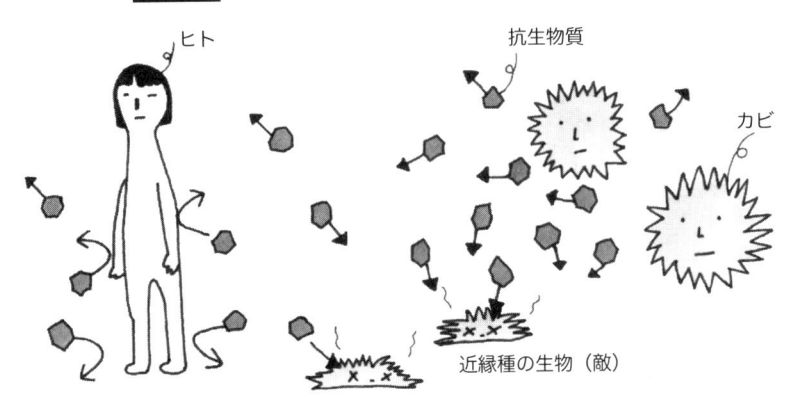

抗生物質とは，近縁種間で不快な相手を殺すために放出している毒である

るには癌や難病の分子メカニズムを探ることが重要であるといわれ，結果として分子生物学が異様な注目を集めるようになった．バイオブームの始まりである．付け焼き刃の始まりでもあるので，中高年のパソコンいじりのごとき，トンチンカンの始まりでもある．

　選択毒というのは，実は生き物の進化の違いを表しているのである．病原菌を殺す薬に，抗生物質がある．ペニシリンが最初に発見されたときは，それ以前5,000年間に及ぶ文明の歴史の中で「奇跡」と呼ぶに近い効果を発揮した．読んで字のごとく**「生（き物）」に「抗」う物質**である（「生き物」を「殺す」物質）．この物質は放線菌と呼ばれる土壌細菌の類やカビによって作られるものが多い．この物質によって死ぬ毒性が現れるのは生物種によって異なり，ほとんどはバクテリアを殺すだけである．つまり，近縁種間で，不快な相手を殺すために放出している猛烈な毒である（**図2**）．生産する菌から遠縁になればなるほど毒性が少なくなっていく．動物にはほとんど全く無毒になる．

　つまり，この選択毒は**進化**を反映しているのである．この生物種の違いというのは，長〜い地球の時間の中で，早くに分かれたものほど縁遠くな

図3 進化系統樹（動物界の例）

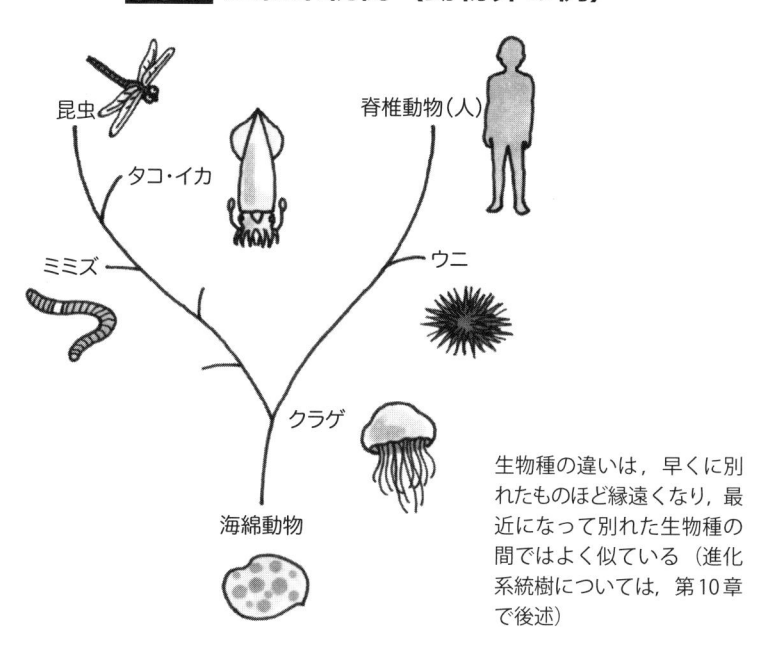

昆虫、タコ・イカ、脊椎動物（人）、ミミズ、ウニ、クラゲ、海綿動物

生物種の違いは，早くに別れたものほど縁遠くなり，最近になって別れた生物種の間ではよく似ている（進化系統樹については，第10章で後述）

り，最近になって分かれた生物種の間ではよく似ている（**図3**）．抗生物質は生産菌自身には効かないが，自分の周りにいて自分たちの生活を脅かす近縁種の生物を殺すため，仲間殺しのためだけに創られた毒なのである．

これを分子生物学の観点から見ると，実に簡単に説明できる．生き物は最下等から最高等な生き物まで，同じ機能を果たしている**遺伝子**がいくつもある．後でドンドン詳しく述べるが，遺伝子は1つのタンパク質を創る暗号である．よって，生きるために必須のタンパク質の遺伝子は最下等から最高等な生き物まで，さほど変わらず，よく似ている．ところが，比較のために，最下等から最高等な生き物までいろいろな生き物からこのタンパク質を取り出し，つぶさに観察してみると，全く同じではなく少しずつ違うのである．例えば機能がより高くなっているとか，丈夫になっているとか，いろんな能力を兼ね備えてくるとか，である．

タンパク質の分子構造まで詳しく見てみると，タンパク質を創っているアミノ酸配列が少しずつ違うのである（→第3章を参照）．タンパク質の機能にとって実はどうでもよいところほど異なっている．これはこのタンパク質の遺伝暗号が違うことを意味する（→第3章参照）．進化とともに，同じ機能のタンパク質がドンドン似て否なる構造になって異なっていくのである．近縁の場合はそっくりだが，**遠縁になればなるほど遺伝子の違いが大きくなる**（→第7章の「分子進化」を参照）．

　ところが抗生物質などの薬は，この生きるために必須のタンパク質のどれかにくっつき，機能を妨げる．結果として，その生き物は死ぬ．ペニシリンもそのような薬だが，ペニシリンにくっつくタンパク質は，実は人や高等生物にはない（進化の途中でいらなくなり，捨ててしまった遺伝子なのである）．よって病原菌だけ死ぬのである．遠くなればなるほど選択性は増す．この薬を創っている微生物だけは，この毒から守るメカニズムを獲得している．他は毒殺して自分だけは助かる狡猾な生き物なのである．多くの抗生物質はそういう風なメカニズムで効いている．抗生物質は読んで字のごとく，微生物が創る，生き物に抗う物質である．目的は自分が棲む範囲を拡げるために多種の菌を撲滅することである．

❖癌に効く抗生物質もあるのか？

　その後，この微生物が生産する抗生物質の中から癌に効く成分がないかという**スクリーニング**（薬探し）が大いに盛んになった．病原菌だけ殺すことができるのなら，きっと癌と正常細胞の違いを認識して殺す薬も微生物が創っているかもしれないと考えたわけである．

　これを，進化の発想から考えると，全くナンセンスである．微生物が癌を殺すと考えたわけだが，それほどの必然性は彼ら微生物にはない（人は微生物の生活環境を脅かす天敵ではない）．しかしそれでも探すと，人の細胞を殺す成分もわりと取れる．ものすごく遠縁でも効くわけである．ということは遺伝子が大いに変化しても区別なく効いているわけである．だか

ら，このような制癌剤は，最下等から最高等に至るまで，ほとんどの生き物にとって猛毒なのである．38億年の生命の進化を考える必要がある．

　癌の細胞は自分の身体からできてくるので自分の身体とそっくりである．つまり遺伝子群はそっくりである．親類というより本人そのものである．だから抗生物質由来の制癌剤は恐ろしい猛毒なのである．無差別絨毯爆撃のようなものである．そんな猛毒がなぜ多少とも癌に効いたのか？　それは，癌は猛烈に増殖しているので，細胞分裂をしている癌細胞の方が，休んでいる正常細胞よりも毒の影響を受けやすいからにすぎない．しかし，身体の中の正常細胞も猛烈に増殖している細胞は多い．

　進化の論理から考えたら実にバカげた探し方だったのである．医薬品の開発も，38億年の生命の進化をもっと真摯に考える必要がある．

❖ 細胞膜と自己増殖

　話は飛ぶが，人の体の中では，癌細胞と隣り合う正常な細胞はくっついている．それは細胞の表面同士でくっついている．人一人の体の中の細胞は数十兆個程度あり，いろいろな種類に分かれている．神経の細胞と皮の細胞を比べたとき，機能も形も大いに異なる．生きるためには体の中の細胞の種類の違いは非常に大切である．その種類はだいたい数十億種類に分かれている．これらは互いに相手を認識しながらお隣さんとくっついたり避けたりしていろいろな組織や器官を造っている．だから，細胞の種類の違いを見つけて相手を選んでいるのは，細胞の表面膜（**細胞膜**）である．表面膜のくっつきは膜の表面にあるノリのようなものが決めている．この接着ノリについては，ずっと後の第15章で詳しく述べているので，そこを読んでほしい．この細胞の表面の特徴の原型は，生物進化の中で登場する原始細胞にあったはずである．なにせ，そこから変わっていって今の全ての生き物ができたのだから，もとは同じ膜から発し，進化とともにいろいろな種類に表面も変わっていったに違いないからである．当然ノリの成分も細胞の種類の多様化とともに多様化していったに違いない．そのノリの

図4 DNAの増殖

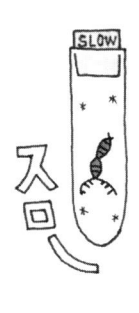

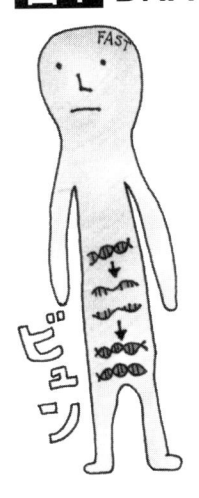

試験管内（*in vitro* という）と生体内（*in vivo* という）ではDNAの倍加速度が劇的に違う

違いを利用して，お隣さんを選んでくっついたり避けたりする方向に進み，膜の表面の形もさらに多様化していったのだろう．それが生き物の形を作ったに違いない．

　原始の細胞には重要な現象がある．同じものを再生産して，ドンドン増えることができることである．**自己増殖**である．同じものを作らないといけないから，その設計図がいる．設計図さえあれば，いつでも設計図に基づき同じものを創りだすことが可能になる．その設計図が遺伝子集団，つまり，みなさんご存じの**DNA**がそれである（後述）．二重らせん型のDNAは化学的な条件が整えば，試験管の中でも身体の中でも同じように自動的に倍加することができる．ただ，身体の中の方は桁外れに速くできるというだけの違いである（**図4**）．ものすごくゆっくりではあっても自然に倍加することができるDNAもあったに違いない．これが生物になる前の生物の原型と思われる．そのDNAを取り囲む層があり，膜となる．それが原始細胞の原型になり，取り囲んでいる膜がその中で倍加したDNAのそれぞれを包み込んで分かれていけば，増殖したことになる．こうして時間が経ち，そういう現象が当たり前になると**原始細胞**の誕生になり，自動的にもう一

人の自分製造装置が完成する．ところがそれを取り囲む層ができると，その倍加機能が助長される場合があり得る．DNAを倍加させるためにはその原材料がいるが，その素材を一方通行で内部に取り込みため込む層がある場合である．膜のこのような一方通行で内部に取り込みため込む機能を**能動輸送**と呼んでいる．DNAを作るための素材をDNAの周りに山ほどため込み，その場で使える場が細胞の中ということになる．これぞ原始細胞ということになる．

　要約すると，**生き物の特徴は自己増殖できることである**．自己増殖の源はDNAである．そして，増殖の効率化のために，そのDNAを取り囲み，DNAの部屋を創った．だから生き物の特徴は，DNAとそれを取り囲む膜である．この二つの点が原始細胞の大きな要素だったと私は思う．そして，この二つの要素の変化が，時間とともにいろいろな生物へと変化していく際の，進化の要素だったと考えられる．

❖ 癌特効薬開発のキーポイント

　この二つの要素から癌特効薬を考えてみよう．今のほとんどの猛毒制癌剤は，DNAが倍加する現象を抑えて癌の増殖を防ぐという観点で探され見つけだされた物質である．

　原始細胞の2つの要素のうち，**DNAの倍加の機能**に着目した研究といえる．癌は無限増殖して身体を蝕んでいく．だから増殖を止めるというのは理にかなっている．しかし癌とは無関係に身体の方にも普段の営みのために増殖している細胞もたくさんある．当然，この細胞も増殖が抑えられてしまう．猛毒になるゆえんである．一方，膜の変化は隣り合う細胞同士の棲み分けをも担っていたはずである．表面の構造の違いがその違いを決めていたはずである．原始細胞からいろいろな違う細胞（生き物）に進化する際には，いろいろな表面構造に進化していったに違いない．接着するノリの種類も大いに多様化したに違いない（→第15章を参照）．DNAは生き物全てに共通な化学構造をもっており，細胞間では区別がつかないが，膜

の表面構造は大いに違うに違いない．当然癌細胞と正常細胞の表面構造も違うはずである．実はノリもかなり変わっている．生き物の特性とこの進化の役割を考えれば，DNAの倍加現象は全ての種類の細胞に備わった機能で共通だが，膜の表面の違いにはいろいろな細胞で共通性はないはずである．特にノリは非常に異なっており，この表面膜の構造やノリの構造を見てその違いを識別させることにより，片一方を壊すことをすれば，癌細胞だけを選択的に殺せるに違いない（→第15章を参照）．生物種の違いを識別することと，身体の中の隣り合う細胞同士の違いを識別することは実は進化の考え方で見ると同じなのである．だから，正常細胞には影響なく癌細胞だけを殺すためには，ご先祖の研究が極めて重要になってくる．実は今使われている猛毒制癌剤も，猛毒猛毒と連呼しているが，それでも多少は癌細胞に集まる傾向を示す．この場合も，この細胞膜上のノリの違いを多少は認識しているのである．

　だから癌の細胞膜のノリをもっと完全に認識する化学物質を作り出し，この猛毒制癌剤につなげてやれば，完全に癌細胞だけにしか毒にならない物質（つまり，癌特効薬）が完成できるはずである．実際に今，全世界でそれを研究しつつある．

　バイオでは空想の世界もバカにならないのである．このDNAと膜という二つの要素を常に考えて述べていきたい．

❖ もし癌が完治できるようになったら？

　さらに通常の分子生物学の教科書では考えないもう一つの観点も述べておこう．難病薬のビジネスの観点である．

　例えば，分子生物学の発展により，もし癌特効薬（飲むだけで完全に治り，癌が風邪程度に扱われるぐらいの良い薬の意）ができたら，どうなるか？日本だけで1年間に70万人近い癌患者が発生し，生死の線を彷徨っている．そしてその約半数が治癒できずに亡くなっている．もし癌が全員治ると仮定すると，2010年現在の日本の場合は，平均寿命は約10〜15年

程度伸びると計算され，単純に考えると，今のところ世界最長寿国の日本なら，男は90歳以上，女は100歳近くになる．場合によっては女性は100歳を超えているかもしれない（男性も95歳以上）．そして，男女を問わず100歳以上の老人人口は，現在の80代の老人並みの数になることが予想される．

　この巨大な老人人口の増加は社会的に新たな大きな問題を提起することになる．癌が治っても，癌で死ななくなるだけで老化現象が止まるわけではないからである．必ず他の病気の患者の数が増えることになり，かつその患者は超高齢者が桁外れに多くなることになる．死に到る成人病の種類が他に移るだけである．ざっと考えても心臓病，動脈硬化，脳血管障害，アルツハイマー，リウマチ，喘息，糖尿病などが目立つことになる．この方面の薬が新たに発達しないかぎり，社会にはこのような病気もちの超高齢の老人が町中にあふれることになる．町中このような病人を収容する病院が溢れ，その治療費用を稼ぐために若者は追い立てられ，しかも出口はない．よって若者の人口増加は劇的に抑えられ，社会や文化全体の老衰に結びつくことになる．絶望的な環境と言える．38億年近くくり返してきた生存競争を基本とする生き物の論理，競争者や弱者を滅ぼし強者が生き残るというごく当たり前の合理的なあり方は，ここでは通用しない．もしその論理に従えば，弱者を消滅させて強者が生き残るということになるが，それではとても社会的に馴染まない．人の社会秩序の崩壊に結びつく．

　だから，次にとられる方策は，この心臓病，動脈硬化，脳血管障害，アルツハイマー，リウマチ，喘息，糖尿病などの薬の開発しかないことになる．成功すれば，すでに死に至る癌患者はいないわけだから，その分，この方面の患者がさらに増え，対象者は天文学的な数に達する．これらの治療薬の研究も大いに進みつつあるから，そのような状況は確実にまもなく到来する．その各々の薬の売り上げは癌特効薬の売り上げをはるかに上回る天文学的な額になるのだろう．バイオビジネスとして大成功に違いない．しかし，社会資本は限界があるから，他に行くべき資金も全てバイオビジネスの方にくることになる．結果として他の産業の衰退が起きる可能性が

ある．各家庭が稼ぎ出す金の多くを老人の医療や介護，生活に使えば，当然，若者や中年が買いたい高級な自動車や立派な家の売り上げは減ることになる．これが税金でなされようと結果は同じである．うまい話には必ず裏がある，という見本なのかもしれない．

そして，最後は他の成人病で死ななくなったのだから，老人の死はほとんどが老衰によってもたらされることになる．だから老衰による死を待つ老人が社会に満ちあふれることになるのだろう．このような状況下になったら，いったい人間は何歳くらいまで生きるのだろうか．現在，世界最高齢の人たちは110～120歳くらいである．それより長寿な人間はギネスブックでも知られていない．この人たちは他の病気をせずこの年齢に達したわけで，人の寿命は，このくらいが限界に近いのだろう．すると，もし平均寿命が100歳程度なら，100歳を超えた老人たちが死を迎えるまでに，人は一定の割合で減っていくが，さらにおおむね5～20年程度生き続けることになる．この間が介護されている時間ということになる．平均寿命とは，同年齢の半数の人が生きている年齢を意味するから，これはものすごい数である．

何しろ人間の本質に関わる問題であるから，老人を抱える家庭は，例えいくらかかっても，対処せざるを得なくなる．新たに，そのための老人介護や福祉を対象とした産業も別個に発達することになるだろうと思われる．各家庭の支出は，このまま推移すれば，ほとんど老人医療や介護に吹き飛ぶことになる．さらに，100～120歳の人たちの子供の世界は，70～100歳の世代の人たちになり，孫でさえ40～60代ということになる．この少子化の時代に孫に4人のお爺ちゃんお婆ちゃんと2人の親の計6人の介護の責任がかかっていくことになる．ひ孫でも20～40代くらいになり，こうなるとひ孫に8人の曾祖父母，4人の祖父母と2人の親という14名の介護が必要になってくる．

　…ものすごい話になりましたな．とても分子生物学と縁があるとも思えない．しかし，あるんです．だからこそバイオブームなんです．

暗い話に見えるが，人間はそんなに甘くないですぞ．これをビジネスと捉えるとどうなるか？

❖ 薬開発におけるバイオビジネスがもつ可能性

　癌特効薬治療のために払う額を癌患者一人当たり20〜100万円とすると，医療保険はこの5倍払いだから，100〜500万円くらいの売り上げになる．完全に治癒するのなら患者全員が使用する．すると70万人×100〜500万円＝7,000億円〜3.5兆円となる．近い将来，患者は100万人を突破すると言われているから，1〜5兆円になる．世界の人口は日本の約50倍である．実際に癌治療が実施でき，お金を払える人々は先進国に限定されるから，10倍程度かもしれない．それでも1品目の薬で，10〜50兆円のマーケットになる．またさらに，簡単に癌が治れば，本人の寿命の大幅な延長を伴い，風邪と同じように癌も何度でも再発があるだろう．その場合もまた薬が必要になる．薬の需要は恐ろしく巨大である．もちろん，この計算は，外科手術やその他の治療に要する費用はいらなくなるので，薬だけで治るのならはるかに安上がりになるし，大量生産に入れば天文学的にコストダウンする可能性も高い．間違いなく医療保険の赤字は解消するだろう．しかし，それでもなお癌特効薬一つで，自動車産業に匹敵する巨大なマーケットが誕生することには変わりはない．さらに他のバイオビジネスへの広がりも無視できない．他への波及効果はものすごく大きいものがある．

2

メンデルの法則を
化学的に説明できますか？
～分子生物学（分子遺伝学）の考え方の土台～

　この章の副題を見ると，たいていの人がDNAのらせん構造をつい思い出す．しかし遺伝学はDNAではない．全体を鳥瞰する概念（コンセプト）を知るためには化学物質を見ているだけではわからない．癌の発生とは密接に関係があるのでDNAの話を先にするとわかりやすいが，いきづまるとそこでおしまいになる．このような化学物質から解説を開始すると，特に進化はほとんど理解できない．

　私は逆から行こう．

❖ まずは遺伝学をちゃんと理解しよう

　この章は癌とは何の関係もなく，その前提を理解する序章である．遺伝学は**メンデルの法則**から始まった．遺伝学ってDNAのらせん構造から始まるんじゃありませんよ．遺伝というのは，例えば「この子は背が高い，お父さん似だ．遺伝ですね」というふうに誰もが使う単語である．それが「学」がつくとなぜかDNAと言う言葉にすり替わってしまう．

　メンデルの法則とDNAという化学物質との関係をご存じですか？バイオ専攻の学生でさえ実は最初はほとんどわかっていない．メンデルの法則というのは，みなさまご存じのように，エンドウ豆の色や形の遺伝から推定された法則である．高校の理科1の教科書に詳しく出ているので，たいていの方々は，名前は聞いたことがおありでしょう．6年制私立進学校などは中学校で教えているところもある．今，大学で講義していても，学生

たちさえほとんどが，なんだ，大学でメンデルなんて講義するのか，というような顔をする．

昔，私が大学院生だった頃，ラーメン屋でラーメンを食っているときに，ラーメン屋のおっさんに何を研究しているのかと問われ，メンデルの法則と答えたら，あー，AABBか，ラーメン屋でも知っていることを今さら研究して何になるの？とすごくバカにされた記憶がある．

こんなものを今さら学んでどうするのか？

❖ メンデルの法則を化学的に説明できますか？

ではあなた，次の質問に答えられるかな？

メンデルは，エンドウ豆を植えては交雑して，その子孫の色や形を調べて比べて，有名な結論を出した．例えば，エンドウ豆の色は**対立遺伝子**で黄色と白があり，黄色が**優性**，白が**劣性**である．この二つを交配すると，子供はみな，黄色になる．しかしその黄色同士を交配して孫の世代を作ると，黄色の豆と白い豆が3：1で出る．有名な話ですよね．優性をAAとすると劣性はaaで，子供は全部Aaになる．そして孫はAA：Aa：aa＝1：2：1で，優性の表現型だと3：1になる（**図1**）．

みなさん「そんなことはわかっている！」と偉そうにおっしゃるが，質問をしてみたい．

まず一つ，この**対立遺伝子の優劣の法則**である．対立遺伝子とは，両親から別々に来た同じ遺伝子のことである．だから遺伝子はみな，同じものが父由来のもの1個，母由来のもの1個の2個あり，2つもいらないから，片一方の優性な方が現れてもう一つの劣性な方は隠れる．では，これを「化学」の側で説明せよ，と言うとたいていの学生はしどろもどろになる．

遺伝子＝DNAである． 対立遺伝子同士も同じDNAでできている．対立遺伝子は父方から来た遺伝子（DNAの一部分）と母方から来た遺伝子（DNAの一部分）同士で，同じ位置にあるDNAの部分同士である．なんで「優劣」があるのか？化学的には同じ物質であり，化学反応も全く同じよう

図1 メンデルの法則

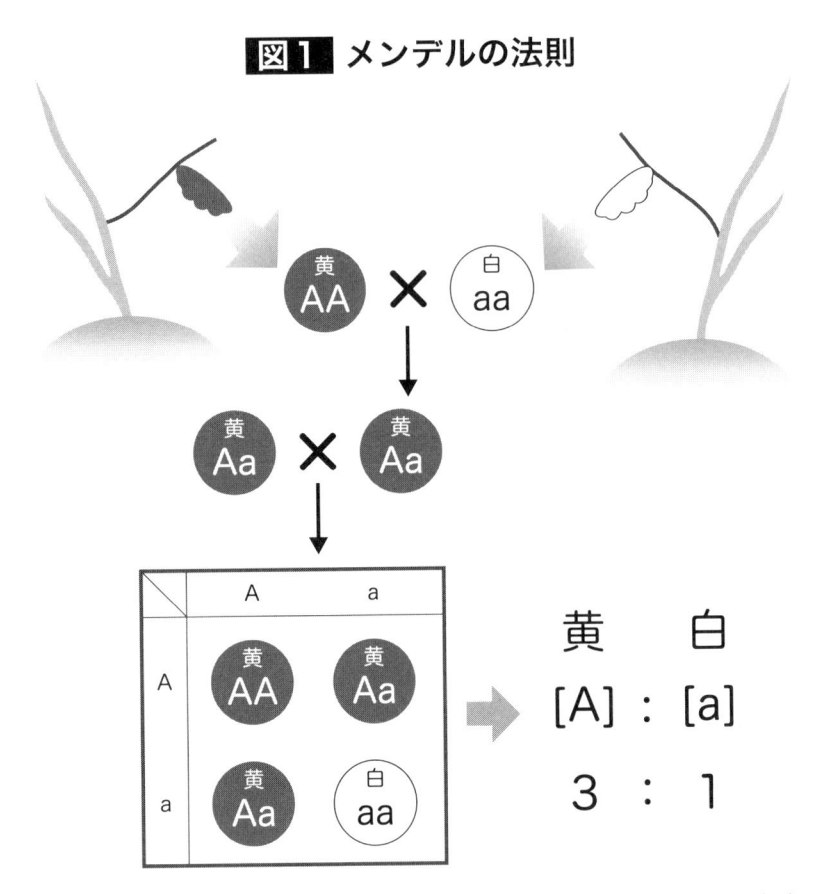

エンドウ豆の色は対立遺伝子で黄色と白があり，黄色が優性（AA），白が劣性（aa）である．この二つを交配すると，子供はみな，黄色（Aa）になる．しかしその黄色同士を交配して孫の世代を作ると，黄色の豆と白い豆が3：1で出る（AA：Aa：aa＝1：2：1）

に起きる．お父さんの遺伝子もお母さんの遺伝子も同じように読まれてしまうのにである．

　片方が片方を「俺の方が優れて偉いから俺が機能する．お前は劣等だから休んでおれ！」というようなことは不可能である．ただの化学反応だから，自然の摂理の通り進む．二つのDNAを分ける化学的な差はない．にもかかわらず遺伝現象として「優劣」はある．これをなぜそうなるのか化学

的に説明できない者が非常に多い．私は講義の一貫として大学のバイオの学科の2年生に最初の段階でこの質問をよくしているが，過去15年間（延べ千名以上の学生）で正解した学生は数名である．しかし，この現象は，高校の生物の教科書程度の知識で簡単に説明できるのである．この答えも書いてある（ただし，全く異なる生理代謝のところに何の関係もなく書いてあり，メンデルの法則との関係の説明もない！）．

❖「化学的」と「生物学的」の考え方の違い

要するに，これは化学と生物の考え方の違いに起因した混乱なのである．

1）化学的な純粋

あらゆる実験科学では，研究する目的のモノを必ず純粋にそれだけにして，その性質を研究することから始まる．化学では化学物質を純粋にそれだけにしてたくさん集めねばならない．

化学の研究では，**モル濃度**というのがきわめて重要である．**1モル（1 mol）**というのは，その化学物質の分子量グラムである．その中には**アボガドロ数の分子数**（6×10^{23}個）がある．いかなる化学物質も1モルあれば，同じ分子がこれだけの数ある．通常の化学実験では，常に測定装置で物質を検出せねばならないが，そのためにはどんなに少なくても1モルの100万分の1（1マイクロモル，1 μmol）～1兆分の1（1ピコモル，1 pmol）が必要である．これでも分子の数にすると，化学物質が6×10^{11}～6×10^{17}個いることになる．これは実はものすごい量ですよ．10^{11}でも100億個ですよ．そして，こんな「少ない」量だと，ものすごく高価であまりどこにもないような測定器を使った場合に辛うじて測定できる量である．普通は10^{21}個（1,000兆の50乗個）ぐらいないとどうしようもない．この化学的純粋とは，全く同じ化学構造をもつ物質である．生体成分の場合は，身体をすり潰して邪魔物を除き，同じ物質を集めるしかないのだから容易なこっちゃない（**抽出精製**と言っている）．

2）生物学的な純粋

　一方，生物学で言う純粋とは，この定義とは異なる．例えば，人の身体は60億種類くらいの異なる細胞でできている．神経細胞と皮膚の細胞や血球細胞とは明らかに違いますよね．こういうのが60億種類くらいあるわけです．神経の研究をしようと思えば，神経細胞だけをたくさん集める必要がある．あなたの身体が50 kgだとすると，目的の全く同じ神経細胞は，0.00000001 gしかない．これを集めるのも大変です．1回の実験に少なくとも「生きた細胞」が1〜2 g程度はないとどうにもならない．最低でも1億人がいる．上記の100億人〜1兆人よりはかなりマシだが，それでも容易なことではない．それでも，集めた神経細胞は確かに同じ神経細胞である．こういうのを**生物学的に純粋な成分**と言っている．しかし，これを化学的に見ると，あらゆる化学物質がごちゃ混ぜになった塊にすぎない．では化学のごとくこれをバラバラにすると，他の神経細胞はおろか，皮膚の細胞の成分と比べてもほとんど同じである．細胞の中にある構造体（細胞内器官），例えば核，ミトコンドリアなどもそれぞれ同じようなことが言える．同じ細胞内器官を集めると，生物学的に純粋な核画分とかミトコンドリア画分になる．**しかし化学的には純粋ではない．**

　どっちも研究するために同じ材料をたくさん集めるという作業だが，目的が全く違うのである．片方は無生物であり，片方は生きている物である．学問の成り立っている基盤が全く異なる．

　つまり，「生物学的な純粋」という概念と「化学的な純粋」という概念は全く異なるのである．学生たちのメンデルの法則の理解がおかしくなるのは，こういう背景があるからである．

　化学は厳密な試験管内の実験に基づく単なる化学反応しかできない．化学物質Aが化学物質Bになるだけである．神秘的なことはいっさいゼロである．一方，生物は身体の表面に現れた色や形などの現象（きっと多くの化学反応の結果なのだろう）を，身体の中で何が起きたのかあまり考えもせずに，人は受け入れる．だから，これはお母さんから来た遺伝子の方が優性なのだ，と言われると，あ，そうなんだ，と簡単に受け入れてしまう．

これを化学的な話として質問されると，今度は厳密な化学反応としての説明がいることになる．今まで考えもしなかった話なので，鳩が豆鉄砲を食らったような気分になるのである．

❖ メンデルの遺伝の法則

まず，メンデルの遺伝の法則の特徴を述べる（生物学の立場から）．

1）遺伝子というものを仮定

表面に現れる形や色の各々の特徴は，個々の**遺伝子**によって決められている．ただし，同じ遺伝子は1個ずつ父方から来た遺伝子と母方から来た遺伝子からなり，つまり，1対で成り立っている．これを**対立遺伝子**と呼ぶ．

→**遺伝子こそは「生物学的純粋」な成分**

2）独立の法則

各々の遺伝子は，互いに他から独立して遺伝するので，他の遺伝子の表現には全く影響しない．ただし，同じ遺伝子である父方から来た遺伝子と母方から来た遺伝子同士，つまり，対立遺伝子同士は互いに強く影響し合う．

→**異なる遺伝子の間の，独立の法則**（図2）

3）分離の法則

対立遺伝子同士は，普通は1個の細胞の中に両方ともいるが，子供を作る際の卵子や精子には，別々に分かれる．つまり，卵子や精子の各々は，1対の遺伝子の片割れ1個ずつをもっている．

→**対立遺伝子同士の，分離の法則**

4）優劣の法則

対立遺伝子同士，つまり，対立する2つの遺伝子は両方とも同じ表現型の設計図だが，必ず表現される**優性**の場合と，優性の遺伝子があると表現されない**劣性**の場合とがある．

図2 メンデルの法則（独立の法則）

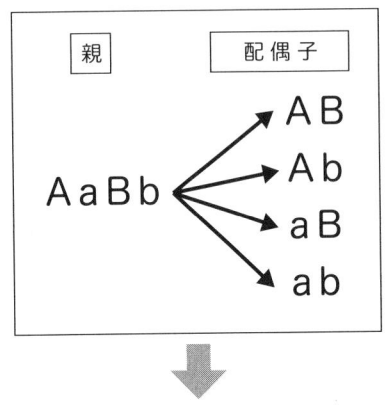

親 AaBb → 配偶子 AB, Ab, aB, ab

[AB]:[Ab]:[aB]:[ab] = 1:1:1:1

親がもつA（優性：A，劣性：a）とB（優性：B，劣性：b）の2つの遺伝子は，互いに独立して配偶子に入る．AはBに，BはAにそれぞれ干渉しない．よって遺伝子の表現型の比率はAB：Ab：aB：ab＝1：1：1：1となる

→対立遺伝子同士の，優劣の法則

　この定義に従うと，1）〜4）を全て満足させることができる遺伝子の化学的な実体を見つけるというのは至難の業である．もちろん今日では，遺伝子＝DNAであることがわかっているが，化学物質のくせに，自己増殖ができかつ対立している2つの物質に優劣がある，という化学物質を見つけるのは容易ではなく，遺伝子が予言されてからDNAが見つかるまで半世紀を要した．この過程は「化学的純粋」と「生物学的純粋」の接点を探す作業だった．次章でその成り行きを詳しく説明する．
　この中で，独立の法則を満足させるためには遺伝暗号の解読が必要で，遺伝子1個1個はDNAの中に正確に区分されて存在している．だから，DNAは遺伝子の集合体で，同じ遺伝暗号しかもたないDNA部分を集めない限り，遺伝子の化学的純粋な物質がDNAなのではない．ここでも「化学的純粋」と「生物学的純粋」とは異なる．

❖ 家族なのにメンデルの法則が当てはまらない？

　世の中には「何々は遺伝だ！」「突然変異だ！」という話は多い．誠に気の毒だが放送禁止用語を連発させていただく．これは学問の話でテレビ番組ではないのでやらせていただく．**突然変異**などは学術用語であるにもかかわらず一般社会にもなじみのある言葉である．禿げ・近眼・出っ歯・短足・体型などは例外なく親とそっくりになりがちだが，突如，長身スタイル満点，見目麗しく，禿げもせず，親とは想像を絶する違いのある子が生まれてきた，「突然変異だ！」（注，これは遺伝子変異によるものではない）というようにデタラメに用いられている．そして，若禿げ，短足，出っ歯，近眼，その他いろいろ，みなさん，これは遺伝だ！と断言しますよね．私なども（若禿げだけは免れたが）これらのほとんどをもっている．私の親も全くそうである．確かに遺伝を感じますよね．

　若禿げでいこう．オヤジは若禿げで母も禿げの素因をもつ．では，子供の3人は完全な若禿げで，1人だけ完全な例外でフサフサなのか？そういう家族を見たことありますか？もちろん，そういう家族もたまにはいるかもしれない．しかしそれは例外で，普通はそうはならない．このような「これは遺伝だ！」とみなさんがおっしゃる現象の中で，3：1になっている表現型を見たことがありますか？ちなみに，近眼，短足，出っ歯なども3：1にならない．

　あまり見たことないでしょう．

　あまつさえ，私の家内の兄弟5人の中で1人だけなぜか両親や他の兄弟とは似ても似つかない長身イケメン，会った女性がたいていクラクラするという流麗ハンサムに生まれついた．親にない表現型だから変だが，でも4：1かと思いきや，兄弟たちの子供は大変な数になっているが，みな，例外なく近眼，短足，出っ歯ですな．眉目秀麗なのは奴だけでした．

第2章　メンデルの法則を化学的に説明できますか？　　**35**

❖ 何でもかんでも対立遺伝子

　このメンデルの法則が再発見された頃（西暦1900年），最初の遺伝学の研究ブームが起きる．何しろ，表面に見える2つの特徴，例えば色とか形が，子孫で見ると3：1に分かれる場合，すべて対立する遺伝子同士ということになるから，手当たり次第になんでも比較することになる．それこそ，誰でもどこでも庭先でもできたわけである．そして，対立するもの同士以外の遺伝子は独立的に機能する遺伝子ということになる．結果として，これまた，大量の遺伝子が見つかることになった．それこそ耳糞が乾いているか濡れているかも遺伝だ，両手を組むと右手の親指が上になるか左手の親指が上になるかも遺伝だ，などと町中で話題になることになった．ちなみに私は両手を組むと右手の親指が上になるので，これは劣性の遺伝子なのだそうである（なのだそうであると書いたが，私は遺伝学者なので，実はこれを疑っている）．

　では，2つの独立した遺伝子（2つとも各々が優劣の対立遺伝子をもっている全く別の遺伝子同士）によって出てくる表現型の遺伝はどうなるのか？高校の教科書に出ているとおり9：3：3：1になる．2つとも優性なものが9，それぞれの片方だけが優性なものが3と3出て，2つとも劣性なものが1出る，というわけである．実際に正確にそうなる（**図3**）．

　しかし，ものすごく大量に見つかった遺伝子でそれぞれを調べていくと例外があることがすぐにわかってきた．2つ遺伝子があれば，9：3：3：1になるはずのものが，3：1にしかならず，独立して互いに無関係の2つの遺伝子同士のはずなのに，常に一緒に行動し分かれないもの同士があるのである（**図4**）．大量に見つかってきた遺伝子群をドンドン比較して，こういうのを積算していくと分かれないもの同士の遺伝子はけっこうたくさんあることがわかった．こういう分かれないもの同士のつながりを「<u>**連関群**</u>」または「<u>**リンケージ群**</u>」と呼ぶことにした（**図4**）．**遺伝子が線状あるいは列状に並んで分かれずにいつも同じに行動している**ことになる．例えて言うと，人それぞれは別人だが，同じ舟に乗って急流下りをしている

図3 メンデルの法則（9：3：3：1となる場合）

	AB	Ab	aB	ab
AB	AABB	AABb	AaBB	AaBb
Ab	AABb	AAbb	AaBb	Aabb
aB	AaBB	AaBb	aaBB	aaBb
ab	AaBb	Aabb	aaBb	aabb

⬇

[AB] ： [Ab] ： [aB] ： [ab]
 9 ： 3 ： 3 ： 1

□：A，Bともに優性，▨：Aが優性，▨：Bが優性，■：A，Bともに劣性

図4 遺伝子の連関（リンケージ）

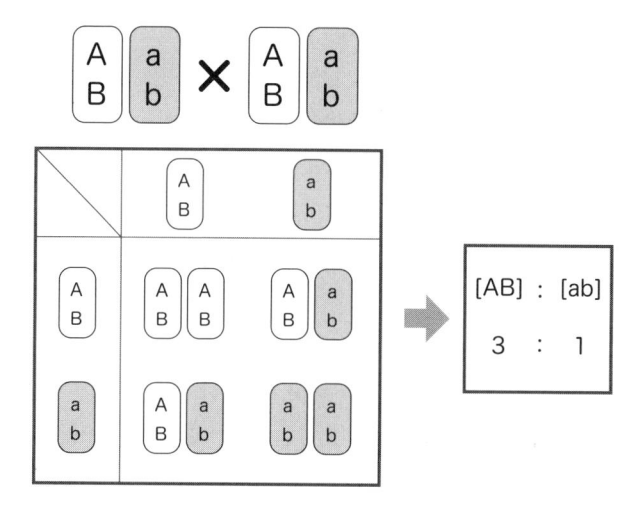

[AB/ab] × [AB/ab]

	AB	ab
AB	AB/AB	AB/ab
ab	AB/ab	ab/ab

➡ [AB] ： [ab] = 3 ： 1

2つの遺伝子（A, B）をかけあわせたところ，AB：Ab：aB：ab＝9：3：3：1になるはずが，AB：ab＝3：1にしかならない場合がある．遺伝子が線状あるいは列状に並んで分かれずにいつも同じに行動していると考えられ，このような遺伝子同士のつながりを「連関群」または「リンケージ群」と呼ぶ

ようなもので，とりあえず分かれられないのである．連関群とは同じ舟に乗っている物（遺伝子）同士だと思えばよい．この連関群の数は種によって異なり，同じ種類の生物には同じ数しかないことがわかってきた．

❖ 染色体は遺伝子を乗せた舟である

　話は飛ぶが，細胞の中には**染色体**と呼ぶ紐状の物体がある（→第5章）．生物によって染色体の数や形は固有である．人の細胞は46本の染色体をもっている（**図5**）．ところがこの連関群の数がなぜか，同じ種類の生き物では，染色体の数の半分の数に常に一致する．これは対の数に一致することになる（人では23対で，連関群も23）．しかもメンデルの対立遺伝子の分離の法則では，子供に伝わるときに分かれていくことになるが，染色体も精子や卵子になるプロセスである**減数分裂**で，対になっている染色体は別々に分かれていく．つまり，前記の例えで言うと，舟が染色体にあたることになる．つまり遺伝子の担い手である．

　これを見ると，遺伝子は染色体の上に線状に並んでいる，と考えると非常に話が合う．この仮説を，20世紀の初めに最初に発表した人物の名を冠して，今日「**サットンの染色体説**」と敬意を表して呼んでいる．このサットンさんという人の名は一般にはあまり知られていないが，われわれ遺伝学者の間で大変に尊敬されている人である．彼がこの仮説を発表したときは，まだ大学を出た直後の大学院生だった．そして気の毒なことに，文字通りこの仮説だけを残してこの世を去ってしまったのである．

　実際に今日の分子生物学的な研究結果によれば，確かにどの生き物でも，1本の染色体には1分子のDNAが入っており，そのDNA上には遺伝子が線状に並んでいる．連関群が相対的に少ない遺伝子を含むときは，その連関群をもつ染色体も小さいという相関関係もある．

　染色体の詳しい説明は第5章でするので，ここでは前後の説明のいきがかり上，ちょっとだけ簡単に触れる．染色体は細胞が分裂するときしか見

図5　人の染色体

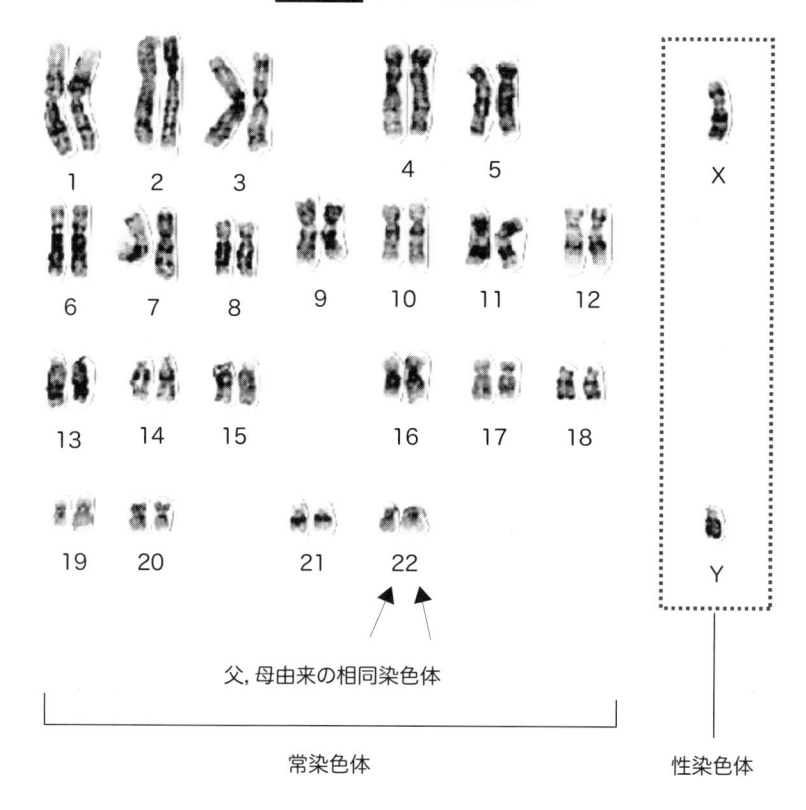

1　2　3　　4　5　　　　　X

6　7　8　9　10　11　12

13　14　15　　16　17　18

19　20　　21　22　　　　Y
　　　　　　↑　↑
　　　父, 母由来の相同染色体

　　　　　常染色体　　　　　　性染色体

人の染色体（男性）の写真．人の細胞は46本（23対）の染色体をもっている．父親から伝わった23本の染色体と，母親から伝わった23本の染色体は，それぞれ対になっている．この父母由来の同じ染色体同士は相同染色体と呼ばれている．1番目から22番目の染色体は男女の区別なく存在しているので常染色体と呼ぶ．男性の場合はXとYの性染色体を1本ずつもっている（女性はX染色体を2本もつ）

「基本がわかれば面白い！バイオの授業」（胡桃坂仁志/著），羊土社，2006より転載

えないから，**図6**の通り，染色体はDNAが**倍加**した後に見えることになる．だから，同じ染色体の中の**姉妹染色分体**同士は各々1分子のDNAをもっているが，これは倍加したもの同士であることになる．それがまだ分

図6 染色体が分裂している様子と動原体

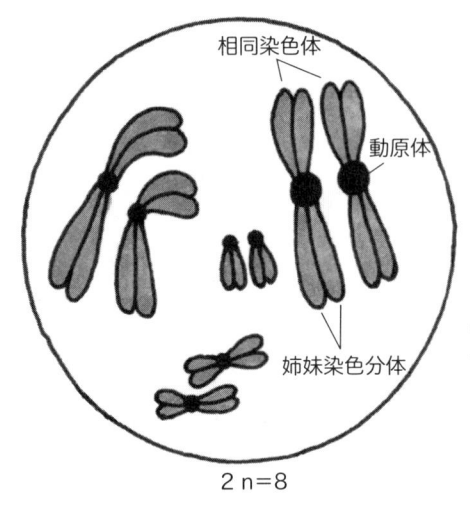

相同染色体
動原体
姉妹染色分体
2n=8

細胞の分裂過程において，DNAが倍加すると凝集して染色体となる．染色体は姉妹染色分体（同じDNA1分子をもつ）が動原体で結ばれた形をしている．染色体によって動原体の位置は異なる

裂して2つに分かれていないから，真ん中のくびれでつながっている．くびれのところは結び目のような塊がある．これを**動原体**と呼んでいる（図6）．染色体によって動原体の位置が異なっていることがわかる（図6）．**核型**（→第5章参照）は，主にこの動原体の位置によって種固有の染色体の形を分類していることが多い．

　大部分の動物や植物では，染色体1個の長さは，平均すると5〜20μm程度（1μmは1cmの10,000分の1）であるから，普通の光学顕微鏡で容易に観察できる．しかもこれが遺伝子の塊であるとすると，なんとまあ，1個の細胞に，たくさん，遺伝子があるものだと言わざるを得ない．染色体自身は化学的には95％くらいがタンパク質で，DNAは5％程度にすぎない．しかし，今日の研究では，染色体の中の成分で最も重要なのは，遺伝を担うDNAであることが確定している．人の場合は23対の相同染色体があり，人の遺伝子の数は約2万数千で，後で詳しく述べるが，その遺伝暗号である**塩基**の数は約30億個であることが人の全遺伝暗号解読計画（**ヒトゲノムプロジェクト**）の実現ですでにわかっているから，平均すれば，

図7 染色体の構造とヌクレオソームヒストン

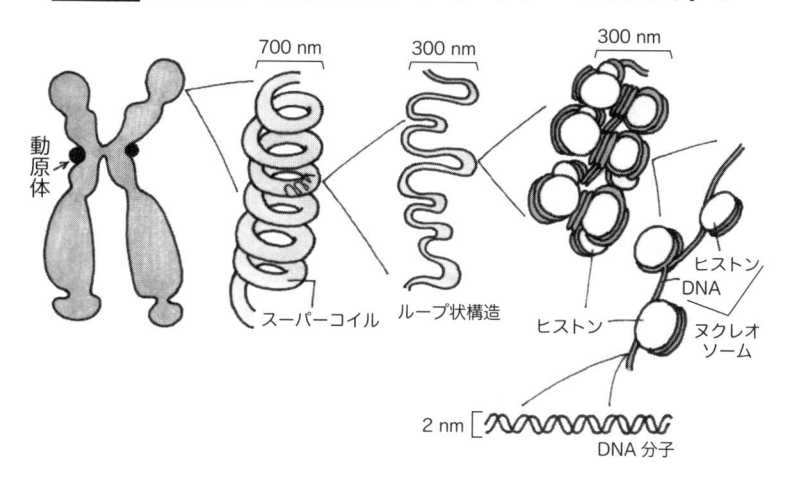

DNAは幅2nm，長さ約100Åのヒモ状の分子である．間期の細胞ではDNAはヒストンタンパク質に巻きとられてヌクレオソームを形成している．
細胞分裂のときはヌクレオソームが凝集してループ構造をとり（スーパーコイル）染色体となる

1個の相同染色体対に1,000以上の遺伝子が乗っていることになる．だから，DNAはとても長い長いヒモでなければならない．実際にそうである．1本の染色体から1分子のDNAを取り出し，引き延ばすと，幅はそれこそ100Å〔1Å（オングストローム）は1cmの100,000,000分の1〕程度のヒモであるが，その長さは何cmにも及ぶ．こんがらからないように染色体の中にきれいに折り畳まれている（**図7**）．

❖ さていよいよメンデルの法則の化学的な解説

さて，最初の疑問への答え．

人には2万数千（面倒なので，この本では約30,000にしておきましょう）の遺伝子があるが，実は化学的には30,000ではない．遺伝子1つというの

は，表面に現れる色や形を決める遺伝子が1つという意味で，これは生物の側の話である．化学的に考えると，お父さんから来た30,000とお母さんから来た30,000があり，足すと6,0000になる．述べたように遺伝子は1つ1つが父方と母方からきた2つの遺伝子からなっており，2つで1つの表面に現れる遺伝形質を決めている．こういう遺伝子は機能は同じだが2つあるので**対立遺伝子**と呼んでいる．対立遺伝子が30,000あるのである．だから化学的には60,000と考えなければいけない．

1）まずは独立の法則から

対立遺伝子の優劣の法則を化学の言葉で説明するためには，まず独立の法則を説明しておく必要がある．人には30,000の対立遺伝子があるが，各々の遺伝子は機能を発現するに際し，他の遺伝子の影響を受けず独立している，というわけである．要するに，**それぞれの遺伝子の遺伝暗号は個人主義で互いに他に影響せず，自立している**という意味である．株式会社同士のビジネスと似ている．1つの対立遺伝子が1つの株式会社に相当する．もちろん強い会社は弱い会社を，ビジネスを通じては支配していたりもする．遺伝子間もその相互関係はきわめてよく似た関係である．しかし，とにかく独立しているのである．その中で，対立遺伝子同士は異なり，会社間の関係ではなく，むしろ夫婦関係とよく似ている．どうせ父方と母方という由来が違うだけの同じ遺伝子なので，染色体の中でも夫婦関係を保っていると考えてもよい．夫婦は法律的にいえば一心同体に近いが，しかし化学的にいえば，夫婦といえども違う人格（物質）である．対立遺伝子はなぜ，片方しか発現しないのか？DNAが片方しか発現していないのかどうか調べてみると，そんなことは丸きりない！同じDNAなので化学反応は平等に起きる．独立の法則だって，各遺伝子のDNA部分が，勝手に必要に応じていつでも化学反応ができるから独立しているにすぎない．対立遺伝子も何食わぬ顔で，両方とも互いに他に遠慮することもなく，ドンドン化学反応を起こしている．化学反応には優劣などないのである．

それはある表現型の形や色をつくり出すまでには，1つの遺伝子ではなく多数の遺伝子が絡んでいるからである．例えば，背の高さを決める要素

は，足の長さもあれば首の長さもある．頭蓋骨の形かもしれないし背骨の長さかもしれない．これらの部分部分の長さは1つの遺伝子ではなく，いずれも各々が違う遺伝子によって決められている．各々の骨の長さを長くするためには，骨の成分をたくさん作り，その量が多くした方が有利である．もちろん各々の骨の最大の長さ（上限があり，無限に大きくはならないようになっている．さもなければ人は無限に巨大になってしまう）になるためには，最大の量を作るように遺伝子が指令すればよい．ところが，この指令する際にも遺伝子が1つよりは数が多い方がたくさん作るのである．まあ，たくさん工場があってたくさん工場長がいた方が有利という現象に似ている．しかし，最大の量を作っても一定の量以上はいらないのが普通である．何しろ長さは，これ以上は長くならない（なってはいけない），という上限があるからである．

2）優劣の法則

対立遺伝子の話に戻ろう．ともに優性の遺伝子なら，そのDNAの指令によって作られた化学物質は最大になり，細胞当たりの割合は2となる（メンデルの法則のAAという組み合わせである）．劣性の遺伝子からは，そのような化学物質は作られないのか？いや，同じく作られている場合が多い．作られているが，優性の遺伝子で作られたものより，機能が低いか役に立たないもので占められている．だから，優性と劣性が組になっている**ヘテロ**（Aaで表わされている）の場合は，片方の優性側からできてくる化学物質だけ現場（この場合は骨作り）で使えることになる．この場合の細胞当たりの割合は1である．しかし，最大の長さのものを作るには十分な量なのである．だから背の高さは，優性**ホモ**（AA）と同じようになるわけである．劣性ホモ（aa）の場合は，機能的に低い化学物質（骨作りの場合は，役に全く立たない化学物質では生きられないから，機能が低い程度でとどまっている化学物質）だけが作られるから，最大の長さを作るには量が足りなくなる．そのため背が相対的に低くなるということになる．これは足の骨の場合は足が短くなるだけで，背骨は優性ホモなら最大の長さになる．胴長短足の長身人間の誕生となる．よって1つの遺伝子で支配されている

わけではない背の高さは，千差万別の状態になる．

　これを遺伝病の糖尿病を例に考えてみよう．糖尿病は１つの遺伝子に支配されている病気ではないが，相対的に少ない遺伝子で決められているので，説明しやすい例になる．

　糖尿病は血中のインスリンの量や機能が低くなる病気である．結果として血中の糖の量がコントロールできなくなる．仮にインスリンを作る遺伝子をAとする（実際には，こんなに単純なものでもないようだが，ここではそうしよう）．すると遺伝学的には簡単に，AAとAaの人は健康で，aaの人だけインスリンの量が不足し糖尿病になる，と仮定できる．身体が普段健康な血糖値を維持するためには，インスリンが１いるとする．すると上に書いた原理に従い，Aaでインスリンは十分に足りることになる．またaaだとインスリンはゼロになる．なぜなら，インスリンは，ちょっと形が代わると機能が低いという状態にはならず，役に立たないという状態になる成分だからである．これだともともと生存不能になるか，幼年期でさえ重篤な患者の状態になる．最初からインスリンを年中与えていないと死に到る．しかしわれわれのまわりではそういう患者にはめったにお目にかからず，むしろ中年になってから少しインスリンが足りず，食事療法でコントロールしているという軽症の人が多い．

　これは何を意味するのか，遺伝学的な立場と化学的な立場から考えてみよう．遺伝学的には全く説明不能である．しかし化学からは簡単である．Aaの対立遺伝子は化学物質のDNAからできている．機能しているのはインスリンの場合はAだけである．aからできるでき損ないのインスリンは役に立たない．つまり，割合的に１あれば十分で，それ以上はインスリンはいらないのであろう．だからヘテロの人は全く正常なのである．だが，DNAも長く使うとすり切れては治したりして，だんだん磨耗してくる．つまりくたびれ果ててくるのである．どんなに安定な化学物質でも，形あるもの必ず崩れるのである．それまで若いうちはDNAも元気はつらつでインスリンを１作れたのに，年齢とともにDNAが衰えてきて0.9とか0.8に落ちてくるのである．これは優性ホモでも同じはずだが，AAだと倍あるので

年をとっても1.9, 1.8になるだけで, 生活には一向に差しつかえがない. ヘテロで少し足りなくなった人は, わざわざインスリンを足してやらなくても, すこし食事を制限することで, インスリンの必要量を減らしてやれば, 0.9, 0.8でも十分に生活できるのである. こういうヘテロの人たちを糖尿病患者と呼んでいるのだろう.

　要するに遺伝子の生物側からの話は, 化学側の量を支配しているにすぎないのである. これがメンデルの優劣の法則の化学側の原理である. 実際にはもっと複雑なのだが基本的にはこういう考え方でほぼ正しい.

　つまり, 化学的には3：1ではなく, 正確に1：2：1で物質が作られていることになる. 短足の遺伝のようにいくつも遺伝子が絡む場合は, もっと複雑になる. 2つの遺伝子が絡む場合は, 1：4：6：4：1になり, 3つの場合は, 1：6：15：20：15：6：1になる. つまり, 数学的には二項定理を一つおきにやっていることになる (**図8上**). たくさんの遺伝子が絡むと, 中心が一番高い頂上になる山を描く. 受験のクラスの成績の偏差値パターンと全く同じである (**図8下**). 驚くほど短足のお父さんと非常に足の長いお母さんの間の子供では, 足の長さは中間のものが非常に多く, お父さんのような極端な短足やお母さんのような極端に足の長い人はあまり生まれない.

　もちろん生き物には例外がつきもので, この原理ばかりではなく, 本当に母親から来た遺伝子しか作用せず父方からの遺伝子は休むというような遺伝子も実際にある (もちろんその逆もある). あるいは片方の遺伝子には「休んでおれ, 働くな！」と言うような分子機構もある.

3）メンデルの他の法則について

　メンデルの法則の残りの対立遺伝子の分離の法則は, 減数分裂の章 (→第9章) で説明する. 減数分裂は文字通り, 対立遺伝子を分離するメカニズムだからである. そして各遺伝子は独立して機能するという独立の法則は次章でもより詳しく説明する.

　さあ, ここまでは生物学だけの話である. なぜここから突如DNAの話に

図8 二項定理と二項分布

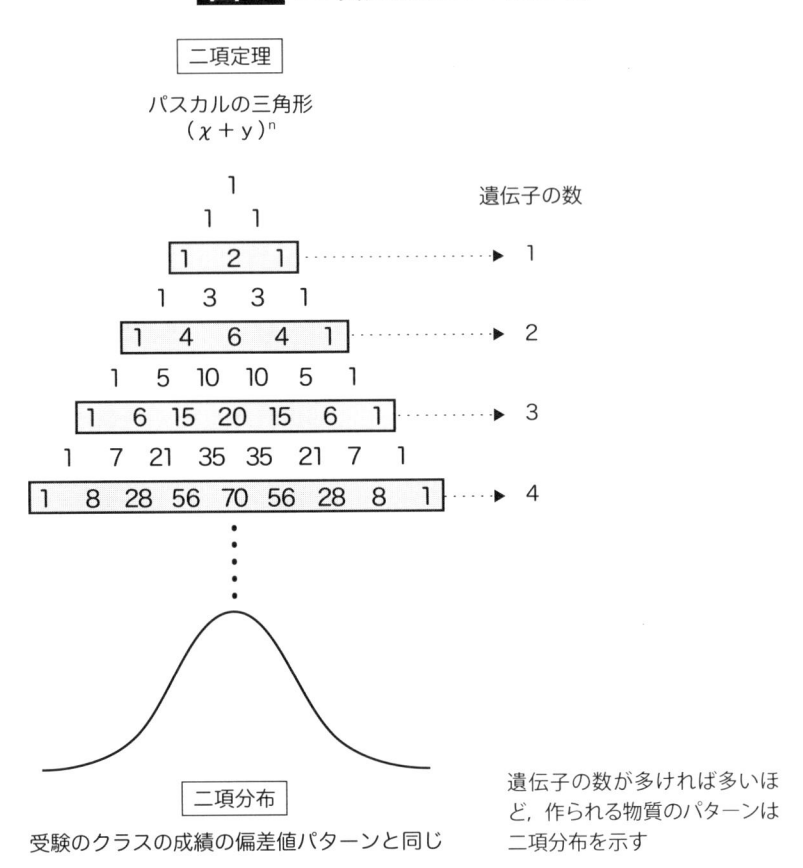

二項定理

パスカルの三角形
$(x+y)^n$

```
              1
             1 1
            1 2 1          ········▶ 1    遺伝子の数
           1 3 3 1
          1 4 6 4 1        ········▶ 2
         1 5 10 10 5 1
        1 6 15 20 15 6 1   ········▶ 3
       1 7 21 35 35 21 7 1
      1 8 28 56 70 56 28 8 1 ········▶ 4
              ⋮
```

二項分布

受験のクラスの成績の偏差値パターンと同じ

遺伝子の数が多ければ多いほど，作られる物質のパターンは二項分布を示す

なっていくのか？

　メンデルの法則では，遺伝子は仮定の概念にすぎない．化学的にはどんな物質かわからないから，宗教的な霊魂とあまり変わらない．しかしながら，この法則はきわめて正確に世の中の遺伝現象を説明し疎漏がない．身体のどこか（細胞の中のどこか）にその物質的な実体があるに違いない！科学者なら誰でもそう思いますよね．以後，半世紀にわたる実体探しが始まる．

3 遺伝子,DNA,突然変異

❖ 遺伝子の実体探しの歴史

　遺伝子の実体探しは,結局,生物学者ではなく物理学者や化学者などの違う領域の専門家が担うことになった.

　歴史から解説しよう.

　メンデルの法則が再発見されたのが20世紀の初めだが,生物学者は第2章に述べた「3:1と見かけの遺伝現象との違い」の説明や「細胞学との融合」に30年以上の歳月をかける.これはこれで素晴らしい発展を遂げ(→第5章で説明する),「生物学的純粋」の方向で,精緻な細胞遺伝学を生みだした.しかし,「化学的純粋」の研究方向に慣れておらず,実体探しにはあまり成功しなかった.むしろ,遺伝子という単語に,霊魂のような万能の神のようなイメージが先行し,実体探しをした物理学や化学の専門家の足手まといになった傾向があった.

1) 突然変異説

　最初に現れる有名な実験は,大きく2つに分かれる.

　メンデルの法則の再発見の翌年(1901年)には,第2章で述べた3:1現象探しの中で,遺伝子は元の性質を守れず,突然,変異することがあることが発見された(**ド・フリースの突然変異説**).この物質は壊れることがあることになる.**遺伝子=「壊れる物質」**である.遺伝子の化学的実体は何か全く不明だが,とにかく,遺伝子という生物学的概念の成分が異常に

なると突然変異が起きるのである.

2）人為突然変異の発見

次に，仮定された遺伝子は外からX線のような放射線照射を受けると，線量に依存して突然変異が現れることがわかった（1927年，**マラーの人為突然変異の発見**）．線量が多すぎると死ぬ．つまり，**遺伝子＝「放射線で壊れるような化学物質」**である．

そこで，細胞の中にある化学物質と同じような物質をもってきて，直接，放射線を照射してみた．人為突然変異が起きる線量域では，一番影響を受けやすい生体成分は，タンパク質と核酸であることがたちまちわかった．当時，核酸の構造はほとんど全くわかっておらず，極めて単純な成分だと考えられており，タンパク質や酵素（超高性能な化学触媒）に大きな注目が集まっている時代だった．そのため，たちまち，遺伝子＝タンパク質説が注目されるようになる．生化学は糖代謝，TCA回路，尿素回路の研究が全盛の頃だった．そのためこの仮説は固く固く信じられることになった．生物学者の出番はここまでだった．

❖ 物理学からのアプローチ

一方，全くこの世界とは無関係に，物理学者たちは**X線**が1900年に発見されて以後，X線で人が障害を受けることがわかり（同年），なぜなのかその理由を研究していた．放射線生物学という領域が生まれたのである．そして1920年代には，X線により細胞が死ぬのはポアソン分布に従い，バクテリアのような対立遺伝子のない原核生物では細胞の中に致死標的は一つしかなく，対立遺伝子のある真核生物では致死標的が2つあるということを発見した．標的は**ゲノム**（→第6章で説明）の数に依存する，ということを発見したのである．ゲノムの主成分はDNAとタンパク質であることは当時からわかっていたが，まだどっちが遺伝子かはわからない．なお，原核生物と真核生物の違いについては，やはり第7章と第8章で詳しく述べる．

図1 核酸とタンパク質の吸収波長

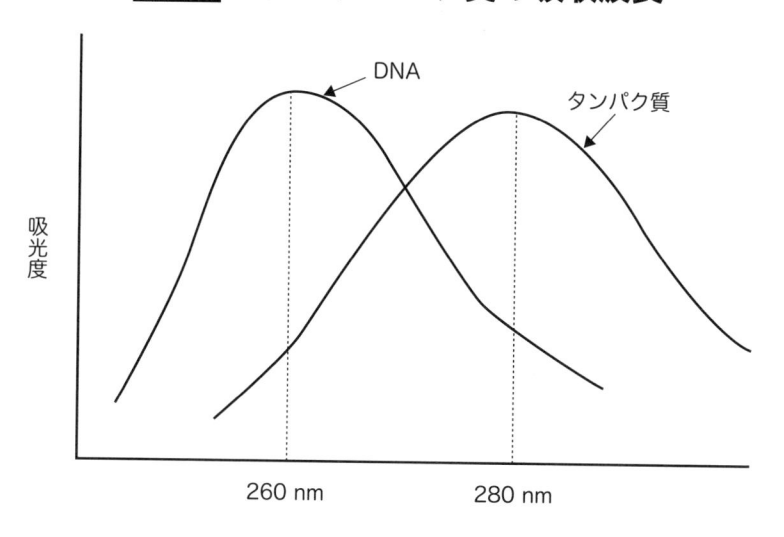

紫外線の波長の違いで核酸やタンパク質は吸収が異なる．核酸（図の場合はDNA）の極大吸収は260 nm，タンパク質は280 nmである

　ところが，同じような実験を1930年にベイツという物理学者も行っていた．この場合は，**紫外線**を用いていた．紫外線は弱い放射線だが可視光に近いので分光テストが可能である．**図1**のごとく，紫外線の波長の違いで核酸やタンパク質は吸収が異なる（紫外部の吸収曲線を注目）．彼は，この紫外線を細かく波長別に大腸菌に照射して死ぬ割合を比較した．核酸（この場合はDNAを用いている）の極大吸収は260 nmだが，タンパク質は280 nmである（**図1**）．大腸菌の紫外線照射による致死曲線は，正確にDNAの吸収曲線に一致していた．

　つまり，1930年頃までには**遺伝子＝核酸（DNA）**だということは物理学者の世界ではほぼ常識化していた．しかしこれを生物学者が受け入れるのは，1953年にワトソンとクリックがDNAのらせん構造モデルを発表するホンの1年前である．それまでは，全く相手にされず，このような物理学

第3章　遺伝子，DNA，突然変異

図2 トウモロコシの紫外線照射＆発芽生育による種の突然変異計測

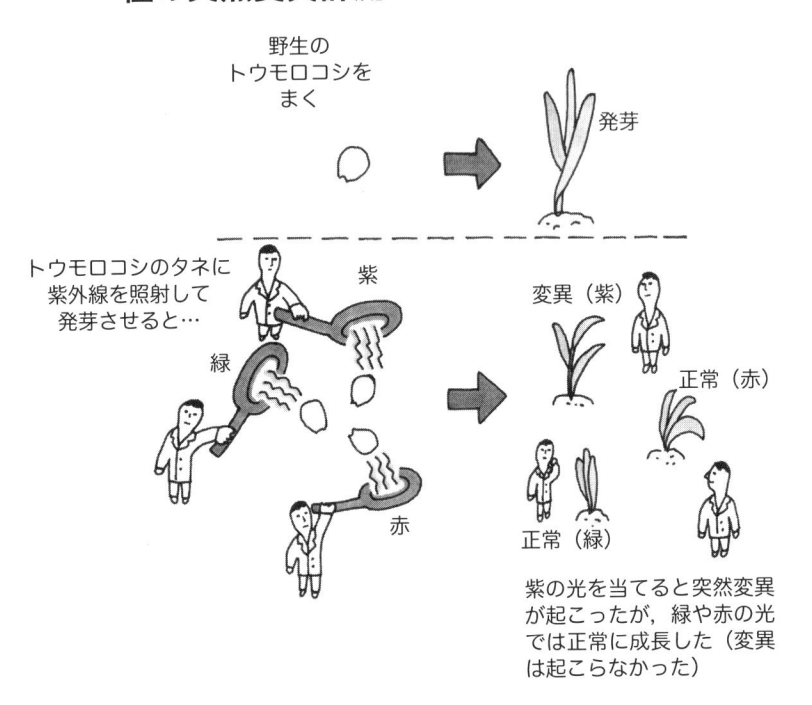

野生のトウモロコシをまく → 発芽

トウモロコシのタネに紫外線を照射して発芽させると…
紫／緑／赤

→ 変異（紫）／正常（赤）／正常（緑）

紫の光を当てると突然変異が起こったが，緑や赤の光では正常に成長した（変異は起こらなかった）

者たちは完全な「生物の素人」扱いを受けていた．放射線による致死効果など核酸でなくても起きる，というのが根拠だった．その頃の生物学者は，特に根拠もなく，遺伝子＝タンパク質だと信じ，以後も20年間以上無視し続けていた．

ところが1942年にスタドラーとユーバーという物理学者が，**紫外線と突然変異**の関係の研究を発表した．ベイツと同じように紫外線の波長を小分けして，トウモロコシのタネに照射して発芽生育させた．そして，できた次の世代のタネにどのくらい突然変異が出たのか計測したのである（**図2**）．そのパターンもタンパク質の吸収波長ではなく，正確にDNAの吸収波長側に一致していた．そこで彼らも，突然変異は遺伝子にしか起きない，遺伝

子＝DNAと主張した．それでもやっぱり全く省みられず忘れ去られる．

❖ 遺伝子＝DNAの証明

1）肺炎双球菌の形質転換

生物学者がついに，この論争に決着（？）をつける実験を1944年に行った．アベリーらのその名も「**DNAが遺伝物質であることの実験的証明**」という論文である．**肺炎双球菌の形質転換**を調査したこの研究はDNA＝遺伝子であることが見事に証明されていたが，この研究も当時は評価を全く受けなかった．一度できた先入観とは恐ろしいものである．何の根拠もなくみな信じ込んでしまうのである．今もこういうことは多いので笑ってすまされる話ではない．

2）バクテリオファージによる研究

そして，1952年に至り，ハーシーとチェイスの実験が出る（**図3**）．やっと，本論文によって**バクテリオファージ**の遺伝物質がDNAであることが確実視された．**ワトソン・クリックの二重らせんモデル**が出される前年である．

メンデルの法則が再発見され，遺伝子の存在が予言されてから，その物質がわかるまでに50年以上を要した．あまりにもバカげているので，私はその頃の遺伝子＝タンパク質を示唆する論文をいくつか読んでみた．これが根拠か，と思うほど呆れた内容である．Natureなどの高名な学術雑誌に出ていると，権威に負けてみなあっさりと信じ込んでしまうのだろう．物質的な背景を知るためには，有機化学や生化学の発達が不可欠だが，1900～1950年頃はまだ極めて未発達だったことが大きい．これらの領域の研究方法は1940年代に少しずつ生物学でも使われ出し1950年前後からやっと実用的になりだす．そのため物理学者たちによる放射線生物学が先に発達し，この間，生物学者たちとの間に大きな溝が生じた．実際には1930年の紫外線分光の実験で，遺伝子＝DNAの証明は終わっていたのである．

分子生物学は，この放射線生物学とワトソン・クリックの二重らせんモ

図3 ハーシーとチェイスの実験

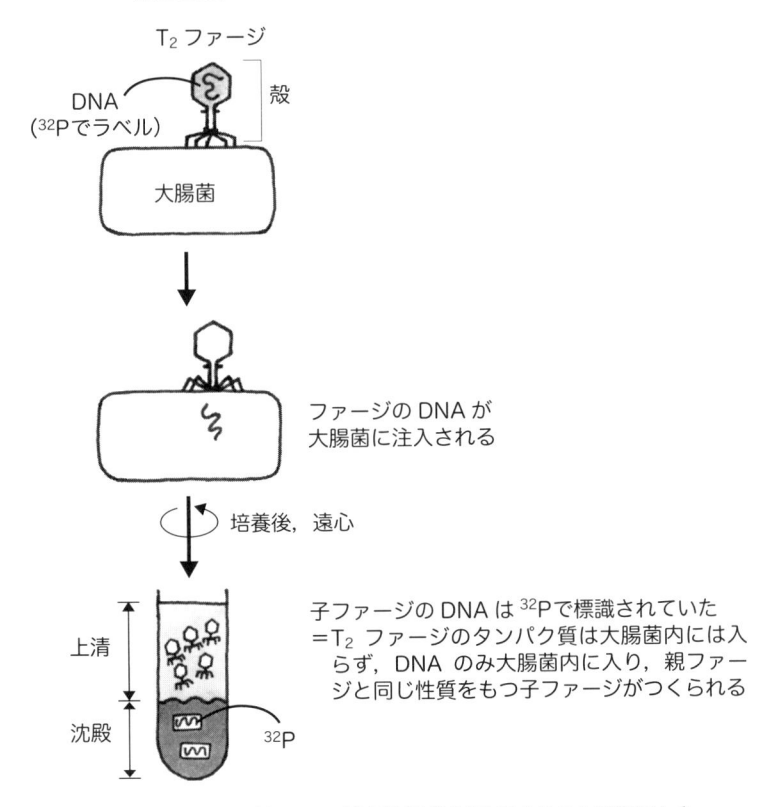

T₂ ファージ
DNA（^{32}Pでラベル）
殻
大腸菌

ファージのDNAが大腸菌に注入される

培養後，遠心

上清
沈殿
^{32}P

子ファージのDNAは^{32}Pで標識されていた
＝T₂ファージのタンパク質は大腸菌内には入らず，DNAのみ大腸菌内に入り，親ファージと同じ性質をもつ子ファージがつくられる

バクテリオファージを用いて遺伝物質がDNAであることを証明した

デルから始まったと言ってよい．つまり，最初の段階では物理学者が優先する生物学であった．

　私はこの「二重らせんモデル」が発表されてから10年後に，大学に入学した．その頃の生物学専攻学科の先生たちは，その物理学や化学についていけず，かつ自分たちがやってきた生物学に自信を失い，何をしてよいのかわからずお粗末な講義が多かった．われわれ学生の側は化学科や物理学科の講義も受け，普通に化学構造が描け，モル比の計算など何の抵抗もなかったが，それに教授・助教授・助手たち全員がついていけないのである．

若い助教授や助手となるとわれわれよりせいぜい10～15歳上程度にすぎなかった．ほんの10年くらい前の1990年代まで，この呆れた人たちは現役だったのである．とにかく呆れた時代だった．そのため，われわれ学生は生物の専門家を軽蔑蔑視し物理学や化学の専門家ばかりありがたがった記憶がある．他学科の先生がやる生物物理学とか生化学というタイトルの講義は後光がさし，生物の講義は大いにバカにした．いびつな時代だった．私はその目撃者でもある．

❖ DNAとは何か

1）DNAの構造－ワトソン・クリックの二重らせんモデル

では分子生物学の正道に戻って，このDNAを語ろう．**DNA**の図（**図4**）を見ての通り，二重らせん構造をとっている．DNAは単なる化学物質である．このDNAのどこが「遺伝子」なのか？

まず，図を見てほしいが，DNAというのは二重らせんの長いヒモである（**二本鎖DNA**）．二重らせんをバラバラにすると，だらしな〜くダラーっと伸びた，ただのヒモになる（よく誤解されているが，これの方が化学構造としては当たり前なのである）．これは**一本鎖DNA**で，そのヒモをよく見てみると，一つの小さな単位（**ヌクレオチド**と呼んでいる）の繰り返しであることがわかる．ヌクレオチドとは1分子の五炭糖（**デオキシリボース**と呼ぶ）と1分子のリン酸と1分子の塩基からなっている．塩基はデオキシリボースの炭素1位のダッシュ位置（1'）につき，リン酸の片方の手は1分子のヌクレオチドのときは炭素5位のダッシュ位置（5'）についている．そして，同じリン酸分子の空いているもう一つの手がもう一つのヌクレオチド分子のデオキシリボースの炭素3位のダッシュ位置（3'）につくと，2分子となってつながる．ひっつくときにH_2O分子が1つ抜けるので，化学的に重合反応である．

この重合反応が連鎖的に起きると，リン酸を介して5'-3'結合が連続的に起き，**図4**のようなヒモとなる．化学的には，この一本鎖DNAは5'-3'結

図4　DNAの分子構造

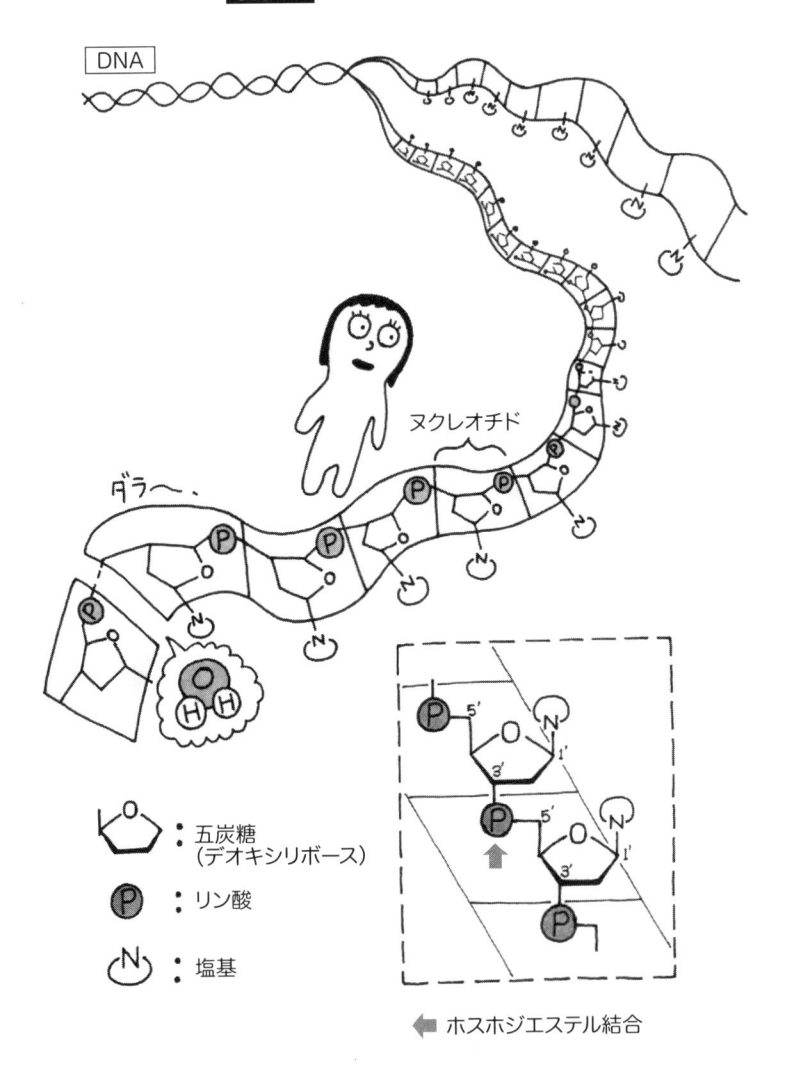

ダラ〜．

ヌクレオチド

- ⬠ ：五炭糖（デオキシリボース）
- Ⓟ ：リン酸
- N ：塩基

⬅ ホスホジエステル結合

DNAの二重らせんを伸ばすと一本鎖DNAの長いヒモになる．DNAの構成単位はヌクレオチドである

合ポリヌクレオチドである.

2）塩基には4種類ある

　このヌクレオチド1分子をよく見ると，糖とリン酸はみな同じだが，塩基だけ4種類ある．**アデニン（A），グアニン（G），チミン（T），シトシン（C）** である（**図5**）．この塩基とデオキシリボースがくっついた物質を，それぞれデオキシアデノシン（AdR），デオキシグアノシン（GdR），デオキシチミジン（TdR），デオキシシチジン（CdR）と呼ぶ（**図5**）．さらにリン酸がつくと酸になるので，デオキシアデニル酸，デオキシグアニル酸，デオキシチミジル酸，デオキシシチジル酸となる（**図5**）．ヒモの中の，この塩基の並び順が遺伝暗号を表す．図を見てもらえばわかるが，塩基はAとGは化学構造的に**プリン環**と呼び，TとCは**ピリミジン環**と呼んでいる.

3）二本鎖DNAではAとT，GとCの分子数が同じになる

　どの生き物からでもかまわないが，二本鎖DNAを取り出し化学分析すると，どのDNAでも，AとTの分子数（モル比）は正確に同じで，GとCの分子数も正確に同じである．ただし，一本鎖DNAではATGCの分子数は互いにデタラメである．二本鎖DNAになると，互いの分子にあるAとTが**水素結合**で，GとCも水素結合でくっつく（**図6**）．それぞれをATペア（AT pair），GCペア（GC pair）と呼んでいる．このような形で二本鎖DNAを形作る．そのため二本鎖DNAの場合だけ，**必ず化学的にAとTの分子数，GとCの分子数が正確に同じになる**のである．

　ヒモ（つまり，一本鎖）はリン酸と糖による強固な**ホスホジエステル結合**であるので簡単には切れないが，この二本鎖DNA同士の水素結合はファンデルワールス力より10倍程度強いが，共有結合やイオン結合よりはるかに弱い．沸騰水の中では簡単にバラバラになる．しかし，ダラ～と伸びきった一本鎖DNAでは，いくら丈夫でも無理矢理引っぱれば簡単に切れるが，二本鎖DNAになると，キュッと締まり，バネのように短く縮まり極めて丈夫になる．このねじれの中には水分子も入れない．このねじれを下から見るとちょうど円状になる．らせん階段そのものである．

図5 ヌクレオシド，ヌクレオチド

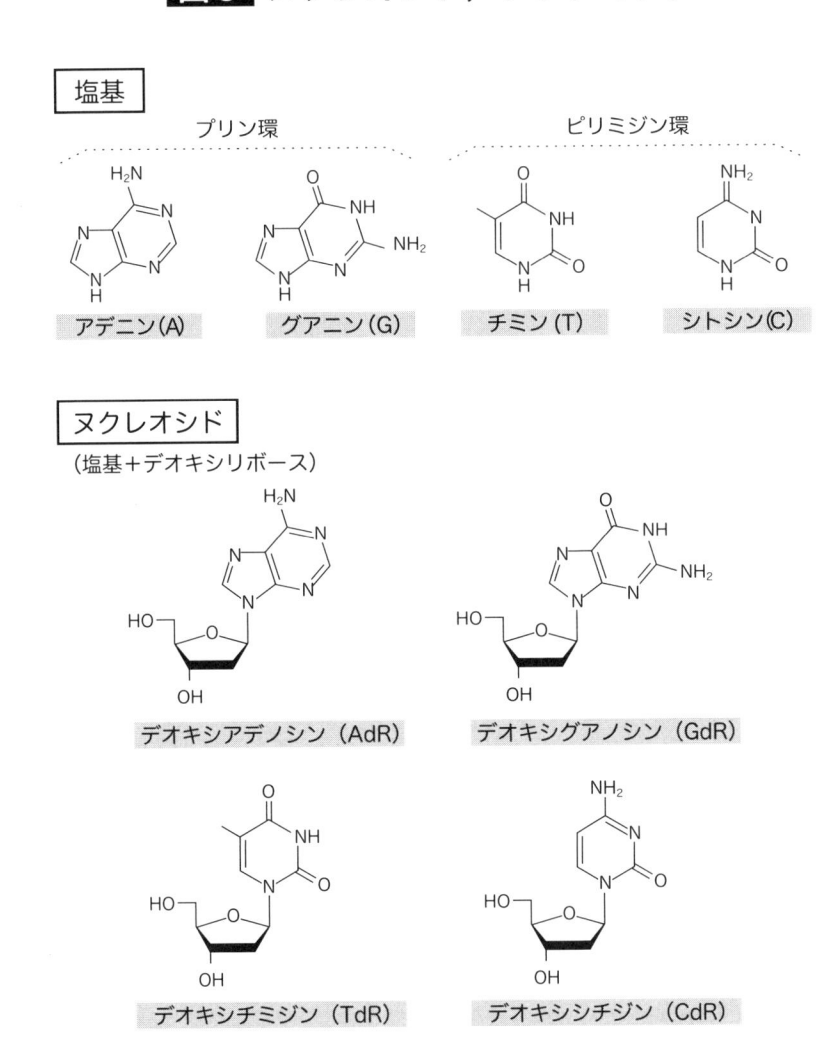

塩基

プリン環
- アデニン（A）
- グアニン（G）

ピリミジン環
- チミン（T）
- シトシン（C）

ヌクレオシド

（塩基＋デオキシリボース）

- デオキシアデノシン（AdR）
- デオキシグアノシン（GdR）
- デオキシチミジン（TdR）
- デオキシシチジン（CdR）

ヌクレオチド
（ヌクレオシド＋リン酸）

デオキシアデニル酸　　デオキシグアニル酸

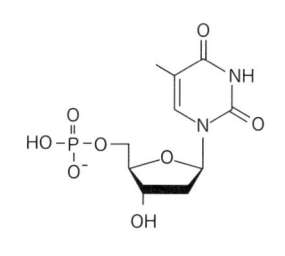

デオキシチミジル酸　　デオキシシチジル酸

4）塩基の遺伝暗号は5'→3'の方向に3つずつ読まれる

　さて遺伝暗号の話になる．この塩基の並び順が暗号になっているが，この並び順だと，二本鎖DNAの各々のヒモの中では，AとT（またはGとC），つまり片方が凸なら片方が凹になる．実は，遺伝暗号は片方のヒモだけが正しく（**センス鎖**と呼ぶ．もう一方は**アンチセンス鎖**），片方のみ解読される．そして，暗号を読む順番は決まっており，必ず**センス鎖の5'-方向から3'-方向に向かう順番で読まれる**（5'→3'と表記する）．例外は絶対にない．読む方向は暗号解読には極めて重要である．

　その塩基が3つ連続（**トリプレット**）で1つのアミノ酸を示す暗号にな

図6 二本鎖DNAでは，AとT，GとCがペアになる

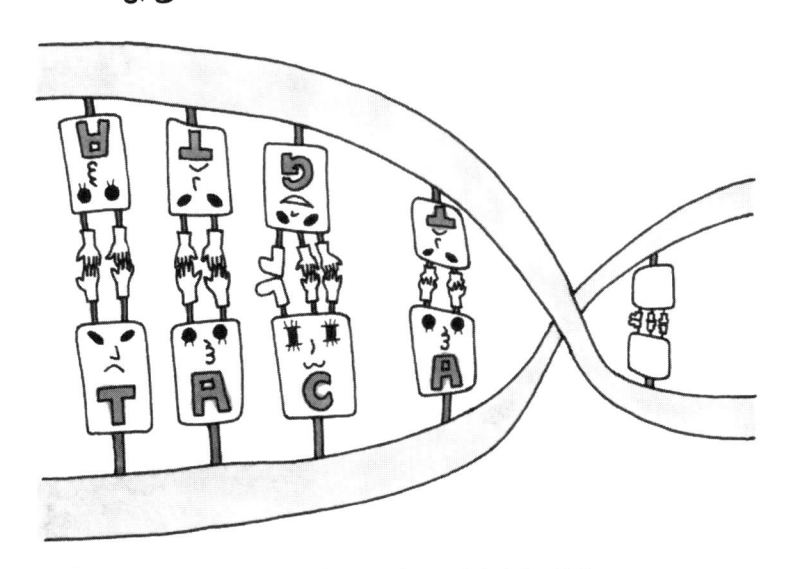

二本鎖DNAでは，AとT，GとCが向かい合って水素結合で結合している
水素結合：AとTは2本（A＝T）
　　　　　CとGは3本（G≡C）

る（**コドン**と呼ぶ）．そして今では全ての暗号が解読されている（コドン表：**表1**）．例えばAAAという並び順なら，アミノ酸のリジンを示す．つまり，塩基の並び順はアミノ酸の並び順番を指名するから，読み始めコード（ATGなど）から読み終わりコード（TAGなど）まででアミノ酸のつながった物質ができる．これがタンパク質である（**図7**）．つまり，これが1つの遺伝子ということになる．ヒモの中で延々とつながって並んでいるが，これだと確かに各々の遺伝子は独立してますな（メンデルの独立の法則を反映）．解読法は後述する．

　ここで言いたかったことは，上記の単純に見えるDNA構造は，実はどれも極めて重要な役割を担っているということである．丈夫さ，簡便さ，正確さを全て兼ね備えており，かつ，例えば暗号解読の化学的方向性など生

表1 遺伝子の暗号表（コドン表）

第一塩基 （5'末端）	第二塩基				第三塩基 （3'末端）
	U	C	A	G	
U	Phe	Ser	Tyr	Cys	U
					C
	Leu		stop	stop	A
				Trp	G
C	Leu	Pro	His	Arg	U
					C
			Gln		A
					G
A	Ile	Thr	Asn	Ser	U
					C
			Lys	Arg	A
	Met				G
G	Val	Ala	Asp	Gly	U
					C
			Glu		A
					G

表中の第一塩基から第三塩基を順にたどることで，対応するトリプレットの遺伝暗号が読み取れる．例えば，第一塩基がA，第二塩基がU，第三塩基Gのトリプレット（AUG）にはメチオニン（Met）が対応する．
遺伝暗号の読み取りは開始コドン（AUG，Metに対応）から始まり，終止コドン（UAA, UAG, UGA）で終わる

き物の在り方を反映していることがわかる．

❖ DNAは長いヒモ状の物質である

さて，マニアックな話が続いたので，一服話をしよう．

ずっとDNAは遺伝子である，と言ってきた．遺伝子とは生物学の用語だが，DNAは化学の用語である．生物学では生き物の概念を扱っているが，化学では直接化学物質を扱っている．化学物質であるから取り出して試験

図7 コドンと，タンパク質（ポリペプチド）が形成していく様子

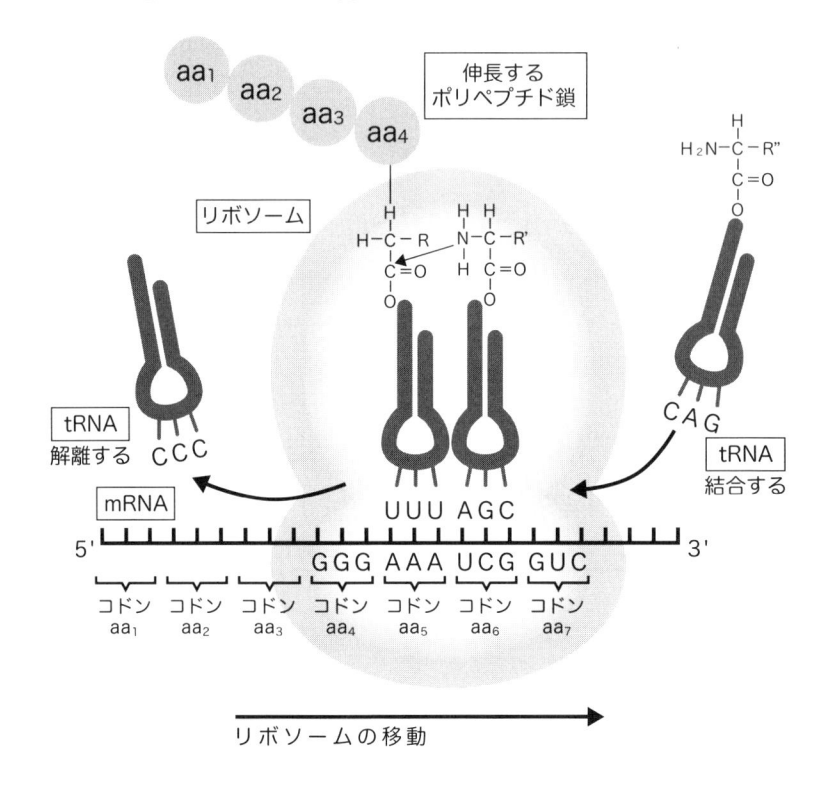

mRNA上に並んだ3つの塩基が1つのアミノ酸を表しており（コドン），これに対応するtRNAがmRNAに結合し，リボソーム内で隣どうしのアミノ酸を結合させ，ポリペプチド鎖を伸長させる．リボソームはmRNA上を5′→3′方向に移動していく

管の中に入れて見ることができるはずである．実際にたくさん集めると試験管の液体（水とアルコールの混合水）の中に白く濁った沈殿として見える．水の中だけだと溶けてしまい見えない．文字通り化学物質であることがわかる．ちゃんと分子量もあれば化学構造もある．バイオの本などをよく読んではうんちくを傾けている人でも，最初に生き物からDNAを抽出したときは，誰でも，ホーッ，これがDNAか！と感激する．私もそうだっ

た．そこで私は大学のバイオの学生実習では必ずこの抽出実験を入れている．抽出した液体中に次の溶媒を加えると，突如，白い物体が沈殿になって見えてくる．そして，このネバネバの沈殿物をガラス棒で巻き取る瞬間こそ，たいていの学生が最も感激する瞬間である．沈殿が眼に見えるくらいにたくさんDNAを抽出するなんて，実はバイオの研究ではあまり意味がないのだが，わざとやらせている．メンデルが唱え仮定した遺伝子とはこういうものだったという納得が一度は必要だからである．遺伝子とはメンデルの法則のAABBのAでありBである．それが物質として眼に見えるのである．遺伝学の研究を志した若者にとってこれは大事件である．

　要するに，遺伝子とは親から子に伝わる特徴をDNAの中の化学物質の凸凹（塩基配列の順番）を用いて書き留めた設計図である．とにかく頑丈なものに凸凹をつけておかないと，設計図が長くはもたなくなる．この凸凹暗号は石碑の中の字のようなものにすぎない．DNAが石で凸凹が石の上に彫り込まれた字のようなものなのである．

　その凸凹を感知して設計図を読むという作業は，コンピュータの中でCDやDVDを光センサーで読むという作業と同じようなもので，他の物質がそれをやる．DNAとは，ただそこに突っ立って何もせずジーッとしているだけの木偶の坊のようなもので，DNAという言葉の世の中に与える印象（万物の権化のような印象）とはかけ離れたものである．

　しかも，DNAは二本鎖DNAと言えども長い長いヒモ状のもので，その横幅に比べたとき，その長さはものすごく長大なものである．ヒモだから，1つの細胞から引っぱり出して引き延ばすと数cmにも達する．これが目に見えない大きさの細胞の中に入っているのだから，極めて細長いものであるということになる（二本鎖DNAの横幅はÅの単位である）（→第1章　図1参照）．だからいくら丈夫だといっても，それだけを水の中に入れてかき回せば，たちまちブチブチとそこら中で切れてしまう．まあ，丈夫といってもその程度のものではある．前記の眼に見えるくらいにたくさんのDNAを液体の中で沈殿させる実験では，実験の途中で何度もかき混ぜているから，もうブチブチに切れているDNAのヒモの沈殿物を見ているにす

ぎない．抽出後，最後にそう言うとたいていの学生はがっかりする．

❖ 人のDNAのうち遺伝暗号はたった1割

　人のDNAは一つの細胞に46分子のヒモ（ただし，すべて二重らせん）があり，この46本全部で，約30億個の塩基が並んでいる．そして，人には約30,000の遺伝子があり，1つの遺伝子には，この塩基（凸や凹が4種類）が読み始めコードから読み終わりコードまで300～10,000個程度（塩基数ですよ，遺伝子の数じゃない．念のため）一列に並んでいる．だから，遺伝子はDNA上の塩基の並びにすぎない．その並びが遺伝暗号になっているのである．

　例えて言えば，どこかの野球場で入場のために行列をしている．その観覧席の座席の並び順の何番目から何番目までが1つの遺伝子になる．この並びは滅茶滅茶長く30億人（30億凸凹）が並んでおり，これを30,000部分にも区分したことになる．各区分が1つの遺伝子で，30億人の並びの中のどこかに鎮座している300～10,000人（凸凹）ということになる．

　ただし，DNAは設計図といっても本当に設計に関わる凸凹部分（遺伝子）ばかりでなく，実はどうでもよい何の機能もしていない凸凹暗号部分もたくさんある．人の遺伝子の数が30,000で，1つの遺伝子に塩基が300～10,000個程度なら，全部で900万個～3億個の塩基で十分になる．約30億個の塩基数と合わないではないか！そうです，人の場合は遺伝暗号の部分はDNAの中の1割にも満たないのである．残りの9割は遺伝子ではなく，意味のない塩基配列（**非遺伝子領域**）である．

❖ 遺伝子に傷がつくと突然変異が起こる

　この塩基の配列（先ほどの野球場の例で言うと人の並び，凸凹の並び）の変化は，遺伝暗号の変化を意味するから，1個でも変わると違うものになる（**図8**）．だから，この凸凹の並びを守ろうというしくみもある．こう

図8 一塩基変異

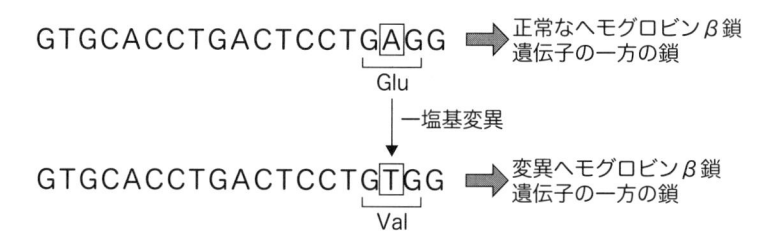

GTGCACCTGACTCCTG[A]GG → 正常なヘモグロビンβ鎖
　　　　　　　　　Glu　　　遺伝子の一方の鎖

↓一塩基変異

GTGCACCTGACTCCTG[T]GG → 変異ヘモグロビンβ鎖
　　　　　　　　　Val　　　遺伝子の一方の鎖

鎌状赤血球症は一塩基変異によってヘモグロビンβ鎖の第6番目のアミノ酸がグルタミン酸（Glu）からバリン（Val）に変わる遺伝子突然変異が原因である

して，凸凹が保たれる限り設計図は変わらないから，同じものが生まれる．

一方，この重要な設計図部分の凸凹に傷がつき少し変わると，同じものが作れなくなる．こういう塩基の並びの変化を**突然変異**と呼んでいる．こういう変化は今現在でも身体の中に常時起きており，成人病（生活習慣病）の原因でもあったりする．文字どおり突然に変化することがある．突然と言ってもこれはバイオの話だから1分1秒の話ではなく，生き物の1世代のうちという時間である．人なら数十年はかかる．

例えば紫外線や放射線などは，この凸凹を突然変えてしまう能力がある．だから，放射線が当たると，エスパーが生まれたり，南海の底からゴジラが蘇ったりするわけである．もっとも，これはSFの世界の話で，現実にこういう突然変異が起きたとき，こんなことが発生することはほとんど絶対的にありえない．たいていは，精子や卵子のうちに死んでしまうか，受精しても生まれてくる前に親の体内で亡くなるか，になる．極めてまれに生まれる場合もあるが，極めて虚弱な子供になる場合がほとんどである．**遺伝病**といわれる病気の中のいくつかは，こういう突然変異を伴っている場合もある．

実は，われわれの目に触れる世界で，重要な設計図部分の凸凹が変化した生き物は，通常は遺伝病といわれる疾患を背負った個体に限定される．

ゴジラのようなスーパー生物とは似ても似つかないものである．

❖ 小さな突然変異が積み重なると…

　人のDNAにはどうでもよい凸凹部分（非遺伝子領域）が非常に多い．では，どうでもよい凸凹暗号の部分の突然変異はどうなるのか？ 外からの見かけは全く何も変わらないことがほとんどであり，何の影響もない．しかし，この凸凹は，それ以後ずっと子孫に受け継がれて続いていくことになる．こういう変化は日常的にしょっちゅう起きている．人の場合は，このようなどうでもよい凸凹暗号の部分がDNA全体のほとんどを占めているからである．ただし，生き物によってこの非遺伝子領域の量は異なる．だから暗号の変化は，日常的にあなたの身体の中にも起きているだろう，その可能性は高い．そしてあなた1代には何の影響もないだろう．

　一方，こういう影響のない凸凹の変化は長い長い時間の中では，次の変化が次の変化をまた呼び，いつかは他への影響が出てくるかもしれない．意味はないとはいえ，石碑の上の文字の隣の部分が，何代もの間には彫り込んでドンドンと凹んでいくかもしれない．すると文字の方の溝も変型して部分的に崩れるかもしれない．違う文字として判読されることもある．DNAの上の凸凹にも同じことが起きるとする．これもまた，生き物の形に変化をもたらし，進化を導くかもしれない．

❖ DNAの変異はなぜ起きる？

　このDNAに変異が起きる理由は，だいたい次のようなものだと考えられている．DNAは紫外線や放射線が当たると簡単に傷がつく（**図9**）．紫外線がDNAに当たると，塩基同士がくっつき離れなくなり，放射線が当たると，リン酸と糖の結合が壊れて切れたりする．いずれの場合も，このまま放置すると遺伝情報がおかしくなるだけではなく，その前に細胞は死んでしまう．何としてもDNAを紫外線や放射線から守らねばならない．

図9 紫外線，放射線照射による DNA の傷

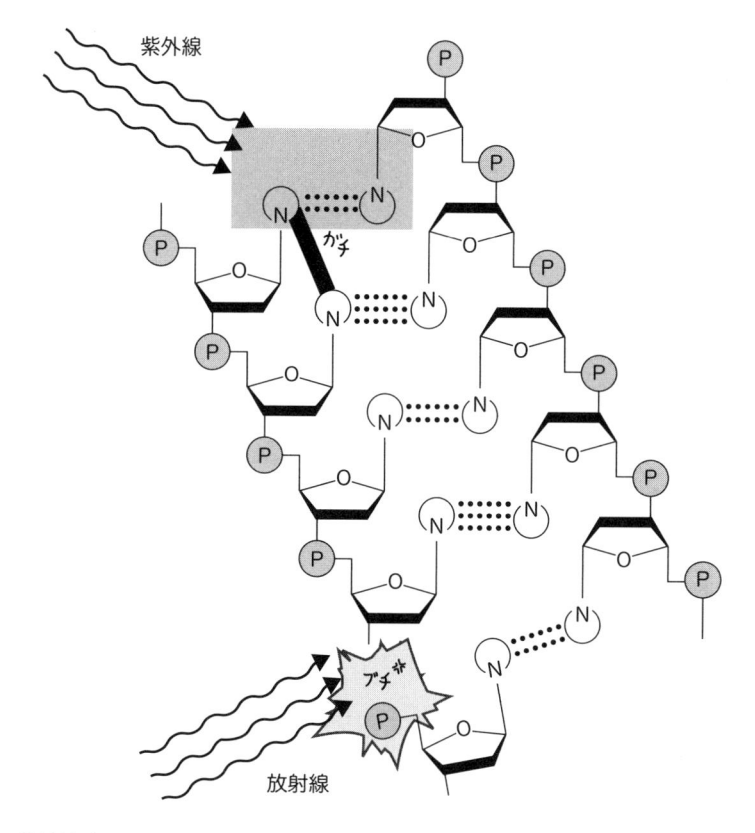

紫外線がDNAに当たると隣接するピリミジン塩基〔C（シトシン）とT（チミン）〕同士の結合が起こる．放射線はリン酸と糖の結合を断裂してしまう

　紫外線や放射線は，生き物のいなかった太古の昔から宇宙から大量に降り注いでいた．そこで傷治しのメカニズムも早くから発達した（→第4章参照）．このメカニズムも化学反応だから必ず誤差が生じ，けっこう，治し間違いをやるのである．すると塩基の配列（凸凹）が元のものと違うことがときどき起きる．この場合，たいていは死んでしまうが，間違いが保存されて生き残ってしまうことがまれにある．これが突然変異の元というこ

とになる．これを簡単に例えて言えば，両腕を切断する大怪我をした，急いで両腕を持って外科に行った，医者があわてて右腕と左腕を逆につけてしまった，そのまま治ってしまった，というようなものだろう．

　この突然変異という言葉は非常に有名であるが，実はたったそれだけの化学変化を言っているにすぎない．しかし，生き物に突然変異が起きると，生き物の中に眼に見える変化が現れるから，昔から大いにみなびっくりさせられてきたせいだろう．遺伝子ってすごいものである．しかし，水爆実験の影響で南海の底から深い眠りについていた生き物の身体に突然変異を引き起こし目覚めさせ，怪獣ゴジラを出現させるようなことは，遺伝学的にはほとんどありえないことなのである．非常にまれな確率でしか良いものができないということは，ものすごく長い時間の中では良いものも生ずることもあるということになる．結局，これは遺伝学の話ではなく進化の話になってしまうのである．あなたの子供がものすごいエスパーになることはありえないが，あなたの数十万年あるいは数百万年の後の子孫の中には，あなたの能力からは想像もつかないものすごいエスパーも生じるかもしれないという話である．

❖ RNAとは何か

　ところで，DNAの話はしたが，もうひとつ RNA という言葉が世の中を走り回っている．

　DNAは遺伝暗号にすぎない．DNAの中の塩基の配列の暗号はいかに読みとられるのだろうか？ここにRNAというDNAによく似た化合物が出てくるのである．RNAとは何か？化学的には，DNAと非常によく似た（というより，双児のようにそっくりの）化学物質である．ヌクレオチドの構造はそっくりだが，五炭糖がデオキシリボースではなく，リボースである（図10）．そして塩基の一つがチミン（T）ではなくウラシル（U）に代わっている．Aに対してUが水素結合でくっつく．この化合物も核酸の一種でヌクレオチドのつながったヒモである．

ただし，DNAよりも滅茶滅茶に小さい分子で，遺伝子でもない．つまり，DNAのような長期にわたる凸凹の印の台でもない．いつも1分子で行動し，二本鎖RNAはあまりできず，ダラーっとした**一本鎖RNA**状態が普通である．丈夫でもなく，すぐ壊れる（もちろん例外はあり，RNAウイルスなどは，DNAの代わりにRNAが遺伝子で二本鎖RNAを形成している）．一本鎖が折れ曲がってちょうど相補的な配列同士が部分的に二本鎖になる場合もある（**図10**）．だいたい1遺伝子DNAの長さ程度である．

❖ RNAの種類

　RNAは主として3種類に分かれ，最近話題の4種類目というのもある．3種類は通常，伝令RNA（**mRNA**），転移RNA（**tRNA**），リボソーマルRNA（**rRNA**）と呼ばれている（**図11**）．

1）mRNA

　mRNAはDNAの遺伝子の部分につき，凸凹を同じように読み取る．ただし，1遺伝子部分だけを読み取ると，そこからさっさと離れて，その暗号が裏返しになったRNAは細胞の中のタンパク質製造工場（リボソーム）があるのだが，そこへその暗号を伝えに行くのである．印刷のときに型を取る作業に使われるものだと思えばよい．設計図の凸凹を読むために，光センサーなどはない．何か光の代わりに型を取るものが必要である．たくさん同じコインを作ろうと思えば丈夫な鋳型が必要である．RNAは型に流し込む鉛のような成分の役割をしている．RNAの上に凸凹を写し取るのである（**転写**と呼んでいる）．DNA側のAのところにはRNA型のヌクレオチドであるUが，TにはRNA型のAが，GにはRNA型のCが，そして，CにはRNA型のGがつく．こうしてDNA側の凸凹配列を鋳型にして裏返しにして読み取るのである．RNAは小さいからDNA上の凸凹のほんの一部だけを読み取り，そして，どこへでも動いていくことができる．そして，他の工場でいろいろな設計図通りのものが作られてくる．つまり，DNAと工場の間を行き来する使い走りである（**図7**参照）．

図10 DNAとRNAの違い

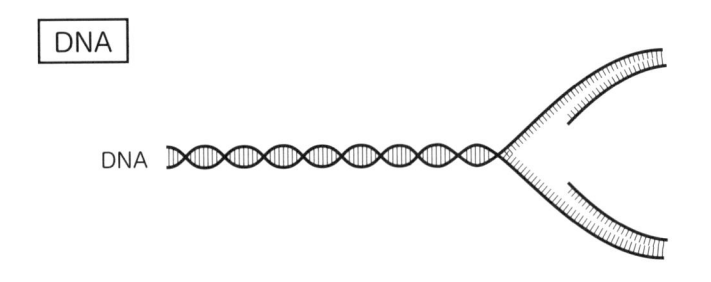

DNA

DNA

デオキシリボース

アデニン（A）

グアニン（G）

シトシン（C）

チミン（T）

RNA

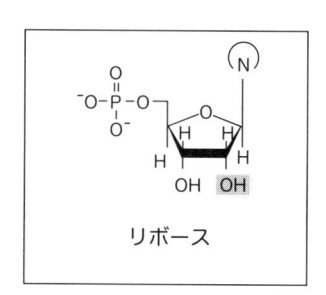

RNA　　　　　　　　　　　　　　　　　　たまに二本鎖

リボース

アデニン（A）　　　　　グアニン（G）

シトシン（C）　　　　　ウラシル（U）

第3章　遺伝子，DNA，突然変異

図11 RNAの種類

mRNA
（伝令RNA）

tRNA
（転移RNA）

rRNA
（リボソーマルRNA）

snRNA
（核内低分子RNA）

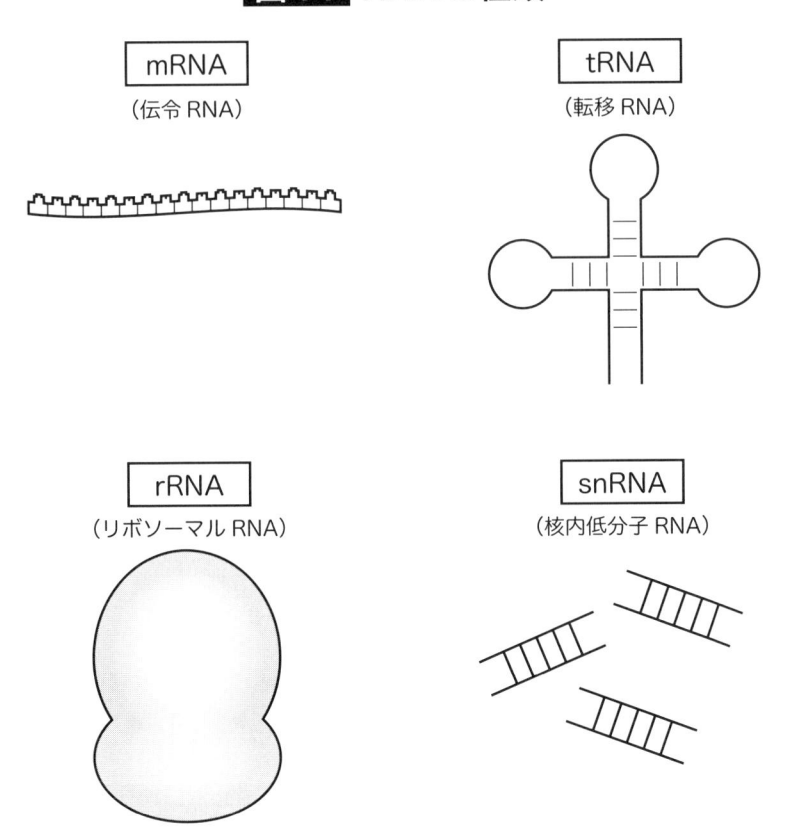

RNAにはmRNA，tRNA，rRNA，snRNAの4種類がある．本書では主にmRNA，tRNA，rRNAについてとりあげる．
＊snRNA（核内低分子RNA）：真核生物の核に見られる小型RNAの一群で，RNAスプライシングやテロメアの維持などさまざまな重要な過程に関わっている

　この中で一つの疑問が湧く．DNAとは二本鎖である．そのDNA同士も凸凹暗号は，AとT，GとCでちょうど裏表になっている．いったい転写用のRNAは，二本鎖DNAのどっち側の塩基配列（凸凹）を読み取るのか？両方とも読むのか？実は片方しか読まれない．読まれる方を**センス鎖**と読

んでいる．それはDNAが複製する際の鋳型になっている方（旧鎖）である．詳しくは次章で述べる．

　工場ではその暗号にもとづいて必要な酵素やタンパク質をつくり細胞の中に送りだすのである．暗号を伝えたら，そのRNAはお役御免になって壊されてしまう．壊れるといっても，ヒモでなくなり元の1分子のヌクレオチドに戻るだけである．つまり高分子のRNAはRNA用のヌクレオチドから創られては消え，創られては消え，というサイクルを繰り返しているのである．同じ核酸という言葉で表されているが，実にはかない運命の核酸である．

2）tRNA

　tRNAは約20種類あり，各々がそれぞれ違うアミノ酸（これも必須なものは約20種類ある）を連れてくるRNAである（**図12**）．tRNAは各々がおよそ20種類あるアミノ酸の1つ1つとくっつくようになっている（**表1**参照）．例えば，ロイシン（Leu）というアミノ酸とくっつくtRNAは，ロイシンにしかくっつかずロイシン・tRNAと呼んでいる．他も同様である．リボソームにくっついたmRNAはその凸凹を外に向けて開く．するとその凸凹めがけてアミノ酸を尻につけたtRNAがやってきてくっつくのである．3個の塩基が一組になった凸凹20種類の各々違うtRNAがくっつくので，凸凹に書かれた通りの順番でtRNAのしっぽの方にアミノ酸が並ぶことになる．これがお隣同士のアミノ酸で結ばれる．すると設計図通りのタンパク質ができてしまうのである．遺伝子は人では30,000種類あるのなら，タンパク質も30,000種類あることになる．これらのタンパク質（酵素を含む）が細胞の中の全ての化学反応を司ることになる．rRNAはこの「アミノ酸付きtRNA」と「凸凹を読み取ったmRNA」をめあわせる場所を創る成分である（**翻訳**と呼んでいる：**図12**）．要するにDNAの中に描いてある暗号を読み解き，タンパク質に変える連中だと思えばよい（**転写・翻訳系**と呼ぶ）．

第3章　遺伝子，DNA，突然変異

図12 tRNAと転写，翻訳

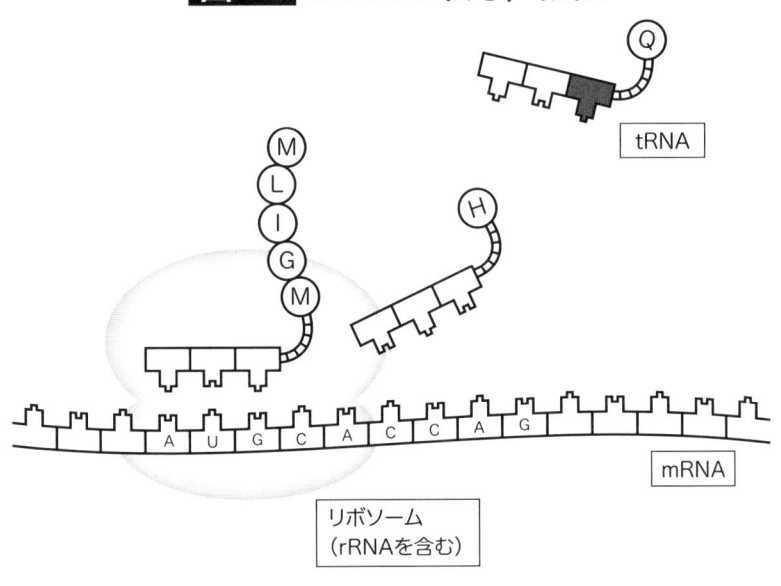

リボソーム
（rRNAを含む）

❖ 発生と遺伝子の関係

　さて，発生との関係である．受精卵がドンドン卵割を繰り返し形を創っていく際には，DNAの中にある設計図はドンドン読まれていくことになる．その際には最初の卵割ではこの転写によって読まれない遺伝子の部分があることになる．増殖しているのですべてのDNAは複製するのですがね．RNAとして読まれないのです．卵割によって，新たにいろいろできてきた細胞たちの中には役割を分業していく必要があるが，その際に分業（機能の分業なので，こういうのを**細胞の分化**といっている）のために，各々の細胞は，それぞれ違う設計図の部分（つまり一部の遺伝子）だけを読むようにする．すると違う細胞になれる．皮膚の細胞は皮膚に，神経の細胞は神経に，筋肉の細胞は筋肉に，なるわけである．その際には皮膚になる設計図の部分を読むか，神経を創る遺伝子の部分か，筋肉の部分か，という違いになる．これは

読まれたRNAが違うから工場では違うタンパク質が造られることになるからである．こういうのを**転写制御**などと専門家はいっている．

一つだけ注釈を付けておくと，これで多細胞生物の発生が説明できるわけではない．転写制御で変われるのは1個1個の細胞であり，増えているわけではない．増えても次は，次の転写制御を受けるので違ってくる可能性が高い．同じものを増やす，あるいは少し性質が変わってからも細胞も増やす必要がある．肝臓の細胞は1個ではすまないからである．大いに分化しているが，人の場合，細胞の違う種類は60億程度だが，1個体の細胞の数は数十兆個あるから，同じものは平均すれば，どれも10,000個以上いることになる．実際には多くの組織は，数億個の同じ細胞を要求する場合も多い．断っておくが，神経といえども恐ろしい桁数の種類に分かれるので，決して同じものが大脳の中につまっているわけではない．それを考えたうえでの数と思って下さい．ほんの少しでも何かが違えば，それは違う種類の細胞と数える．要するにこのような同じ細胞を増やすためには，転写制御の説明では不十分である．増やすという命令の方が上位にあり，転写して制御するというのは下位にある．軍隊の命令系でいえば，細胞を増やすという作業（DNAを複製する作業）が最高軍司令官の命令であり，局所的な戦闘で現場の中隊長が命令している図が転写制御であると考えるとよい．

生理学的には極めて重要だが，本書では遺伝や進化という要素から初歩的な分子生物学について解説することを目的としているので本質から離れた枝葉末節とも言える．だから，こういう本を読むときは，RNAはあまり気にせず無視したらよい単語だと思う．もちろん私も専門家の一人である．RNAがそんなに簡単ないい加減なものでもなく，進化にも密接に関わっている証拠もある．また最初の原始細胞はDNAではなくRNAが遺伝子の物質だったという有力な仮説もある．しかしそこまで述べていたら，この本が長大になり完結しないので，以下，この本ではRNAの話はなるべく避ける．

Column

ゴジラは地球の重力下では生存できない？

　以下は蛇足．ところで，突然変異の話をした以上，ゴジラの話をもっと聞きたい人は多いに違いない．SFではなく，本当に科学的な話に基づいたちょっと関係のある話をここに書こう．今では世界中でいろいろなゴジラが創られたので，同じには扱えない．ここでは最初に日本で生まれたオリジナルなゴジラの話に限定しよう．このゴジラの特徴の第一はとにかく恐竜よりも大きな陸上を動くことができる脊椎動物（ゴジラは一見では恐竜に似ているように見えるが脊椎動物の何類に属するのかは不明）ということである．もし本当に実在したら，地球が生んだ最大の陸上動物ということになる．これは放射線の被爆によって突然変異し超大型化して生じたわけだから，ゴジラの親はこんなには大きくなかったに違いない．オリジナルな日本のゴジラには砲弾が全くささらないのだから，その皮膚はものすごい厚さで，かつ極めて丈夫であるはずである．

　この原点になる突然変異の遺伝学の現象はあるのか？　実は似たような話（？）があるのである．いろいろな小型の動物，例えば，ハエにはジャイアントミュータントというものがある．ある遺伝子の機能を突然変異で止めてしまうと，身体が幼虫のうちから大きくなってしまうのである．といっても，身体の長さがせいぜい2倍くらいになるだけのことですがね．でも長さが2倍になるということは体積にしてみると8倍になっていることになる．もしこれを人に換算すると4メートルくらいの身長になってしまう．やっぱり大きいですよね．

　では能力や身体の機能もスーパーになっているかというと，実はそうではない．わずかな数の遺伝子の機能が止められただけの話なので，全身の身体の機能がすべてそれに対応しているわけではないのである．いや，むしろ全く対応していない．身体は大きくなったが筋肉はそれに見合って造られていないから，虚弱で非常にのろまである．他の臓器の機能も同じようなものである．ただ，身体の成長を司る遺伝子の機能が異常になったにすぎないから，病気と同じような状態なのである．でも観察している人から見れば，ひと際巨大な個体をたくさんのハエの中で発見すると，非常な驚きである．文字通りゴジラを見たときと変わらないくらいのインパクトがある．

　このジャイアントミュータントというものはさほど珍しい現象でもなく，いろいろな生き物で観察されている．放射線を当てても観察されることがある．遺伝学者の間では，この現象は20世紀の前半にはすでによく知られており，ゴジラの映画が最初に制作された頃（1950年代）にはこんな知識はすでにあったのである．おそらく，ゴジラのアイデアはそのような知識を拡大解釈して作られたものなのだろうと思う．ゴジラ以後，しばらくは巨大サソリ

や，巨大アリが人を襲う話のようなホラー映画が多数ハリウッドで製作されたが，ゴジラのような脊椎動物より，このような節足動物の方が遺伝学的にはもっと現実に近い（？）ことなのである．

　ただ，巨大化するとそれに見合った姿形に変化しないと動けなくなる．巨大化とは体積が大きくなることである．長さが2倍になると体積はその3乗，つまり8倍になる．密度が同じだから体重も体積と同じく8倍になる．それを動かす筋肉が必要である．ところが筋肉の強さは筋肉の断面積に依存するから，長さが2倍になるということは，筋肉の強さは4倍にしかならない．つまり，見た目に同じ姿形で巨大化したら，その重さに耐え切れず筋肉は身体を動かすことができなくなる．身体の体積が8倍になれば，筋肉の体積だけは16倍になっていないと地球の重力に対抗できない．身体は筋肉が余計につき，骨はずっと軽く，筋肉以外の部分はなるべく最小限の増大に抑えないと動けない．もう全く違う姿形になっているに違いない．

　この考え方からいくと節足動物はまずい！なぜかというと，昆虫などは外套骨格で外側を骨が取り巻いている．内側の芯のところだけに骨がある脊椎動物と比較すると，骨の部分が筋肉に比して極めて大きいのである．だから，もし映画のような巨大なアリやサソリが生じたら，筋力不足で自分の体重さえ支えられず全く動くことができないはずである．もう少し小さくて動けたとしても，辛うじてヨタヨタと動ける程度で極めてのろまに違いない．しかも食べる量はものすごく必要になるから，どうするんでしょうねえ？だから節足動物の大形化のホラーは一見ありそうだが，生物学的にはまだゴジラの方が正しいのである．日米の映画のどちらに軍配を上げるというと，これはゴジラである．くだらないか！

　生き物の形と大きさは，最善の組み合わせでのみ生存が可能なのである．またなぜ恐竜が巨大化できたのかというと，脊椎動物なので，その組み合わせが可能だったのである．水中動物が巨大になれるのは，浮力のおかげで引力重力の影響をあまり受けず体重を支える筋肉があまりいらないためである．組み合わせは38億年の時間が決めたのである．

　突然変異というものは，ほんの少数の遺伝子の上に起きる変化にすぎない．このような変化は，やはり一種の病気で，進化に役立つことはあっても1代でエスパーを出現させるようなことはありえないのである．38億年の縛りは極めて大きい．少数の遺伝子の無方向な変化ぐらいでは，変えられるようなものではないのである．

4

DNAを増やすしくみと
キズ治し

　さて，この章の目的は，DNAたちがいかに倍加（**DNA複製**と呼ぶ）し，怪我をしたときいかに修理（**DNA修復**と呼ぶ）するか，その化学反応を簡単に説明してみよう．

　メンデルの法則では，遺伝子が表現型の全ての化学反応を支配するばかりでなく（だいたい「支配」って化学的に何？ という感じだった），自分で倍になるという話が神懸かりの印象を与え，それまでの生化学者にとっては「そんな，神様みたいな化学成分などあるわけがない，バカバカしい」という認識が普通だった．実は今から見ればこの呆れた言は，私が学生の頃に植物生理化学の講義でまだ50代だった教授が言った話である．1960年代半ばの話で，ワトソン・クリックモデルが発表されてからすでに10年以上経っていた．それでも言い張っていた．ちなみに私が所属した研究室はその隣で，私の指導教官は30代で，私はすでに毎日RNAやDNAを抽出して研究していた．この糖代謝を専門とする教授の言とその隣の研究室の研究のありさまは，当時の日本の生物学者の戸惑いや混乱を如実に示している．このとき，すでにコラーナーらによって，遺伝暗号（**表1**参照）さえ解読が全て終わっていた時点である．

　この章は上記の糖代謝の先生を簡単に説得できる要点だけを，なるべく簡単に書こうと思う．

表1 コラーナーらの遺伝暗号解読

ポリヌクレオチド	生じるペプチド	コドンの対応
ポリ-UG	⋯Cys-Val-Cys-Val⋯	UGU, GUG — Cys, Val※
ポリ-AG	⋯Arg-Glu-Arg-Glu⋯	AGA, GAG — Arg, Glu
ポリ-UUC	⋯Phe-Phe-Phe⋯ + ⋯Ser-Ser-Ser⋯ + ⋯Leu-Leu-Leu⋯	UUC, UCU, CUU — Phe, Ser, Leu
ポリ-UAUC	⋯Try-Leu-Ser-Ile⋯	UAU, CUA, UCU, ACC — Try, Leu, Ser, Ile

※11個のコドンがCysを,もう一方がValを指定する.表のコドンの対応にはどれも,同様のあいまいさが存在する

❖ DNAの複製のあらまし

　DNAの倍加（DNA複製）も修理（DNA修復）もDNAの化学合成である.
　DNA複製の場合は,元のDNAを倍にするために,図1のように,まずDNAの二本鎖が解け,一本鎖となった各々のDNAの塩基が露出する（図1-①→②）.一本鎖の場合,ヌクレオチドはリン酸と糖が数珠つなぎになったダラーっとしたヒモである.DNA複製のためにはこのダラーっとしただらしない恰好が極めて重要である.ではそのとき,塩基はどうしているか？ヒモの形には無関係に,糖に片方がつながってブラブラとちゅうぶ

図1 DNAの複製機構

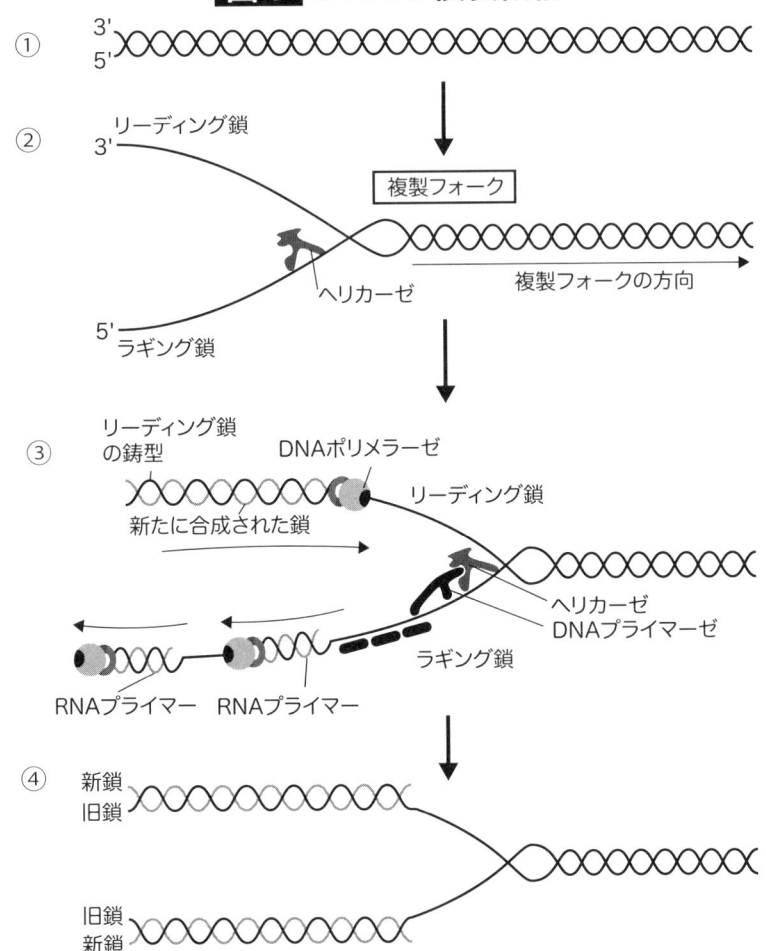

① 3'
  5'

② リーディング鎖
  3'
  複製フォーク
  ヘリカーゼ
  複製フォークの方向
  5'
  ラギング鎖

③ リーディング鎖の鋳型
  DNAポリメラーゼ
  新たに合成された鎖
  リーディング鎖
  ヘリカーゼ
  DNAプライマーゼ
  ラギング鎖
  RNAプライマー　RNAプライマー

④ 新鎖
  旧鎖

  旧鎖
  新鎖

DNAの複製は①DNAの二本鎖を②DNAヘリカーゼがほどいて2本の一本鎖にし，複製フォークを形成する．このとき，3'→5'方向のDNAをリーディング鎖，5'→3'方向のDNAをラギング鎖と呼ぶ．③その後リーディング鎖では5'→3'方向にDNAポリメラーゼによって鋳型鎖に相補的な塩基が組み込まれ新鎖DNAが合成される．リーディング鎖ではDNAプライマーゼによってRNAプライマーが何カ所にも合成され，そこから5'→3'方向にDNAポリメラーゼによって短い新鎖DNAが合成される（岡崎フラグメント）．岡崎フラグメントは最終的にDNAポリメラーゼ，DNAリガーゼによってつなぎ合わされ，1本のDNA鎖となる

＊DNAポリメラーゼが新鎖DNAを合成する方向は5'→3'．よって鋳型鎖となる旧鎖DNAはリーディング鎖は3'→5'，ラギング鎖は5'→3'方向となる

らりんに泳いで遊んでいる．そして，プリン環はピリミジン環と弱い**水素結合**ができる．その中でも特に，AはTを好み，弱い力で互いにくっつくことができる（→前章　**図6**参照）．同じようにCもGを好んで水素結合でくっつくことができる．細胞の中ではAとCがつくことはなく，GとTがペアになることもない．たまに例外はあるが，それを正す機構もある．そこで，ヒモ状のヌクレオチドの塩基の並びは，Aの部分にはプカプカ水の中に浮かんでいるTをもつヌクレオチド1分子（つながったヒモの中ではなく，どれにもくっついていない自由に動き回っている1分子）が水素結合で弱〜くくっつくことになる．Cの部分も同様に自由に動き回っているGの入った1分子のヌクレオチドがくっつく．するとこのTとGは隣り合う．一本鎖のヒモの中のAとCが隣同士であるからである．このTのついたヌクレオチドの糖の3'-位とGのついたヌクレオチドの5'-位についているリン酸が化学結合してこっちもつながる（→前章　**図4**参照）．**ホスホジエステル結合**と呼んでいる．これをくり返すことにより，次々と隣り同士がくっついて新たな紐になっていく（**図2**）．だから，最初からヒモの方のDNAを鋳型とか**鋳型DNA**と呼ぶ．旧鎖DNAとも言う．この相手側にできていく新たなヒモは新生した長いヒモ状の（しかし，塩基配列はちょうどAはT，CはGの裏返しの配列になった）DNA分子になる．これを**新鎖DNA**と言い，その塩基配列のくり返しがちょうど旧鎖DNAの逆になるので，こういうのを**相補配列**と呼んでいる．

　この二つの相補配列のヒモは普通は離れずそのままくっついており，ひねりが入ってらせん構造になる（**図1-④**）．それで，これを**DNAの二重らせん構造**と呼んでいるのである．DNA複製はこのようにして行われる．

❖ DNA複製のための化学合成反応

　前述したDNA複製のための化学合成反応は，簡単には以下の2つに分けられる．
①まず，二重らせんになった2分子の一本鎖DNAを互いに他から，離れる

図2 複製中のDNA

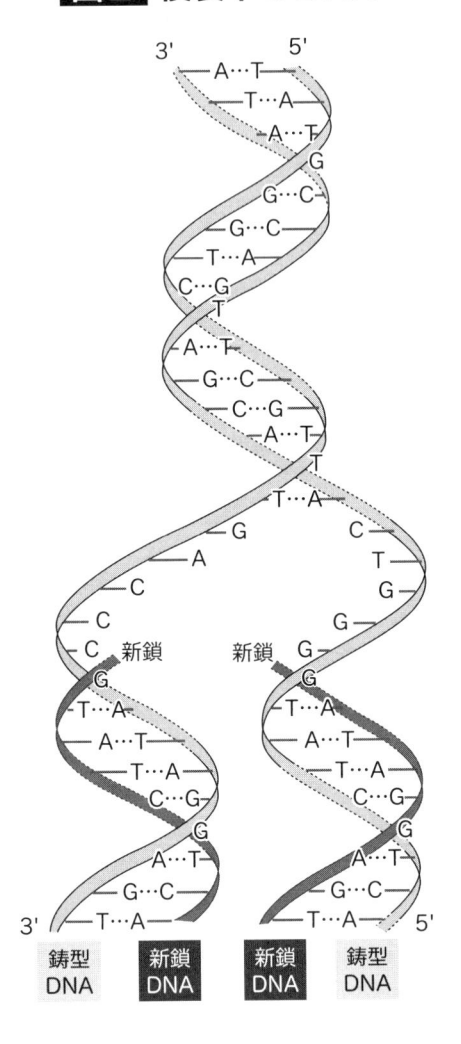

| 鋳型DNA | 新鎖DNA | 新鎖DNA | 鋳型DNA |

のをいやがるのを無視して，強引にひっぺがして別れさせることになる（こういうひっぺがし専用の酵素がある．ヘリカーゼという）．

②すると，無理矢理別れさせたお互いの一本鎖DNAのヒモの上の塩基に，Aの部分には勝手に浮遊しているTの塩基をもつヌクレオチドが近づき

くっつく．同様にGの塩基にはCが，というふうに（実際にはくっつかせる酵素があり：ポリメラーゼという．後述），並ぶ．並んだ隣り合うヌクレオチドのリン酸の端（5'-リン酸）とデオキシリボースの3'位がくっつく（**重合反応**）．

DNA複製の化学合成とは，ただそれだけである．そこで，もともとの一本鎖の方を**鋳型**（つまり，銅像作りのときに使われるようなマイナスの型）と呼ぶ．そして，新たに並んで重合して鎖になったものが新しく合成されたDNAである．そのため述べたように，鋳型の方を**旧鎖**と呼び，新たにできた方を**新鎖**と呼ぶ．端から端までこの合成過程が完了すると，全く同じ分子が単純な化学反応だけで2つできることになる．

この新しくできたものは次の合成反応の鋳型にもなることができる．次々と前の構造を基準に無限に合成していくのである．これがDNA複製である．この複製過程は見事に遺伝子の自己複製の問題を解決していた．また前章で述べたように塩基の配列は遺伝暗号の問題を見事に説明した．遺伝子の話が半世紀に及ぶ疑惑から最終的に脱したのである．

このDNA複製は，細胞分裂の際，必ず1回しか起きず，精密にコントロールされている（→次章を参照）．そのため，各細胞にあるDNAは質的にも量的にも正確に同じものが存在する．このDNAの倍加反応が，細胞の倍加分裂，そして，ついには，他人同士の男と女がつきあい，子供をつくり子孫を残す反応にまでつながっているのである．

❖ DNA複製のはじまり

あまりにも見事な説明だったが，これで全ての問題が解決したわけではなかった．むしろここからが始まりだったといえる．

まず，このDNA複製を行う生化学反応の研究が次に大きく注目され進んだ．**DNA合成酵素**（**DNAポリメラーゼ**）の発見である（**図1**）．現在，原核生物では3種類，真核生物では14種類の異なるDNAポリメラーゼが存在していることがわかっている．各々の酵素は少しずつ異なる役割をもっ

ている（→第12章参照）．また，DNAを複製する過程は，この酵素だけではなく，いろいろなタンパク質成分が絡むことがわかっている（**図1**）．しかしとにかく二本鎖DNAとDNAポリメラーゼを混ぜただけで試験管中で同じDNA分子はどんどん増えていく（もちろん，重合の元であるヌクレオチドも加える）．この方法は現在は科学捜査で用いられているDNA鑑定でご存じだろう．

　この際に注目されたのは，二本鎖DNAに少し切り傷を与えてやる（二本鎖なので，片方のDNAに切れ目を入れてやっても辛うじてつながっている）と，DNA合成が非常に効率的に高速になることだった．これはDNA複製の図を見ればわかる通り，複製は一本鎖のところから始まるからである．とにかくどこでもよいから二本鎖DNA中に一本鎖の部分が必要なのである．こういうのを**プライマー**部分と呼ぶ．どこでもよいのはただの試験管中の反応だからで，身体の中ではそうはいかない．身体の中のDNAに傷を入れることは死を意味する．

　身体の中のDNAが複製を開始する際は，決まった位置のプライマー領域から始まるが，その際には，DNAポリメラーゼは用いない．そのプライマー位置に**DNAプライマーゼ**がつき，その部分だけDNA側を鋳型にして短いRNA鎖（RNAプライマー）を合成する（20塩基程度．この部分だけ一時的にDNA・RNAの雑種らせん構造ができる）．このDNAプライマーゼとDNAポリメラーゼの共同作業によってDNAの複製は開始する．

❖ DNA合成の伸長反応

　さらにもう一つ，DNA合成はDNAの立体構造に依存して行われる．前章で述べたように，DNAのヌクレオチドの配列は，$5' \rightarrow 3'$の方向性がある．DNAポリメラーゼがヌクレオチドを鋳型に取り込んでいくプロセスも，必ず$5' \rightarrow 3'$の方向で行われる．逆行はない！ところが二本鎖DNAがらせんを形成するためには，必ず片方のDNA分子が$5' \rightarrow 3'$の方向なら，もう一つの分子は逆方向に並ぶ．すると二本鎖を端から無理にこじ開ける（これ

を**複製開始点**と呼ぶ）と，**図1-②**のごとく片方のDNA鎖は3'→5'方向（**リーディング鎖**と呼ぶ．後述の**センス鎖**でもある）だが，もう一つは逆に5'→3'方向（**ラギング鎖**と呼ぶ）に垂れ下がる．このままではDNAポリメラーゼは片方のDNA鎖しか合成できないことになる．

これを解決するために，**図1**のごとくラギング鎖の方はある程度一本鎖が伸びて垂れ下がると，逆方向からDNAポリメラーゼがDNAを細切れに合成していく．つまりちょっと合成伸張（バクテリアでは1,000〜2,000塩基程度，真核生物では100〜200塩基程度の長さ）しては休み，次に出てくる垂れ下がりを待ちまたちょっと合成する．これらのラギング鎖上にできる細切れのDNAの破片を**岡崎フラグメント**あるいは**岡崎断片**と呼んでいる．そして，最終的に隣り合ったこの岡崎フラグメントをくっつける合成酵素（DNAポリメラーゼとDNAリガーゼ）が参加してつないでいく．リーディング鎖の方は，そのままズルズルダラダラとDNAが合成延長されて伸張していく．ラギング鎖リーディング鎖いずれの場合もDNA合成を開始する場所はDNAプライマーゼにより，最初RNAが合成され，そのRNA分子の端につながった形で，DNAポリメラーゼが交代してDNAを伸張していく（**図1**）．この過程は全生物に共通である．

❖ DNA複製にミスは起きないのだろうか？

よくできているというほかない．しかしこれだけでは問題が多い．例えば，DNA構造は横幅はせいぜい数十Åという極細のヒモなのに，バクテリアのような小さな生き物の小さな1分子のDNAでさえ，塩基の数は数千万個もある．その長さは長大である．これを端から複製していたら，いつまでたっても終わらないし，また，傷もつきやすい．DNAの傷はほとんどの場合，死を意味する．

DNAの複製は，ヌクレオチドのAはTに，GはCにつくというのを前提にして行われるが，これは化学反応である以上，必ず誤差がつきまとうはずである．そこで，試験管内のテストでDNAポリメラーゼがあるとき，A

にTがつく確率を調べると必ずしも100％ではない．それどころか，Cがつく確率もあまり変わらないのである．ほとんどデタラメに近いという方が正確である．とてもじゃないが厳密とは言いにくい．しかし，例えば人のDNAには30億個の塩基があるが，ほとんど全く間違えずに完璧に同じ複製をしている．傷もつかない．どうしているのか？

この相補性（AはTに，GはCにつく性質）を完璧に守るメカニズムが発達し，DNA複製機構の中で機能している．そのためこのDNA複製機構は，実は図よりはるかに複雑で，現在も世界の分子生物学者の大きな関心事の一つである．その反応に関わるタンパク質因子が多数発見されており，現在も研究が進行中である．

なお，こう書くとみなさん警察のDNA鑑定は大丈夫なのか？と思われる．かなり誤解されているが，DNA鑑定は正確な塩基の配列を見ているのではなく，後で述べるが，ある部分の塩基配列のくり返しの回数を見ているだけである（よって，警察のDNA鑑定程度には全く問題がない）．

❖ 1本のDNAのあちこちで複製が行われている

また，あまりにも長くて複製が終わらない問題についてはどうだろうか？

人には約30億ヌクレオチドの**塩基対**（base pairと言うので**bp**と省略する場合が多い．つまり約30億bp）がある．速い場合では10～20時間程度で複製を完了する．これだと時速1.5億bp/時～3億bp/時でDNAを伸長せねばならない．秒速40,000 bp～80,000 bp/秒である．これは，DNAポリメラーゼの酵素反応速度的に不可能な速度である．

そこで，1分子のDNAのあちこちに同時に複製を開始する点があれば一気に高速化できる．実際にそうなっている．この**複製開始点**を**オリジン**と言っている（**図3**）．DNA分子の途中にあるので，図のごとく，泡のごとき膨らみになる（複製点バブルと言っている）．このようなオリジンが実際にあちこちに散在している．ただし，バクテリアのようなDNA分子が大変に小さい生き物では，オリジンは1個であり，それで十分なのである．

図3 複製開始点（オリジン）

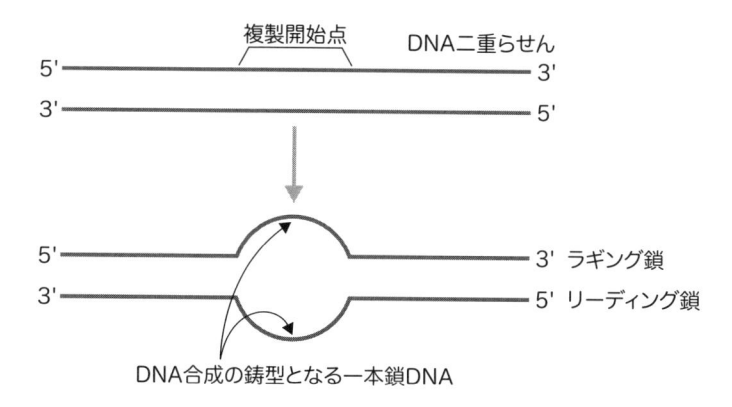

```
            複製開始点    DNA二重らせん
5'―――――――∧―――∧――――――――3'
3'―――――――――――――――――――5'
                ↓
5'――――――――― ╱⌒╲ ―――――――3' ラギング鎖
3'――――――――― ╲⌒╱ ―――――――5' リーディング鎖
         DNA合成の鋳型となる一本鎖DNA
```

❖ DNAの修復

　複製の概略はそういうものである．この中で大きな問題は，DNAが絶対に壊れないことが前提になった化学反応である，ということである．不慮の条件で壊れないのか？そんなわけがない．例えばDNAの切断は死に至るが，そのような不慮の事故は常時発生している．そればかりでなくDNA複製の際にさえ，ATペアやGCペアの相補配列のつけ間違いなど恒常的に起きている．いかに防御機構を精緻に発達させても，化学反応の誤差は確率的に必ず起きる．通常のDNA複製に要する時間は，せいぜい時間単位または日にち単位であるが，生命の歴史は38億年ある．出現した生き物の種類だけでも天文学的で，かつその個体数を考えたら，その間にどのくらいの回数のDNA複製が生じたか想像を絶する．

　述べたようにDNAというのはまことに弱々しいヒモである．しょっちゅうキズがついてもおかしくない．そのため，物理的な引っぱったり押しつぶしたりする力から逃れるためには，パスタの玉のごとく集まるとか，タンパク質がいっぱい周りについて切れないようにするとか，構造的にいろいろ方法がある（実際にそうしている）．が，それだけでは足りない．

図4 DNA修復のメカニズム

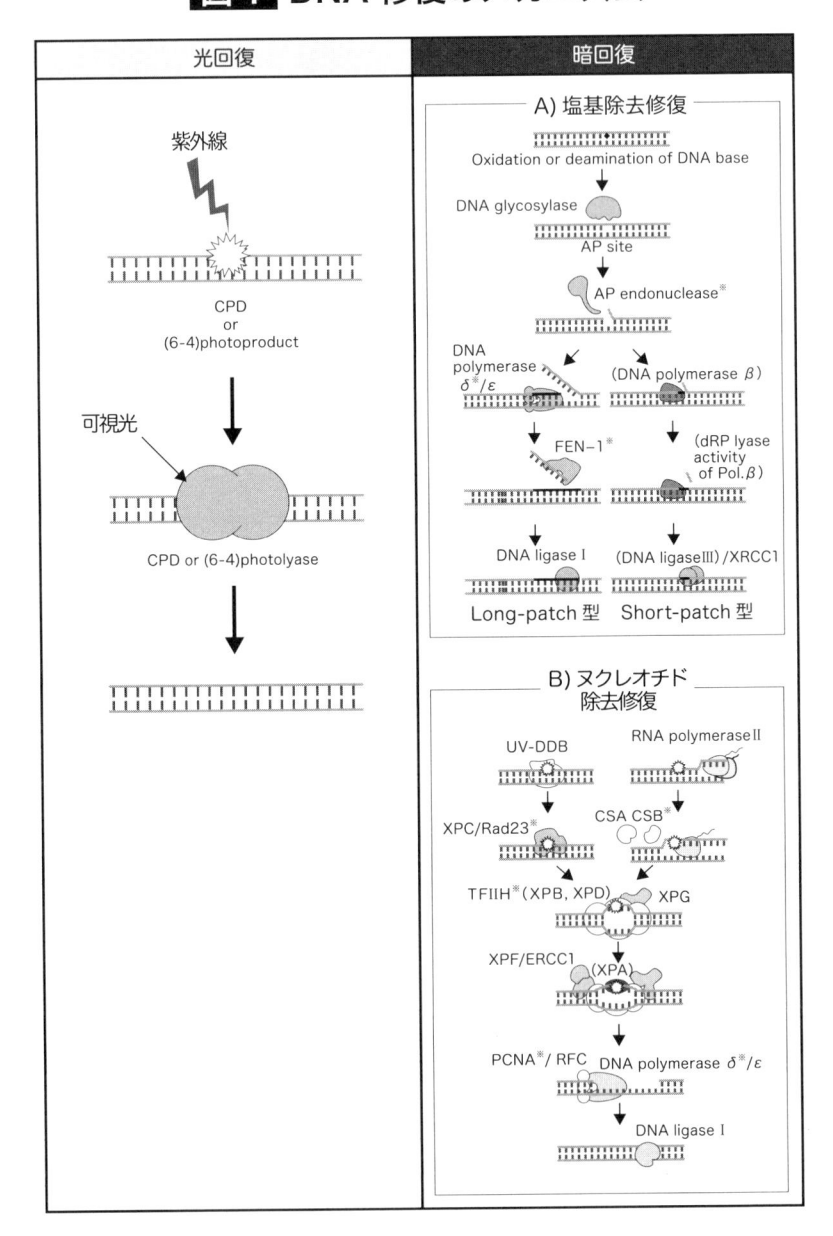

光回復

紫外線 → CPD or (6-4)photoproduct

可視光 → CPD or (6-4)photolyase

暗回復

A) 塩基除去修復

Oxidation or deamination of DNA base
↓ DNA glycosylase
AP site
↓ AP endonuclease※

DNA polymerase δ※/ε ／ (DNA polymerase β)
↓ FEN-1※ ／ (dRP lyase activity of Pol.β)
DNA ligase I ／ (DNA ligaseIII)/XRCC1

Long-patch型 ／ Short-patch型

B) ヌクレオチド除去修復

UV-DDB ／ RNA polymeraseII
↓ XPC/Rad23※ ／ CSA CSB※
TFIIH※(XPB, XPD)　XPG
↓
XPF/ERCC1　(XPA)
↓
PCNA※/RFC　DNA polymerase δ※/ε
↓
DNA ligase I

暗回復

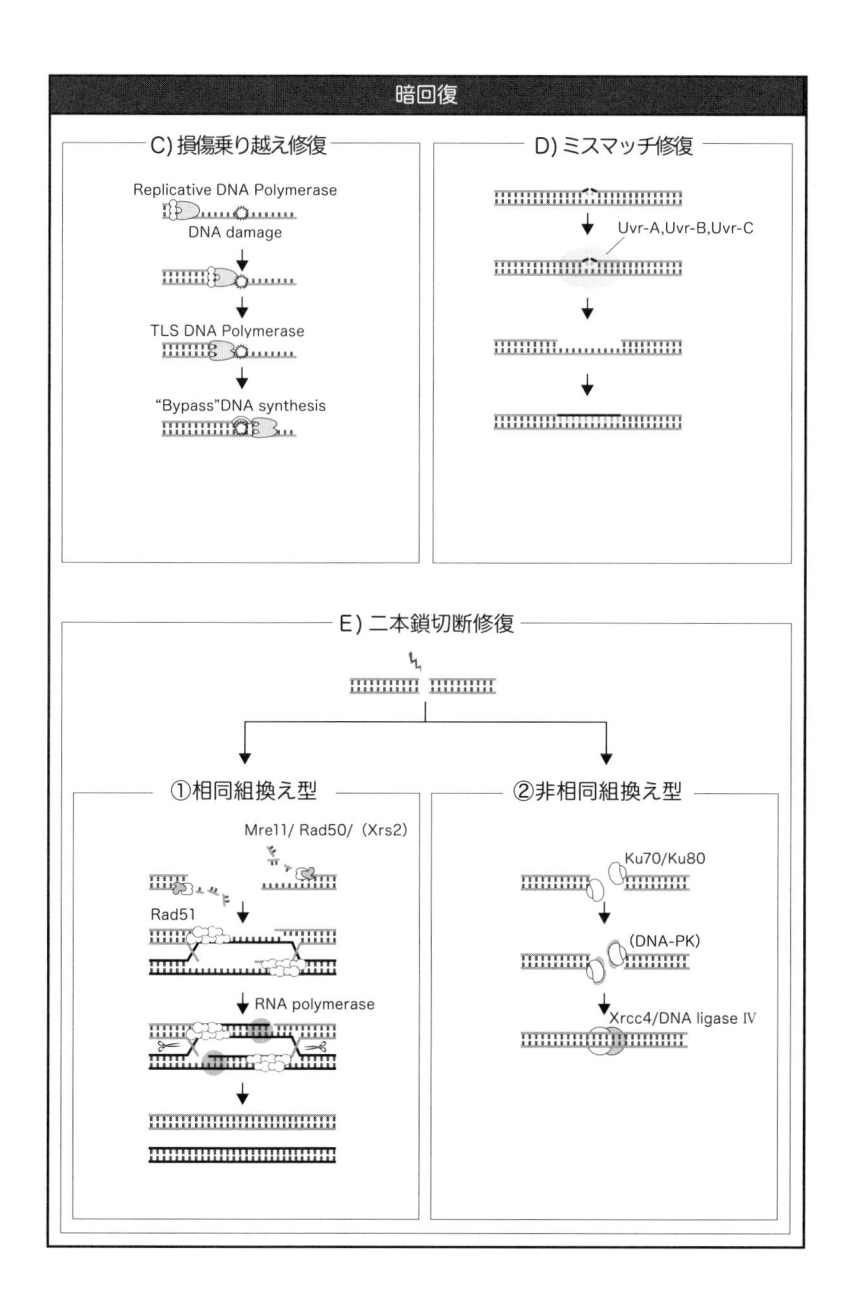

C) 損傷乗り越え修復

Replicative DNA Polymerase

DNA damage

↓

TLS DNA Polymerase

↓

"Bypass" DNA synthesis

D) ミスマッチ修復

↓ Uvr-A, Uvr-B, Uvr-C

↓

↓

E) 二本鎖切断修復

① 相同組換え型

Mre11/ Rad50/ (Xrs2)

↓

Rad51

↓ RNA polymerase

↓

② 非相同組換え型

Ku70/Ku80

↓

(DNA-PK)

↓ Xrcc4/DNA ligase IV

第4章 DNAを増やすしくみとキズ治し

DNA複製以上にDNAの傷の修理の方が大切だった可能性も高い．実際に進化の非常に早い段階から修理法（**DNA修復**）が発達した．約20億年前にはすでに現在あるDNA修復の全てのメカニズムが完成していたと考えられている．現在わかっているDNA修復のメカニズムを**図4**に示した．

　間違いの中で，特に複製の際の塩基の取り込み間違いはいかんともしがたい．内在的・本質的な問題で年がら年中生じている．この場合は**図4 A**の**塩基除去修復**という方法を多用しているらしい．この場合は，例えばTに対してAが入るはずだったところに他の塩基（たいていはG）が入ってしまったとき，デオキシリボースから塩基だけを切り出すのである．

　この場合の問題点は，旧鎖と新鎖の区別である．古い方の塩基を取ってしまったら，全くの間違いになってしまう．そこで旧鎖と新鎖を区別するタンパク質がある．実際には，シトシンを目印にしている．シトシンは複製が終わって後かなりの時間が経ってからメチル化される（**メチル化シトシン**という）．そのため旧鎖と新鎖の区別がつくのである．シトシンは，新鎖の間はしばらくメチル化されず，その間に相補配列の間違い直しをやるものと考えられる．このような解決法を完成することにより，生き物は大進化を達成できるようになる．

❖ DNA損傷と修復

1）紫外線によるDNA損傷

　しかし敵はそれだけではない．外から襲いかかってくるものも多く，DNAの切断や塩基が妙な恰好にさせられてしまう場合が多い（**DNA損傷**と呼ぶ）．

　この外からの影響の場合，DNAの切断よりも，一番DNAが怖がっている嫌なものは，**紫外線**だった．DNAの最大の天敵は今も紫外線なのである．DNAに紫外線が当たってもたいしたことが起きるわけではない．DNAの中の塩基のうち特にチミン（T）が紫外線のエネルギーを非常に吸収しやすい．するとT分子が活性化状態になり，他とくっつきやすくなる．一番好

きなのはやっぱり活性化したT分子なのである（次に好きなのが活性化したC分子）．しかし，活性化力はたいしたことはなく，近くのものにしかくっつけない．同じDNAヒモ上の隣り合ったT同士が張りつくのがほとんどである（場合によっては，TとCが張りつく：**図5**）．その際には，二本鎖の向こう側の水素結合でついてAは放ったらかしにして，くっつくのを止めるため，T-Tになった一本鎖の方はその部分が盛り上がってコブになる．このコブを**チミン二量体**や**6-4光産物**と呼んでいる．2種類あるのは，TとT同士のくっつき方が，完全にチミンが完全に平行に並ぶか（チミン二量体），少し斜めにずれるか（6-4光産物）の差である（**図5**）．TとCがくっつく場合は，**ピリミジン二量体**とも呼ばれる．

　弱い線量の紫外線が当たるだけで，DNAはこのようなコブだらけになって，放っておくと死んでしまう．これは38億年前も今も同じである．

2）DNAの修復

　これを治す正確な化学反応は今では正確に解明されている．最高の修理法は**光回復**というものである（**図6**）．ただし，人間には光回復はない（進化の過程で退化してしまった）．この光回復が間に合わないくらいに傷が多いと，さらに**暗回復**という補助機構が働く（**図7**）．要するに泡食って補助機構が働くのである．暗回復にはいくつかの除去修復系，ミスマッチ修復，二本鎖DNA切断修復，損傷乗り越えDNA修復など各種ある（**図4**参照）．

　このDNA損傷を修復する機構は，要約すると，①まず傷の位置を特定する（最初の化学反応）．②その傷がどんなものか確認し（2番目の化学反応），③強引にピンで留める程度ならピンで留める（第3の化学反応）．④これでは無理な場合，傷の周りを少し削ってならす（第4の化学反応）．⑤次にならして空いたところを前記の複製とよく似た化学反応で合成する（第5の化学反応）．これが修理の全てである．要するにDNAを合成する過程は複製も修復も基本的には同じである．ただ，隣り合ったヌクレオチドのリン酸と糖をくっつけるだけの反応にすぎない．その過程に働く酵素は多数あり，極めて複雑でここにさっと書けるほど単純ではない．

図5 チミン二量体，ピリミジン二量体

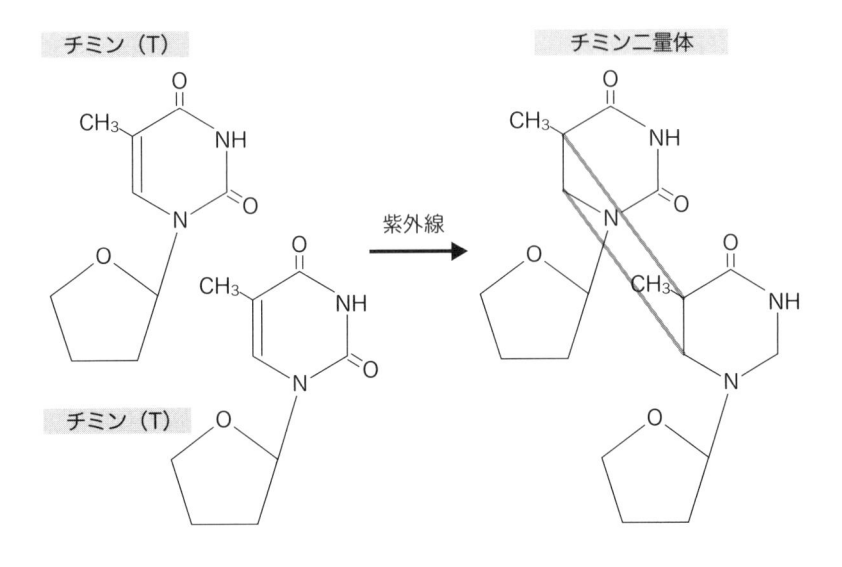

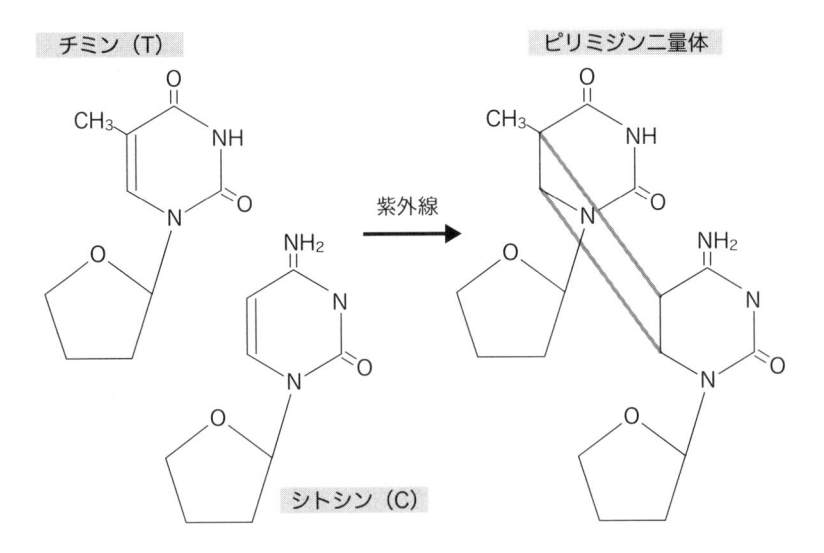

チミン (T)

チミン (T)

紫外線 →

チミン二量体

チミン (T)

シトシン (C)

紫外線 →

ピリミジン二量体

図6 光回復

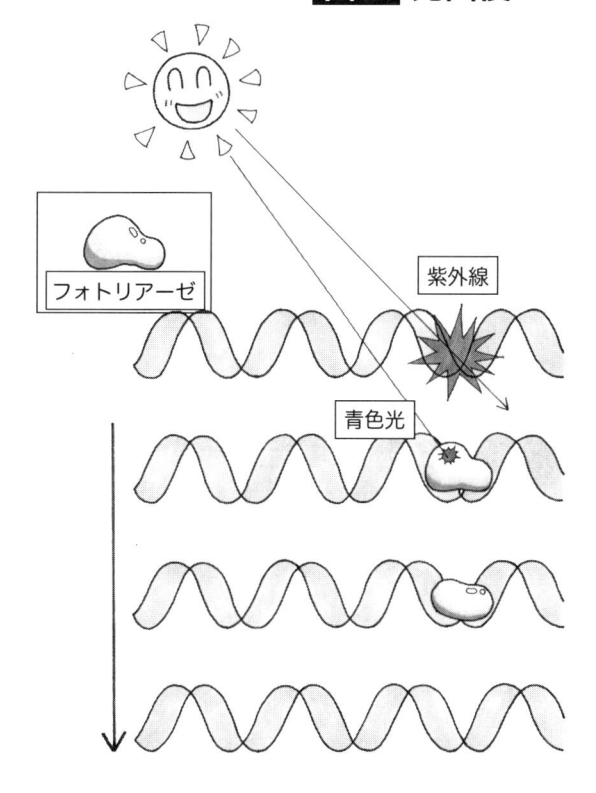

フォトリアーゼ

紫外線

青色光

太陽光に含まれる紫外線によりDNAに生じた傷をフォトリアーゼが修復する．フォトリアーゼは青色光によって活性化する

図7 暗回復

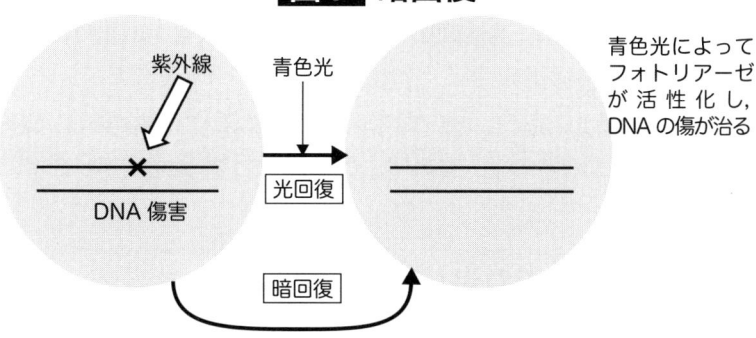

紫外線
青色光
DNA傷害
光回復
暗回復

青色光によってフォトリアーゼが活性化し，DNAの傷が治る

紫外線によるDNAの損傷は，光回復で修復されるが，修復箇所が多い場合や光回復機構をもたない生物では暗回復を行う

第4章　DNAを増やすしくみとキズ治し

図8　DNAを傷つけるモノ

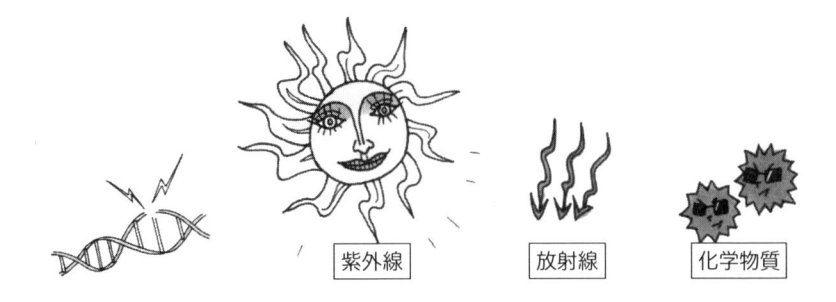

紫外線　　放射線　　化学物質

❖ DNA損傷を起こすその他の原因

　では紫外線以外でもDNA損傷は起きるのか？紫外線よりもっと波長の短い光，X線やγ線のような**放射線**もまた強力なDNA損傷を起こす．このような放射線は，エネルギーレベルが高いので，DNAのデオキシリボースとリン酸の間の結合を切断することができるし（**DNA切断**），線量を上げれば，どの塩基同士でも無秩序にくっつけることができる（**クロスリンク**．特にGとGを無秩序にくっつけることができる）．紫外線より透過力が強いので体内の奥深く浸透し，中の細胞のDNAも直接切断してしまう．同じように**発癌物質**と呼ばれる化合物もDNAを破壊するモノが多い．

　つまり，**DNA損傷は，紫外線型，放射線型，化学物質型に分類される**（図8）．多くの化学物質型の傷は，放射線型に極めてよく似た構造を取る（化学構造的には完全に同じなわけではない．少し異なる）．DNA損傷は，DNAが切断されたり，他の塩基が無秩序にくっついたりする場合が多い．

❖ DNAのキズの治し方

　DNA損傷を修復する機構は，まずDNAの傷ができると次に何をするか？DNAは遺伝子であり極めて正確な制御のもとにある成分であるから，いか

なる傷であろうと必ず生理学的に支障をきたす．直ちに対策が必要である．

1）細胞そのものを自殺させる

　その第一の対処法は，DNAの変性がものすごくどうしようもない状態だと，その持ち主である細胞を自殺させる！　われわれの身体の中には同種の細胞なんてたくさんあるから少々減ってもまた健全なものから増えてくる．日焼けがひどいと，しばらくするとベリベリと皮膚が剥げてくる．自殺した皮膚の細胞たちである．これが癌にならないための最高の身体の修復反応である（<u>細胞置換修復</u>）．壊れた家の立て替えのようなものである．癌の遠因になるDNAの傷は完全に身体から除かれる．完璧で最も安全な傷の修理法である．

2）DNAレベルでの修復ですむ場合

　次にこんな大仰な建替えをするまでもない，家に多少傷はついたが，とにかく修理して治そうという程度の損傷もある．この場合は，学問的に華やかないろいろなDNA修復反応が登場する（**図4**参照）．この場合は紫外線型，放射線型，化学物質型の傷で少しずつ修理法が異なる．放射線型，化学物質型のDNA損傷の場合は，紫外線型の暗回復機構を用いて傷を修復する．光回復は機能しない．

3）中途半端なDNAの修復から突然変異が起きる

　光回復は化学反応が極めて単純で，DNA損傷の修理は完璧である（ただし紫外線型損傷しか機能しない）．しかし複雑な過程を通過する暗回復は，わりと間違って修理してしまうような不完全なものも多い．間違いがひどいと，結局，治したことにはならず細胞は死んでしまうが，ちょっとした間違いだと細胞は死なずに生き残る場合が多い．間違うということは遺伝暗号が元通りにならないということであるから，遺伝子が狂ってしまうことになる．しかし生き残っている．これを突然変異と呼んでいる．突然変異はDNAの傷から生ずるのではなく，その傷の暗回復修理の失敗から起きるのである．人間には，やばい暗回復しかない．

5

細胞，染色体，細胞分裂

　今まではDNAの細かい話ばかりした．要するに化学の話ばかりである．なんだか普段われわれが見ている生き物の話（生物学）とはあまりにもかけ離れている．そこでまず，外から見てDNAの話とつないでみよう．

❖ 細胞の構造

　DNAは身体の中のいったいどこにあるのか？どんな状態でいるのか？身体を切り裂いて中身を見ることから始めよう．外から「見る」のは，身体があまりにも複雑で化学で分析できないからである．切って肉眼で見るだけでは，身体の構造はあまりにもミクロでできており，詳しくはわからないので拡大して見るために顕微鏡を使う．

　一切の先入観なく見ていると，全ての生き物に共通するモノは**細胞**である．単細胞生物はもちろん1個の細胞で全身ができている．多細胞生物（高等生物）は細胞がたくさん集まって1つの個体の形を創っている．DNAはどの生き物にもあるから，細胞の中にある．

　図1は細胞の中を模式的に簡単に描いた図である．その中にはいろいろな構造物がある．**核**とか**ミトコンドリア**などで，これらを**細胞内器官**という．ミトコンドリアも少量のDNAをもっているが，**DNAの大部分は核に集まっている**．この核というのは簡単に染めることができるので，昔から精密に観察されてきた．生き物の増殖とは**細胞が分裂**して増えることである．分裂する直前にはDNAも複製しており，分裂してできる2つの**娘細胞**

図1 細胞の模式図と中身（オルガネラ）

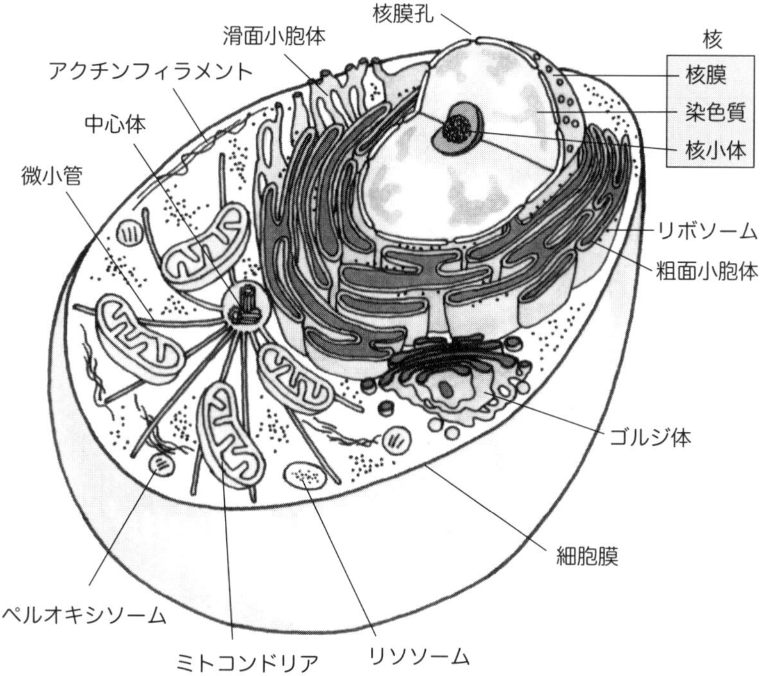
核膜孔
滑面小胞体
アクチンフィラメント
中心体
微小管
核
核膜
染色質
核小体
リボソーム
粗面小胞体
ゴルジ体
細胞膜
ペルオキシソーム
ミトコンドリア
リソソーム

※上の図は動物細胞の模式図を示す

（後述）用に準備完了している．

❖ 細胞分裂時には染色体が現れる

分裂するときに核はどうなっているのだろう？ **図2**に描いたとおり，分裂するときには核は消えて，ヒモのようなものがいくつか現れる．そこで，このヒモを**染色体**と名付けた．各々のヒモをつぶさに見ると，一カ所だけ塊の部分がある（これを**動原体**と呼ぶ）．ちなみに染色体には動原体を交点としたX型のもの（**メタセントリック染色体**）とV型（**テロセントリック染色体**）のものがある．そして細胞が分裂する直前，その交点が二つに割

図2 細胞分裂

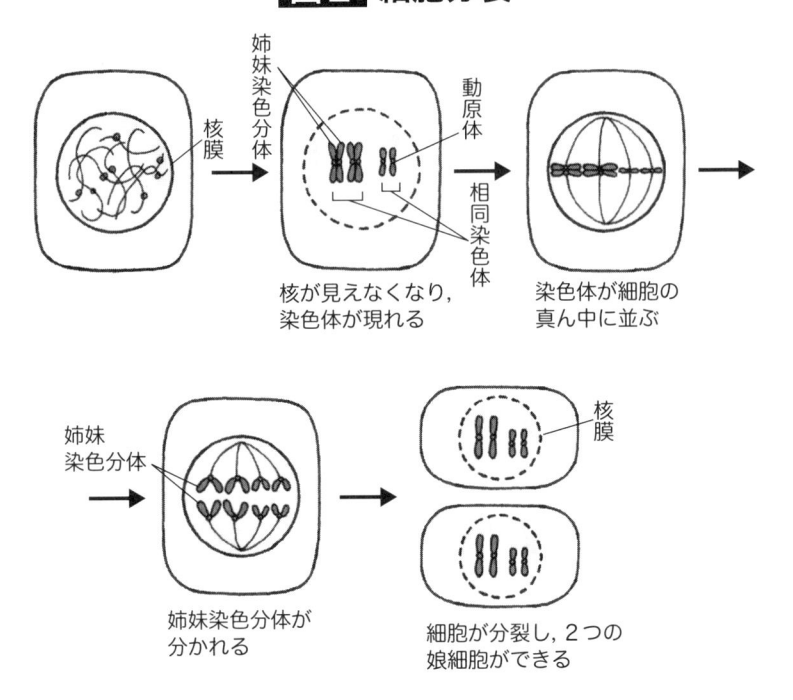

- 核膜
- 姉妹染色分体
- 動原体
- 相同染色体
- 核が見えなくなり，染色体が現れる
- 染色体が細胞の真ん中に並ぶ

（下段）
- 姉妹染色分体
- 核膜
- 姉妹染色分体が分かれる
- 細胞が分裂し，2つの娘細胞ができる

れ，左右に分かれていく．つまり半分になる．そこで，分かれる前に動原体でくっついていたものどうしを**姉妹染色分体**と呼んでいる．しばらくすると分かれた間に仕切りができ（植物の場合．動物の場合は細胞が真ん中でくびれる）細胞も二つになる．その際にはヒモ（この場合は，染色体ではなく，姉妹染色分体の片割れ）は消え，核に戻る．ヒモも簡単に染色できるので，メンデルの法則が再発見される前から観察が盛んだった．核はどの生物を見ても，ただの丸い塊で同じである．しかし，ヒモの方は形や数が種によって違うものが多い．

❖ 染色体とは

顕微鏡で正確に観察すると，染色体には，次のような特徴がある．

1）生物種により数と形が異なる

同じ種類の生き物では，どの細胞を観察しても，同じ数の染色体がある．1本ということはない．そして，形もそれぞれの染色体で違っており，動原体を基準として識別できる．つまり，**染色体の数も形も生物種に固有である**．生き物の種類が違うと数や形は異なり，同じものはない．それでこの染色体の数と形を<u>核型</u>と呼ぶことになった．核型中の染色体はそれぞれ番号をつけられている．

2）同じ染色体が2本ずつ対になっている

染色体の形を詳しく見てみると，1対を除いて，どれも同じ形のモノが2本ずつあり，対になっている（**図2**）．そこで**形が同じで対になっている染色体どうし**を<u>相同染色体</u>と呼ぶことにした．例えば，人の場合の染色体数は46本で，1対を除いて他は2本ずつ存在し，22対ある．女性の場合は，この最後の1対も同じ形をしており，23対と言える．一方，男性の場合は，残りの1対は長さがかなり違う対とは言いにくいぐらいに形が異なっている（**図3**，第2章 **図5**も参照）．そこでこの1対を<u>性染色体</u>と名付けた．

3）分裂した細胞は必ずそれぞれ同じ数の染色体をもつ

どの種類の細胞でも分裂するときには必ず核が見えなくなり，染色体が現れる．その際には，染色体は，必ず数も形も同じだけのものが両方に分配されて分かれる．数は絶対に半減しない．必ず，各々1本の染色体は，動原体が縦に真ん中から裂けるようにして，左右に引っぱられ2つに分かれていく（分かれていくものどうしを<u>姉妹染色分体</u>と呼ぶ：**図4-1**）．だから分かれた両方の細胞が，必ず形が同じ染色体が同じ数をもつことになる．この細胞分裂を，次の4）の分裂と区別するために<u>体細胞分裂</u>と呼んでいる（**図4-1**）．

図3 相同染色体と性染色体

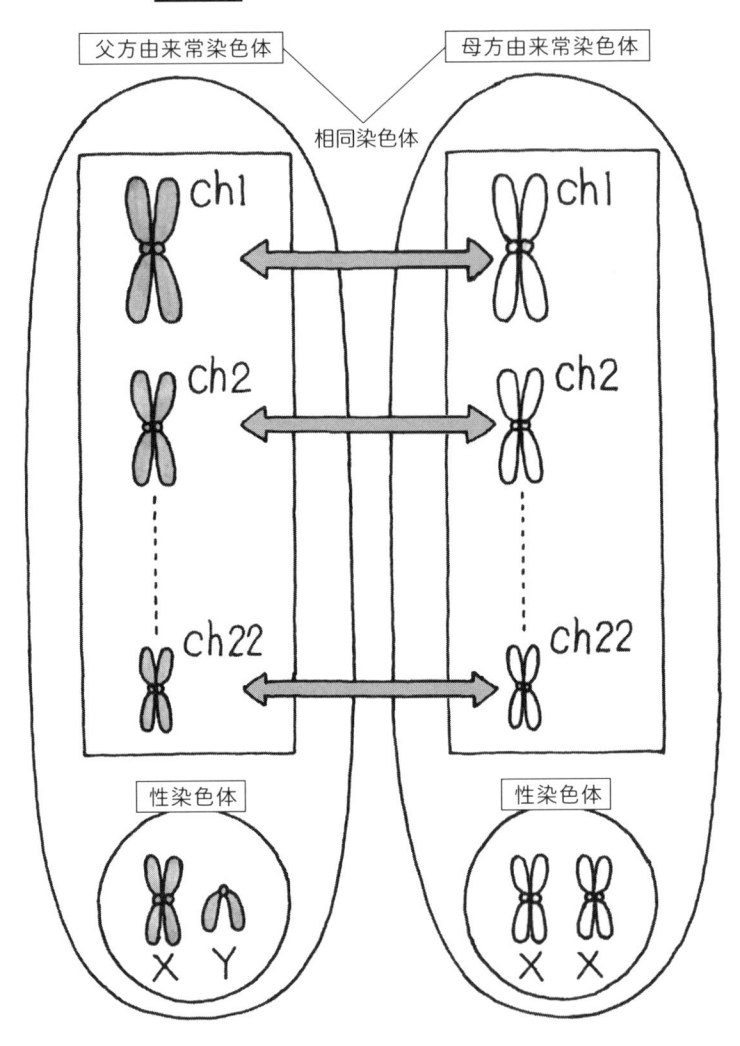

父方由来常染色体　　母方由来常染色体
　　　　　相同染色体

ch1　　ch1
ch2　　ch2
ch22　　ch22

性染色体　　性染色体
X Y　　X X

染色体の形が同じで対になっているものどうしを相同染色体という．人の場合，父親由来の染色体22本と母親由来の染色体22本がそれぞれ相同染色体である（常染色体と呼ばれる）．性染色体は，女性では同じX型の染色体を2本もつが，男性の場合はX型とY型の性染色体を1本ずつもつ（＝合計で46本の染色体をもつ）

4）減数分裂では染色体の数が半分になる

　ところが細胞分裂には一つだけ例外がある．精子や卵子を作る過程である（生殖細胞の形成）．このときは細胞分裂がなぜか2回続いて起きる．1回目は，対になっていた相同染色体どうしが左右に分かれていき，文字通り数が半減する．対になっていた染色体どうしが分かれてしまい，各々の細胞が片割れだけをもつようになる（**図4-2**）．しかもここで終わらず引き続き連続的に次の分裂に入る．すると今度は片割れが，3）のように，縦に引き裂くように姉妹染色分体どうしが分かれる（**図4-2**）．こういうのを<u>減数分裂</u>（→詳しくは第9章を参照）と呼んでいる．子供に伝わっていく精子や卵子を作るときにしかこういうことは起きない．

　染色体がこういう特徴をもつことがわかった頃に，ちょうどメンデルの遺伝の法則が再発見された．そしてさらに後のことであるが，この染色体の中にDNAがたくさん含まれていることがわかった．

　これをメンデルの三法則（独立，分離，優劣）と比べてみると，もし遺伝子が染色体の中にあるとすると，分離の法則と減数分裂と受精のときの染色体の行動が非常によく符合する．つまりAAが減数分裂でAとAに分かれ，受精で再びAAになる．そのため，メンデルの法則再発見のわずか2年後（1902年）には，第2章で書いた「遺伝子は染色体上に線状に並んでいる」という学説が出る（サットンの染色体説）．当時は仮説だったが今日では事実であることがわかっている．

　つまり細胞が分裂する際には，それに先行してDNAが倍加し染色体となり，その姉妹染色分体が2つに分かれ，その後に「体細胞分裂」が起きることになる．また例外の細胞分裂として，まず相同染色体どうしが分かれ，引き続き姉妹染色分体どうしが分かれる「減数分裂」もある．前者は1回の分裂過程で2つの細胞になるが，後者は4つの細胞になる．ただし，減数分裂終了後の各々の細胞のDNA量は半減している．

図4 体細胞分裂と減数分裂

1) 体細胞分裂

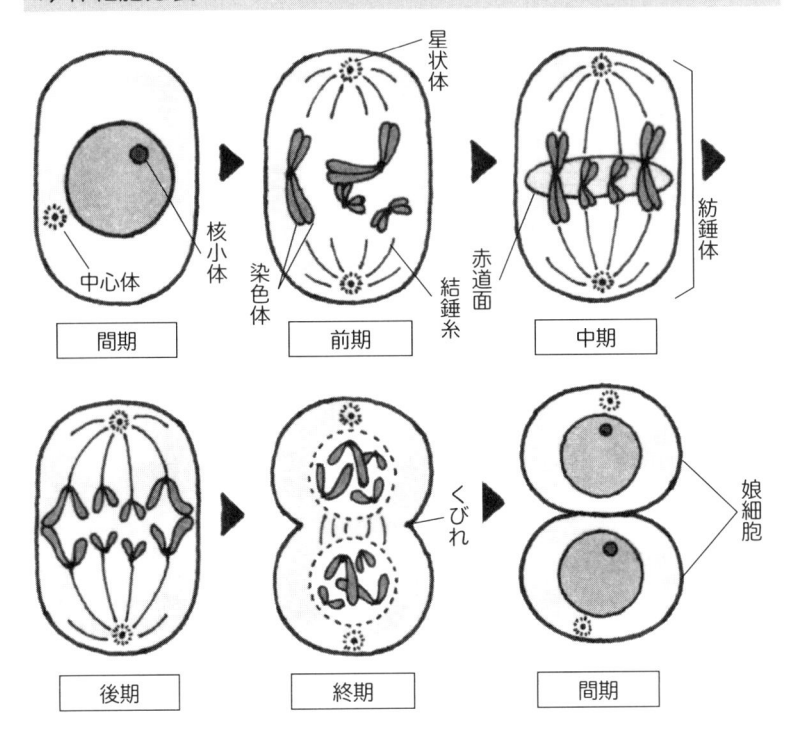

（図：体細胞分裂の各段階）
- 間期：中心体、核小体
- 前期：星状体、染色体、紡錘糸
- 中期：赤道面、紡錘体
- 後期
- 終期：くびれ
- 間期：娘細胞

❖ 細胞は周期をもって分裂する

1）体細胞分裂の細胞周期

　昔の顕微鏡観察では，染色体の見える時期（**分裂期**．**M期**と呼ぶ）以外は，ただ単に細胞の中に核が見えるというだけの状態（**間期**）しか識別できなかった．しかし今日では，分裂に先行して間期にDNAの複製過程があることがわかっている（**DNA合成期**．**S期**と呼ぶ）．DNAは恐ろしく細長いグニャグニャのヒモである．分裂に際しては，これを複製して2つに分

2）減数分裂

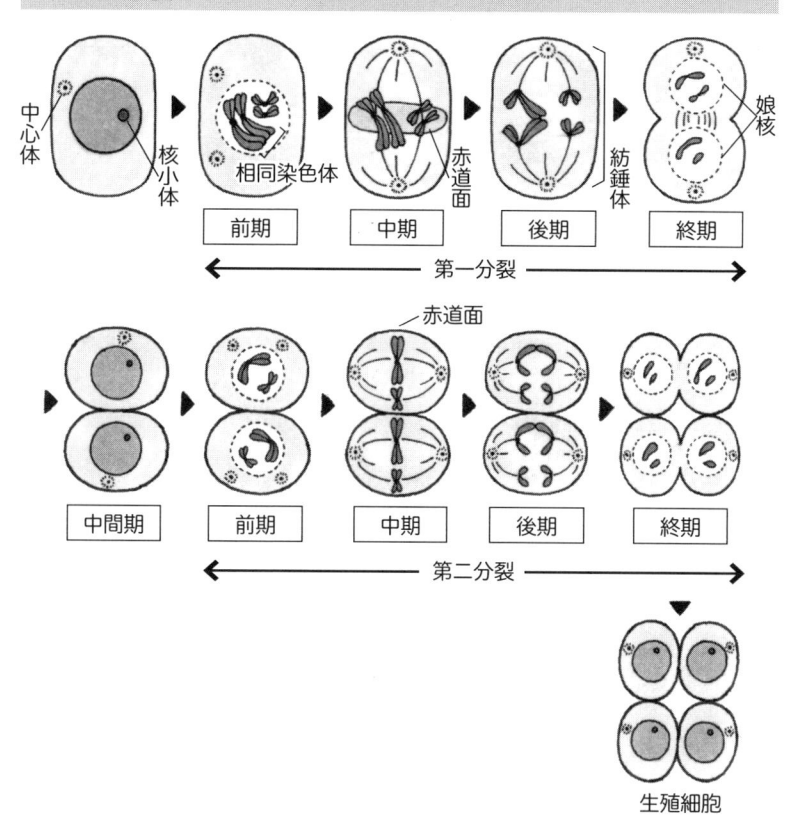

中心体／核小体／相同染色体／赤道面／紡錘体／娘核

前期　中期　後期　終期
←——— 第一分裂 ———→

中間期　前期　中期　後期　終期
赤道面
←——— 第二分裂 ———→

生殖細胞

けることになる．編み物をするときの毛糸の玉の比ではないくらいにからまりやすい．分かれるときはきっちりと折りたたんで分かれやすい状態に整列しないと話にならない．毛玉のからまりのせいで，ほんの少しでもDNAのどこかがちょん切れたら，それは細胞の死を意味する．ふだんDNAはコンパクトに折りたたまれているが，複製するときは，その細長いDNAが開いて一つ一つの塩基を認識しながら合成されねばならない．きっちり

図5 体細胞分裂の細胞周期

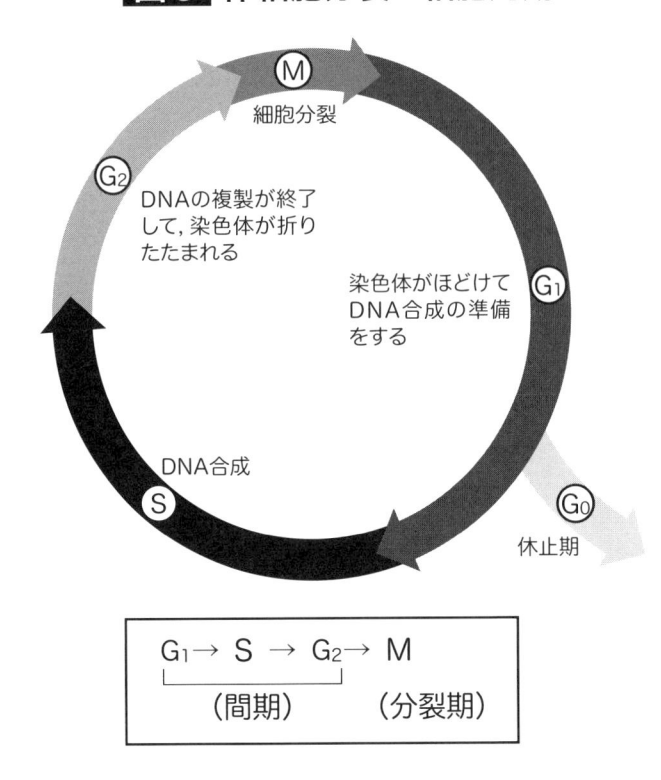

- M：細胞分裂
- G2：DNAの複製が終了して、染色体が折りたたまれる
- G1：染色体がほどけてDNA合成の準備をする
- S：DNA合成
- G0：休止期

$$G_1 \rightarrow S \rightarrow G_2 \rightarrow M$$
（間期）　　　（分裂期）

と折りたたまれていては何もできないから，そのときはDNAは伸びきって広がる必要がある．伸びきっていないとDNAポリメラーゼなどの生化学反応が困難である．1回の分裂に際しても，いちいちその構造が伸びたり縮んだりして変わっていることを意味している．この状況を反映して，分裂を終了した細胞の中では染色体が解けていき伸びきる状態までの時間（Gap1期，またはG₁期と呼ぶ）と複製終了後に染色体が折りたたまれていく時間（Gap2期，またはG₂期と呼ぶ）が間期にある．そこで**図5**のように，体細胞分裂は時間に依存した**細胞周期**（$G_1 \rightarrow S \rightarrow G_2 \rightarrow M$）で描かれることが多い．

2）減数分裂の細胞周期

一方，減数分裂の場合は，顕微鏡で見える時期が非常に長く，染色体どうしがいろいろな変化を起こすが，実はこの時期は体細胞分裂のM期に該当する．そのため染色体が変化しているときを**減数分裂前期**とし，染色体が分かれる時期（相同染色体どうしが分かれるM_1期と，姉妹染色分体が分かれるM_2期）にしている．そして，体細胞分裂の間期に相当する時期を（紛らわしい言葉だが）**前減数分裂期**（$G_1 \rightarrow S \rightarrow G_2$に相当）と呼び習わしている．それを同様に細胞周期で書き表すと（$G_1 \rightarrow S \rightarrow G_2 \rightarrow$減数分裂前期$\rightarrow M_1 \rightarrow M_2$）になる．前減数分裂期にDNA複製は完了するので，体細胞分裂と同様にこの過程もDNAの複製は1回しかない．つまり減数分裂ではDNAは2倍にしかなっていないのに，細胞は4つに分かれて（**図4-2**）DNA量は半分になってしまう．正確にメンデルの分離の法則を反映している．

❖ 姉妹染色分体＝姉妹DNA

多くの人が誤解する傾向にあるのでさらに触れておくが，体細胞分裂のM期に見られる染色体は，普段の身体の中にあるDNA量ではない．すでにS期を通過しているので，実は普段の2倍量のDNAを含んでいる．それがどのように配置されているかというと，1本の染色体の中の姉妹染色分体どうしは細胞周期の中で倍加したものどうしで，G_1期には姉妹染色分体の片割れしかない．そしてこれが常態である．この時期のまま細胞周期が止まっている状態がG_0**期**である．われわれの身体の中の分裂していない細胞（例えば，神経細胞や心筋細胞など）はG_0期で止まってしまった状態と言える．

前章のDNA複製のところで述べた新たな2つの二本鎖DNAどうしを，実は**姉妹DNA**と呼ぶ（第4章 **図1**参照）．この姉妹DNAどうしが顕微鏡下で観察される姉妹染色分体どうしなのである．染色体中のDNAはどうなっているのか？第4章の**図1**の模式図のごとく，姉妹染色分体の端から端まで1分子のDNAでできあがっていることがわかっている．染色体は

図6 染色体の化学成分

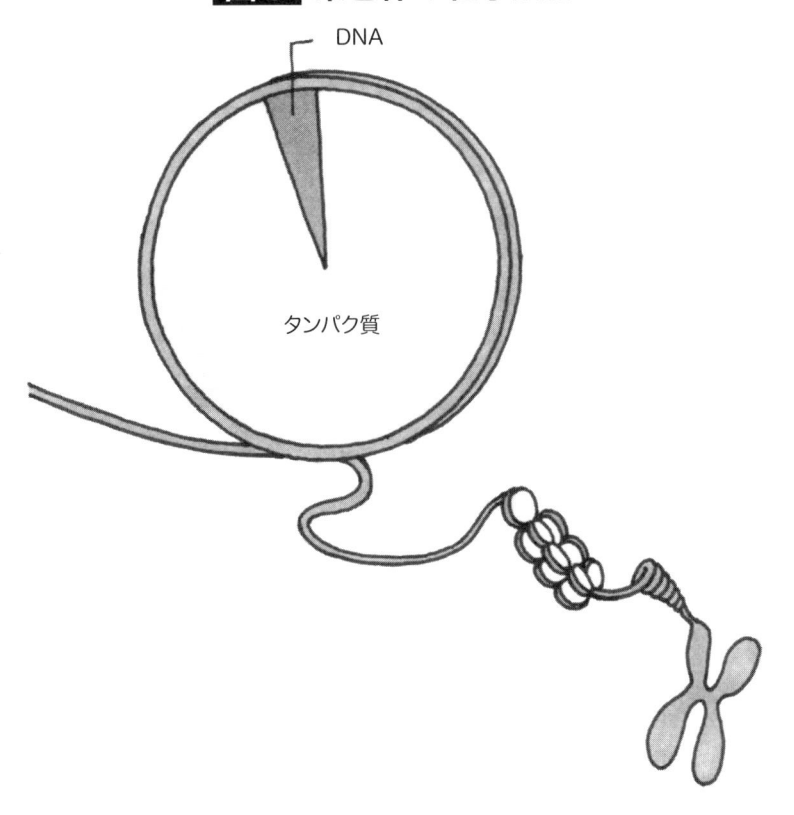

DNA

タンパク質

「見えるDNA」と言っても差し支えがない．ただし染色体の化学成分は90％以上がタンパク質（クロマチンタンパク質）で，DNAは5％以下である（**図6**）．DNAは染色体の軸というか芯として存在し，姉妹染色分体の端（**テロメア**と呼ぶ）から端まで1分子となっている．

❖ 染色体の微細構造

さあ，ここまでの解説でメンデルの優劣の法則と分離の法則は化学的・生物学的に納得してもらえたかと思う．では遺伝子の独立の法則はどうな

るのか？DNAの中の遺伝暗号はすでに解読されているが，それはDNAの塩基配列である．その暗号の中に「読み始め」暗号と「読み終わり」暗号があることはすでに述べた．つまり独立していることになる．

　細胞の中の各々の染色体の中にある遺伝子は全部違っている．これはDNAの中の塩基の配列（遺伝暗号，設計図である）が全て異なっていることを示している．ここでいくつかマニアックな疑問が湧いてくる．遺伝子は大小細々とたくさんの種類があるが，どの染色体の中でもみな一様に同じ状態なのか違うのか，分裂に際して倍加はどうしているのか，ご近所の細胞どうしでは同じ染色体同じ遺伝子をもっているのに（つまり細胞を造る設計図は同じなのに）なんで形も機能も違ってくるのか，などである．染色体の摩訶不思議な機能と言える．以下では，染色体のもっと細かい構造とその変化について述べてみよう．

　まず伸び縮みから述べよう．染色体は極限まで縮んだ状態のときに見られる姿である．伸びきったときにはどう見えるのだろうか？普通の顕微鏡では間期の核が見えるだけである．これをもっとはるかに拡大できる電子顕微鏡で見ると非常に細い繊維がまるで糸屑の山のようになっているのが見える．その繊維がどうも染色体の伸びきった構造体らしい．これを**染色糸**と呼んでいる．この染色糸がうまく折りたたまると染色体になるのである．染色糸と染色体の状態を行き来するのが細胞分裂のようである．そのためそれぞれに一定の時間がかかるので，細胞周期の各時期を時間で表すことが多い．S期はかなり長いのが特徴になっている．そのためS期は，簡単に，早い時期，中頃の時期，後半の時期に分けて説明することが多い．その一つ一つの時期が極めて大切で，いずれの時期のたくさんの化学反応の一つでも省略することができない．人工的にどれかを無理矢理に省略させると，分裂が止まってしまい，細胞は死んでしまう．染色体の中のDNAの形はまだ推定の域を出ていないが，**図7**に描いたようなものではないかと思われている．

図7 染色体と染色糸，染色体内のDNAの形

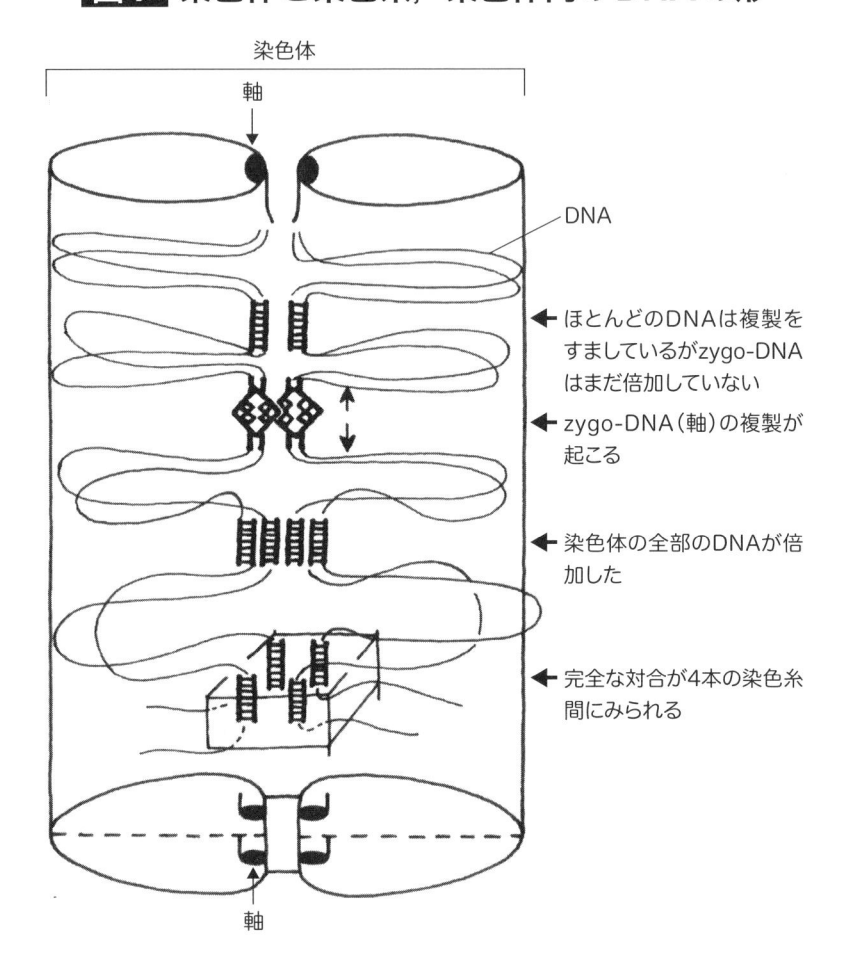

染色体
軸
DNA

← ほとんどのDNAは複製をすましているがzygo-DNAはまだ倍加していない

← zygo-DNA（軸）の複製が起こる

← 染色体の全部のDNAが倍加した

← 完全な対合が4本の染色糸間にみられる

軸

合糸期から厚糸期，複糸期へ（上から下）と変化するDNAの配列
（堀田：現代化学，33：48-57，1973より引用）

図8 染色体を島縞模様に染めたもの

❖ 染色体中の遺伝子は偏って分布している

　では次に，染色体の各々は一様な構造をしているのだろうか？　一様ではないのである．通常染色体を観察するときは染色体を染めて見ているわけだが，染色法を工夫すると，非常に染まりのよいところと，染まりがあまり激しくないところ，あるいは染まってはいるが非常に染まりが薄いところがあるのである．それぞれの部分の境目はゆっくりズルズルと変化するのではなく，ドサッと急に変化するように染まる．だから染色体はきれいな島縞模様に染めることができる（**図8**）．この島縞模様は各々の染色体に固有で変化しない．しかも染色法をさらに工夫すると，この島縞模様の濃い方を薄くすることもでき，その場合はなぜか逆に薄かったところは濃く染まるようになる．つまり島縞を逆に染めることもできるのである．どうも縞によって，なにか化学的な物質の相違があるらしい．今ではいろいろな染め分け法（**染色体の分染法**という）が開発されており，それを**表1**に示した．

表1 染色体の分染法の分類

Gバンド分染法

- ギムザ (Giemsa) 染色で染色体の欠失，転座などを判定する基本的な染色体検査法
- 通常の染色体検査に利用される方法で明視野で観察する
- 患者から採取したリンパ球の分裂中期細胞を標本上に展開し，タンパク分解酵素であるトリプシンで処理した後，ギムザ染色し，濃淡に染め分けられた一定のバンドパターンから染色体の分析を行う
- 染色体の濃淡コントラストが明瞭で識別が容易である
- バンドが多数（400〜550バンド）観察できる
- 蛍光色素を用いたQバンド分染法では得られない永久標本が作製でき，光学顕微鏡で観察可能なため，染色体異常のスクリーニングに広く用いられている
- 本法は染色体における微小部分の欠失や，転座の切断点同定にも有用である．しかし微細欠失（重複）症候群の中には，本法で診断が困難な症例もあり，FISH法 (Fluorescence in situ hybridization) による精査が推奨される

Qバンド分染法

- 蛍光色素で染色した結果生じる染色体のバンドパターンを，蛍光顕微鏡で観察する検査法
- 検体は患者から採取したリンパ球の分裂中期細胞である
- 蛍光色素を用いるため，時間とともに退色が避けられず，Gバンドのような標本の長期保存はできない．しかし特定の部分を集中的に観察するには，Gバンドより優れた分析法である
- 染色体DNAのAT含量の多い部位がQバンドとして染め出され，蛍光を発しない暗いバンドはGC含量の多い部位といわれている
- また本染色法では異型性がみられ，染色体の特定の部位に強い蛍光が認められる．特にY染色体長腕部が強く染色されるため，Y染色体についての数的異常や構造異常の解析に有用な情報が得られる
- 3，4番染色体の動原体領域と端部着糸型染色体のサテライトにおいて，Qバンド分染法で観察される多型は，遺伝的マーカーとして有用とされる

Cバンド分染法

- 染色体のうち異質染色質 (heterochromatin) や動原体の部分を染め出す一種の分染法
- セントロメア（動原体）領域にある異質染色質，および，1番，9番，16番染色体の二次狭窄部や，Y染色体長腕にある大きな異質染色質を同時に分染する染色法である．この領域には，特定の配列をもった反復配列が局在している
- 二つの動原体をもつ染色体では，一つの動原体は機能を有し，もう一つは機能を失った動原体であるが，本検査ではそれぞれがどこに存在するかを決めることができる

Rバンド分染法

- 「R (reverse) バンド」の名称は，Gバンド分染法や，Qバンド分染法と濃淡が逆 (reverse) の染色パターンを示すことに由来する
- 標本をchromomycin A3で処理し，蛍光物質であるmethylgreenにより染色を行う．GおよびQ分染法で淡いバンドを示す染色体末端部が，R分染法では逆に濃く染色される．このため，特に染色体末端部分に存在するテロメアの異常を調べるのに，Rバンドは適した分染法である
- GおよびQ分染法では，染色体の切断部位が淡染部に多いため，詳細な同定が難しい場合がある．これに対しRバンド分染法では，染色が逆パターンになるため，染色体の末端部の欠失や転座などの検出同定に優れている
- 主な用途：淡染色性である染色体末端部や切断部の明瞭な解析

そのほかにCd染色法，T染色法，NOR染色法などがある

図9 C-バンド法による染色体の分染

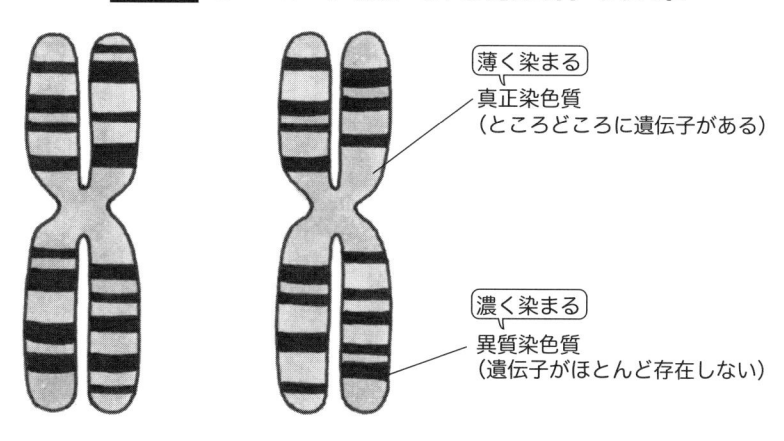

薄く染まる
真正染色質
（ところどころに遺伝子がある）

濃く染まる
異質染色質
（遺伝子がほとんど存在しない）

　この染め分けの一番簡単な方法（**C-バンド法**という）で染めたときに濃く染まる部分は遺伝子がほとんどないことがわかったのである．一方，この方法で薄く染まるところでも遺伝子がある部分はところどころであることがわかってきた．この濃く染まる部分を染色体上の**異質染色質**と名付け，薄く染まる部分を**真正染色質**と呼ぶことになっている（図9）．分染法によってはこの逆に異質染色質が薄く染まる方法もある．

　傾向として，遺伝子は真正染色質に偏り，異質染色質には非常に少ない（ないわけではない）．そして，いずれも同じS期に複製するが，なぜか真正染色質はS期の前半に，そしてほとんどの異質染色質はS期の後半に複製する．この各染色質の複製の時期はどの生物を見ても（動物でも植物でも）ほぼ，こういうパターンになっている．

　が，例外もある．性染色体である．性染色体は相同染色体どうしの形が異なる（図3参照）．人の場合は**XY型**と言い，男は形の異なる**X型**と**Y型**が対になっている（**XY**と表記する）．一方，女性は二つともX型である（**XX**と表記する）．多くの生物ではこのようなXY型を呈するが，例外的にこの逆もある．オスが同じでメスが異なる染色体をもっている場合である．

　このY染色体はなぜか異質染色質のみでできているものが多い．このY

染色体の異質染色質は，他の異質染色質と違い，なぜか，S期の一番最初に複製する例外である．実は異質染色質といえども遺伝子がないわけではない．特にこのY染色体の場合は，もし遺伝子がないのならなくてもよいじゃないかと，Y染色体の欠損した個体をショウジョウバエを用いて造ってみた．するとこの生き物は生殖器が形成されなかったのである．ショウジョウバエのY染色体の場合，初期発生のときには，強く染まらず異質染色質になっていない（一見，真正染色質に見える）．このときには中にある数少ない遺伝子群が発現しており，これらの遺伝子は主にオスの生殖器を創る設計図であった．しかし発生も初期の段階がすむとこの染色質はサッサと凝縮して普通の異質染色質となり遺伝子はないような形（もはや，カチカチに縮まってしまっているので中のものは働けなくなる）になってしまう．きっと，いつまでも生殖器を発達させる遺伝子が機能していては困るのだろう．

　この中の遺伝子であるDNAはどうなっているのだろうか？　異質染色質に遺伝子がほとんどないのなら（しかし，DNAはある），その中にあるDNAはどんなものなのだろうか？　ほとんどが設計図となる意味のある遺伝暗号になっていない塩基配列をもつDNAなのである．特に目につくのは，後に述べる意味のないDNAの反復配列が異常に多い．暗号の意味はなしていないが，他の役割もないのかどうかは別で，もちろん他の役割はもっている．

❖ 塩基配列には複雑なのと単純なのがある

　ここでひとつ特殊なDNAの研究法を紹介せねばならない．今ではほとんど忘れられたような **Cot分析法** という解析法がある（**図10**）．今日では，分子生物学の講義でもほとんど解説されない方法だが，ここでは詳しく述べる．

　極めて単純な方法である．

　身体から抽出したDNAは二重らせん（二本鎖）になっている．このDNAの水溶液を60～90℃に暖めると一本鎖に解ける．この水溶液を一本鎖に

図10 Cot分析法

1）二本鎖DNAの解離

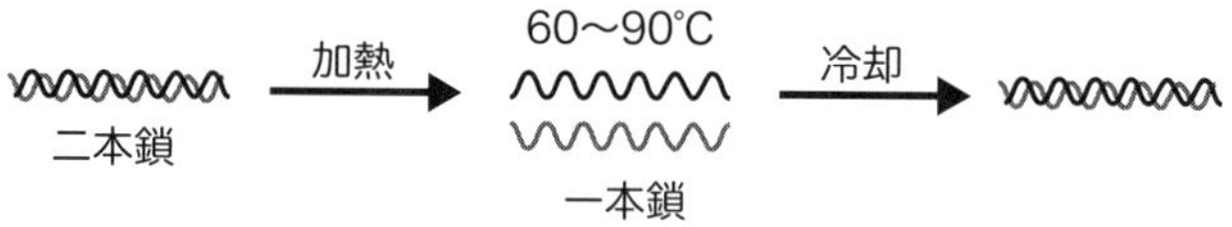

加熱
60〜90℃
冷却
二本鎖
一本鎖

2）*T*m値の測定

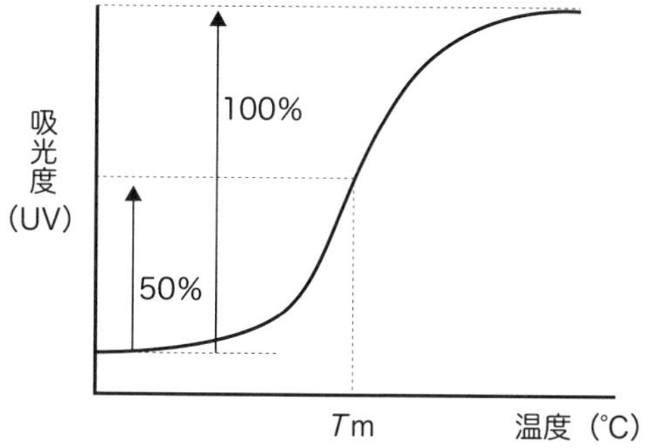

吸光度（UV）
100%
50%
*T*m
温度（℃）

二本鎖DNAの50％が解離して一本鎖DNAになる温度を*T*m（DNAの融解温度）という

3）DNAの反復配列

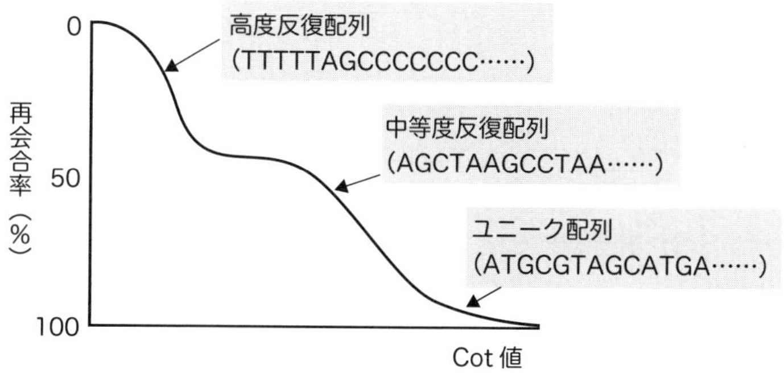

0
50
100
再会合率（%）
高度反復配列
（TTTTTAGCCCCCCC……）
中等度反復配列
（AGCTAAGCCTAA……）
ユニーク配列
（ATGCGTAGCATGA……）
Cot値

した高温からゆっくりと温度を下げていくと，再び二本鎖に戻っていく（**図10-1**）．

これを紫外線（UV）の吸収量で測ると，同じDNA量の場合，一本鎖DNAの方が二本鎖DNAよりUV吸収量が多い（その立体構造に依存して差が出る）．そのため，UV量を連続的に測りながら温度を徐々に上げていくと二本鎖が一本鎖に解けるときにUV吸収量が増える．60℃よりちょっと上で，けっこう劇的に変化する．これを **DNAの融解温度**（またはメルティング温度．*Tm* と略す）と呼んでいる（**図10-2**）．

この解けた一本鎖DNAの液をそのまま *Tm* 以下の一定の温度で放置しておくと，徐々に二本鎖にまた戻り出す．これを利用して二本鎖に戻る量を時間単位で測ることができる．すると，取り出したDNAによって戻る速度が速いものや遅いものが出てくることがわかった．場合によってはもう戻れないものもある．

この理由は取り出したDNAの塩基配列にある．例えばDNA分子の中に塩基配列が連続的にCばかりでつながっている（poly Cと呼ぶ）部分があるとき，相手の相補配列はGが連続していることになる（poly G）．これが二本鎖に戻るときは相手が非常に見つけやすいので，DNAのその部分だけは，たちまち戻ることができる．もしこれが200〜1,000個ぐらいつながっていれば，戻りは最速になる．最初は少々ずれてくっついても長くなると補正が働きたちまちきれいな二重らせんDNAに戻ることができる．一方，配列が非常に複雑で連続性が全くない場合は，相手がなかなか見つけられず，最悪戻れない場合もある（例えば，塩基2,000個以内で全く1個も塩基の連続がない配列もある）．そのため，DNAの中の塩基配列の複雑度を見たりするのに最適である．

❖ DNAの反復配列

さらにこういう研究をしている中で発見されたのが，DNA配列の中の特殊な固まり配列の存在である．1つの単位としては200〜1,000個ぐらい

の塩基配列でそれなりに複雑な並びなのに，同じ配列がものすごい回数で連続的に反復していたりするのである（**DNAの反復配列**と呼んでいる）．ものすごい回数になると100万回以上も連続して隣どうしでくり返して反復しているものもある．余談だが200個の配列が100万回となると，それだけで塩基数は2億個になる．人でも全ての塩基が30億個程度だから，もうそれだけでも1割近くになる．それもいくつもあったりするのである．なるほど遺伝子DNA領域が少ないわけである．

　反復配列を詳しく見ると，このような**高度反復配列**（遺伝子はない）と反復回数が10～1,000回程度の**中等度反復配列**と，反復のほとんどない**ユニーク配列**に分類された（**図10-3**）．ちなみに高度反復配列などは真核生物特有で，バクテリアのような原核生物には見られない．無意味なDNA量が多ければ，それだけ複製に時間を要し，増殖が遅れるのに，なぜか進化してはびこっている生き物に多いのである．何かしら意味があるのだろう．

❖ 無駄なDNAにも意味はある

　染色体のDNAをこの分析法で調べると，極めて特徴的なことがわかる．テロメアと動原体の部分は，ほとんどが高度反復配列DNAである．もちろんテロメアのDNAと動原体のDNAは塩基配列としては全く異なったものである．それぞれが染色体の構造維持に重要な役割を果たしていることがわかっている．もし破壊したりすると細胞は死ぬ．つまり遺伝暗号がなくてもそれぞれのDNA部分は重要な役割を担っているのである．そして，異質染色質にも高度反復配列は多い．そして核小体（仁）と呼ばれる核の中のさらに小さな細胞内器官には中等度反復配列が多い．さらに詳しく見ていくと，染色体の中は非常に細かく各種のDNAで分類される構造になっている．

　例えば，Y染色体や異質染色質に限らず，遺伝暗号の存在している真正染色質の中にさえ，このような遺伝暗号の意味のないDNA部分がそこら中にたくさんあることがわかっている．人の染色体などは，そのような部分

の方がはるかに多く，遺伝暗号のある部分はごくわずかであることが今ではよくわかっている．むしろ染色体の形や機能を作るためには，このような部分が極めて大切で，この部分がないと高等生物は生存できないことも多いことがわかっている．例えば，染色体の組換えは進化にとって極めて重要なメカニズムの一つだった．染色体の組換えは，各々の染色体の中のいったんDNAがちょん切れて左右を入れ替えて，またDNAどうしが結合することを意味する．すると遺伝暗号の上でちょん切れるということは，ほんの少しミスをすればそれだけで遺伝暗号が変わってしまうかもしれないという危険が伴うことになる．遺伝暗号のない部分で組換えを起こせば，より危険が減る．調べると実際にそうなっているようである．なるほど進化しやすいわけである．ちなみに原核生物であるバクテリアの場合は，DNAにこういう無駄（？）がほとんどなく，ぎっしりと遺伝暗号部分ばかりになっている．これが進化が遅れた理由の一つかもしれない．

❖ DNA複製は染色体のあちこちで起こっている

話は戻って，染色体が部分部分で染め分けられるのなら，それを目印にして細胞周期のS期のどの時期にどの部分のDNAが複製しているのか調べられることになる．調べてみると，意外にも端から順に複製していくのではなく，ここと思えばまたあちらと，飛び飛びにDNAを合成していくのである．しかもこの順番は各染色体によって違い，いずれの場合も1本の染色体の中のDNAの複製されていく部分は飛び飛びに散らばっており，その順番は正確に決まっているということである．染色体の構造はそういう面でも極めて正確にできており，デタラメに縮まり折りたたまれているわけではないのである．

6

進化はどうやって起こった？

❖ 遺伝学と進化の考え方の違い

　さて，進化です．今までは遺伝学を基礎とした話だった．遺伝学では遺伝子は子孫に変わらず受け継がれる，という概念で成立しており，実際にDNAの複製や修復を考えるとその通りである．一方，進化とは環境に応じてドンドン生き物の子孫が変化していくという考え方を基本としている．

　これは，遺伝子は「絶対に変わらない」が，「必ず絶対に変わる」という話をしているわけで極めて矛盾している．この進化と遺伝学の考え方の違いは時間の概念の違いによる．ごく身近な世代間のつながり（長くてもせいぜい100〜1000年の単位）を基準としているか，地質学的な時間（少なくとも10万年以上）でものを考えるかの相違である．この時間の概念が癌や難病のメカニズムの理解や，その薬の開発と密接に絡んでいる．ところが，医学応用のために化学的に分子生物学を理解するだけだと，この時間の概念が欠落する傾向になる．第1章で述べた抗生物質の話を思い出していただきたい．

　遺伝子の変化は，その塩基配列の突然変異で簡単に起きる．しかし，その変異が生き物の表現型に現れ，そして進化にまで影響するには，大きなギャップがある．科学的な理解が必要である．

　表現型に現れる突然変異が起きても，その個体にはあまりよいことが起きないのが普通である．すると子孫を残す競争には勝てないことが多いので，突然変異した遺伝暗号も残らない．その突然変異が子孫に安定的に受

❖ 突然変異の第一歩：DNA 上の傷

　まず，顕微鏡でも見えるわれわれの目の前で起きる簡単な変化から見ていこう．

　子孫を創るためには子供を産む必要がある．子供を作るためにはお父さんとお母さんがいる．つまり精子と卵がいる．その精子と卵のDNA（染色体）をつぶさに調べてみる．もし変わっていくのなら，ここから変わるはずである．

　DNAに突然変異が入ると染色体はどうなるのか？ 塩基配列が変化した程度では，ほとんど何も変わらない．DNAに傷を入れる物質（→第4章）は濃度が高いと染色体を切断したり破壊したりする．DNA修復機構が働くがもし失敗すると，**染色体の部分交換**や**組換え**など，いろいろな**染色体異常**が発生する．当然，塩基配列の変化も起きているだろう．紫外線，放射線，変異源物質に遭えば，見た目には全く差がないような場合でも**塩基置換**は起きているに違いない（図1）．ただ，前章で述べたように，どうでもよい何の機能もしていないDNA部分もたくさんある．人の場合はDNAの9割には遺伝子はない．染色体異常が起きない限り，塩基置換はランダムに起きるから，10個起きれば，そのうちの9個は排除されず，染色体に乗っかったまま子孫に伝わることになる．

　そこで染色体が子孫へ移るときの動きから見てみよう．

❖ 染色体の数と異種間交雑

　細胞の中の染色体の数や形を見ていると，各々の生き物の種類によって固有のものであるという話をした（→第5章）．例えば人の染色体は46本あるが，近縁であると思われるゴリラは48本である．イエネズミの類であるマウスは40本である．似たような数だし，人とゴリラの染色体1本1本

図1　DNA修復機構がうまく働かないとどうなるか？

損傷の原因	修復機構
UV照射 X線など短波長電磁波照射 ガンの化学療法・放射線治療	塩基除去修復 ヌクレオチド除去修復 相同組換え SOS修復

修復しない場合

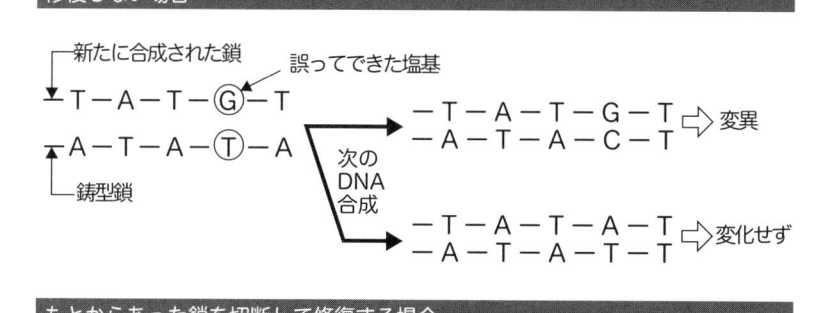

新たに合成された鎖 ／ 誤ってできた塩基
T−A−T−Ⓖ−T
A−T−A−Ⓣ−A
鋳型鎖

次のDNA合成 →
−T−A−T−G−T
−A−T−A−C−T　⇒ 変異

−T−A−T−A−T
−A−T−A−T−T　⇒ 変化せず

もとからあった鎖を切断して修復する場合

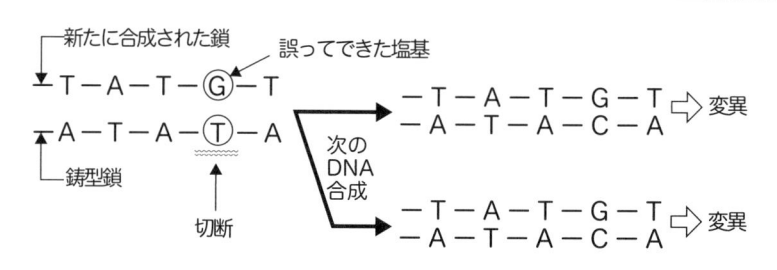

新たに合成された鎖 ／ 誤ってできた塩基
T−A−T−Ⓖ−T
A−T−A−Ⓣ−A
鋳型鎖
↑切断

次のDNA合成 →
−T−A−T−G−T
−A−T−A−C−A　⇒ 変異

−T−A−T−G−T
−A−T−A−C−A　⇒ 変異

新たに合成された鎖を切断して修復する場合

新たに合成された鎖 ／ 誤ってできた塩基（切断）
T−A−T−Ⓖ−T
A−T−A−Ⓣ−A
鋳型鎖

次のDNA合成 →
−T−A−T−A−T
−A−T−A−T−A　⇒ 変化せず

−T−A−T−A−T
−A−T−A−T−A　⇒ 変化せず

第6章　進化はどうやって起こった？

のそれぞれの形は全体として大変によく似ている．しかし，人とマウスの染色体を比較すると1本1本の形はかなり異なっている．この雑種はできるのか！？という疑問がある．少なくとも人とマウスの間ではできない．人とゴリラの場合はできるのかできないのかそれさえ不明である．このような話に人がからむと語弊があるので，他の種類で示そう．これがバイオのよいところである．医学や獣医学だと人や哺乳動物から離れた話はできないが，バイオとなると150万種類の生き物がいるから，自由に材料を選んで雑種交配など日常茶飯事で行われている．過去の品種改良などという作業は，この雑種の研究そのものであった．

馬とロバの雑種は有名である．ライオンと虎の雑種も有名である．ライオンに限らずネコ科の動物の異種間の雑種の話はみなさん興味をもつ．こういうのができると世界中のマスコミの話題になる．しかし，もっと身近なところでこういう異種間の雑種というのはよく見られるのである．例えば，花や小麦，イネなどの穀物の育種などには，この**異種間雑種**という方法が昔からひんぱんに用いられている．

これらは染色体の数と関係しているのだろうか？ 実は関係しているのである．非常に近縁種で互いに交雑が可能な種同士でも染色体の数が異なっているものは多い．馬は64本，ロバは62本で数が異なっているが，ラバという雑種ができる．メンデルの分離の法則（減数分裂）に従えば，理屈上，ラバの染色体は馬の半分とロバ半分を足した数，63本になるはずであるが，実際に63本である．ラバの身体の中のすべての細胞は確かに63本の染色体をもっている．すると，ラバの子孫を創るためには，ラバの生殖器官の中で，次の精子または卵子を創るために減数分裂が行われることになる．ところが63本で奇数である．そのため半減するときに，相手がなくてはぐれてしまって対になれない染色体が1本出ることになる．どうなるか？ 分かれるときに，片方の細胞は1個染色体が足りなくなることになる．足りない方はもちろん生き残れない．では，足りている方はどうか？ これもなぜか大変に弱っていることが多い．つまり，精子も卵子もラバの中では非常にできにくくなる．ラバは不妊になる可能性が高いことになる．実

際にそのようである．馬とロバの良い形質を受け継ぎラバ自身は非常に強靭な動物であるが，精子や卵子を作る生殖器の中だけは弱体になっている．

このように近縁の異種間での交雑では，まずその子孫に対する影響が出てくる．簡単には雑種による新品種などできなくなっているのである．そして，さらに種の間が進化の中で遠くなるともう雑種もできなくなる．卵子が相手の精子を受けつけなくなるのだろう．

❖ 進化の中で染色体の数は増えていった

ところで，各々の種類で染色体の数はどのようにして決まっていったのだろう？バクテリアのような原核生物には，染色体は１本しかない．真核生物になると，父と母の両方から来るから理屈上からも，少なくとも２本以上あることになるが，実際にはもっとたくさんあるものがほとんどである．多いものになると，何百本というような生き物もいる（魚に多い）．進化の過程でドンドン増えていったのである．すると進化して高等になればなるほど数が増えているのだろうか？実はそうでもない．魚と人と比べると，人の方が後から進化したはずなのに魚より少ない．では１本１本の染色体が大きく，細胞当たりの中に入っているDNAの量は人の方が多いのだろうか？魚と比べると確かに人の染色体は大きい傾向があるが，細胞当たりのDNA量を見ると，これもそんなことはない．DNAの量は，魚と比べると，むしろ人の方が少ないくらいである．遺伝の設計図であるDNAの量が人の方が魚より少ないというのは驚きでもある．生き物全体を大まかに並べると，非常に下等な生き物よりは高等な生き物の方がDNAの量は多い傾向にあるが，染色体の数や形には，生き物間であまり法則はなくバラバラである．

❖ 交雑と重複のくり返し

では何も法則性がないのかというと，近縁種同士はわりとケッコー似て

図2 小麦の染色体の数

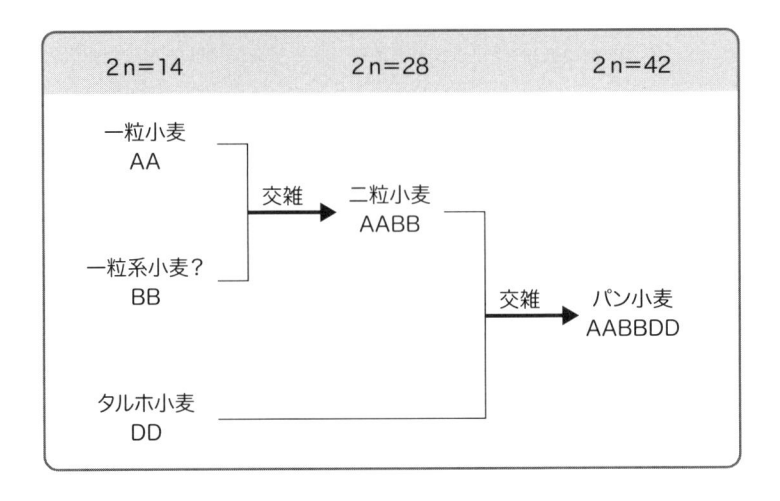

```
      2n=14              2n=28              2n=42

  一粒小麦
    AA
          ─交雑→  二粒小麦
                    AABB
  一粒系小麦?                    ─交雑→  パン小麦
    BB                                  AABBDD

  タルホ小麦
    DD
```

いる．特に形が大変よく似ているものが多いが，数はそう似ているわけでもない．交雑が可能なくらいに近縁なもの同士は，植物などでは数が倍数になっているものがよく見られる．例えば，世界中で栽培され食されているパン小麦は，染色体の数が42本（21対）である（**図2**）．ところが野生の小麦の種類を探すと，一粒小麦とか二粒小麦というものがある．この3種類の小麦は交雑が可能なくらいに近縁である．しかし，一粒小麦の染色体の数は14本（7対）であり，二粒小麦の場合は28本（14対）である．ひどく数は異なるが，7の倍数になっている．染色体の形を比較するとなぜか，一粒小麦の7本のそれぞれによく似た形のものが，二粒小麦では2つずつ，パン小麦では3つずつある．空想を交えて考えてみると，ある日突然，一粒小麦の7本が倍加して14本になったもの，あるいは3倍加して21本の小麦ができた．つまり，**染色体が重複**していったような感じである．これは言葉で説明するより図で見ると非常にわかりやすいので，**図2**をじっと見ていただきたい．一番簡単な説明は，減数分裂の分裂が一回休んで増

えたような気がしないでもない．いずれも交雑が可能だから，それぞれを交雑して子孫の染色体の数が変わるように交雑してみた．すると，どうもこういうふうな交雑をくり返してパン小麦ができたのではないかという推定ができあがった（**図2**）．この研究はあまりにもうまくいったので，その後，他の生物でも同じ考えで調べられた．そして，こういうふうに組み立てられる生き物もかなり多くあることがわかった．こういう研究法を**ゲノム分析**と名付けている．そして，1個の細胞の中にある染色体の対になるワンセットの総数を**ゲノム**と名付けたのである．このゲノム1個をnというアルファベットで表すことになっている．したがって，普通は生き物は対で染色体をもっているから，みな2nで表される．だから例えば，人の場合は染色体が46本なので2n＝46，パン小麦は2n＝42と書き表す習わしになっている．このゲノム分析の結果は，進化の形がこういうふうに起きたのかもしれないというヒントを世界中に与えた．その結果生まれた進化のしくみの仮説を紹介しよう．

❖ 発生時のエラーによる染色体の倍加

染色体の数や形が生き物によって一定なら，いきなり，数が変化したらどうなるのだろうか？　変化することなどあるのだろうか？　答えはまれに変化することもあるということである．そして，変化するとたいていは死ぬが，まれに生き残ることもある（たいていは遺伝病になる）．

一番簡単に変化するのは，受精卵ができて1回目の分裂（卵割）に入るときに，DNAの倍加は完了しているのに，分裂をせずにとどまってしまい（1回卵割を休んでしまい），次のDNAの倍加が始まってしまうと，全身の細胞の染色体の数はすべて倍になる．各々の相同染色体が1対ではなく2対ずつになる．人の場合も46本ではなく92本染色体をもつ細胞ができる．これでもその後，けっこう，分裂して増えていくのである．人の自然流産児のかなりの数が，このような倍加した染色体の数をもつ個体である．したがって，こういう染色体の数が変化するようなことは，進化というよう

な長い時間をかけずとも，よく起きていることなのである．上記の人の場合は最終的には出産までいかず，途中で自然に流産する．自然の摂理である．試しに研究室の中で他の生物を使って無理にこのような状態にしてみても同様である．しかしながら，人は無理でも多くの植物や動物では，このように倍加しても生まれて生き続けることができるものはわりと多いのである．

❖ 細胞分裂時に一部の染色体の数が増える

　これは1回分裂を完全にやめた場合だが，他にも規模のもっと小さい変化がある．細胞分裂の際に，姉妹染色分体同士が両側に2つに分かれていくわけだが，このときに間違って染色体のいくつかが片方に2本とも一緒に行ってしまった場合である．すると細胞の中の全ての染色体ではなく，一部の染色体だけ数が増えてしまうことがあるのである．もちろん片方の数が減ってしまったものは，遺伝子の数が全く足らなくなるので死んでしまう．そして，増えた方も，たいていの場合死んでしまう．したがって，その**生き物にとっては染色体の数，つまり，遺伝子の数は多くても少なくてもいけない**らしい．しかし，小さい染色体の場合は，遺伝子の数も少ないし，周りへの影響が相対的に少ないのか，変則的に突如，数が1個増えても生き残るケースがある．

　人の場合でさえ，特に減数分裂の際にそういうことがまれに起きる．メンデルの分離の法則に反して，精子または卵子が対立遺伝子の両方をもってしまった場合である．この精子または卵子と，他の正常な卵子または精子が合体すると，子供の中には，ある染色体だけ対になった2本以外にもう1本もって，計3本になっている子が産まれる．例えば，第21染色体にそれが起き，3本になっている遺伝病がダウン氏症候群である．いろいろな障害を背負うことにはなるが，普通に生きることができる．この遺伝病の特徴は，**遺伝子が突然変異を起こしたのではなく，DNAには異常のない染色体が単に余計にもう1本混じっているだけにすぎない**．このような**核**

型異常の病気はほかにもいろいろ報告されている．遺伝病という言葉を聞くと永久に子孫に遺伝していくような気がするが，この場合は，遺伝子（DNA）に変化があるわけではないので，必ずしも子供に遺伝するわけではない．理屈上は子供の半数は全く正常なはずである．このような病気に対して，遺伝病という言葉は避けるべきだと思う．

❖ いらない染色体は減らそう

　どうも高等生物へと進化するにあたり，数と形の決まった何本かの染色体のセット（つまり，ゲノム）が初期の生き物それぞれの中で確立した後，進化とともにたくさんの遺伝子がいるようになった．遺伝子の量を増やすためには，DNA量の増加のために重複現象が起きたはずである．その一つとして，このような**染色体の重複**が働いたのかもしれない．このシステムだと実に簡単に量を増やすことができる．さらにただ量が増えるということだけでなく，もっとあればよいような遺伝子の数をまとめて増やすことが簡単にできることになる．しかし，欠点としては，いらない遺伝子の乗っている染色体も簡単に増えてしまうことである．そこで次の子孫をつくる際の分裂で，いらない遺伝子の乗っている染色体が減った方の細胞が生き残りやすくなるに違いない．こんな都合のよいことが起きたのだろうか？実はこれを確かめる方法がある．

　第5章　**図5**の細胞周期の図をもう一度見てほしい．この中で染色体が分かれる時期である分裂期（M期）に分裂できずに1回休みにして次の細胞分裂の周期に入ってしまうようにしてしまえば，前述したように染色体の数は倍加してしまう．倍加した染色体をもつ細胞が次の分裂に入ると，興味深いことが起きる．いくつかの染色体は分かれずに片方の細胞に偏ってしまうことが起きる．すると片側の細胞はその染色体が足りなくなる．といってももともと倍加しているので，相同染色体は4本あり，1本くらい足りなくなっても何の支障もない．つまり，倍加して一部数が減ったものができる．これをゲノム記号で書き表すと，2×［（2n）－1］という

第6章　進化はどうやって起こった？　　**123**

図3 染色体の倍加と減数

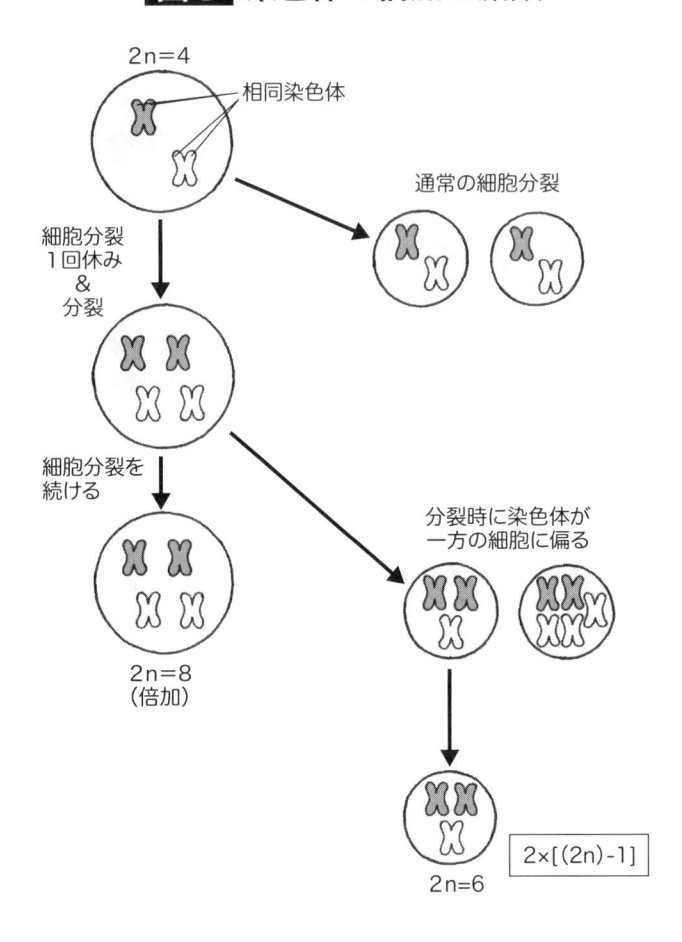

2n=4
相同染色体
通常の細胞分裂

細胞分裂
1回休み
&
分裂

細胞分裂を
続ける

2n=8
(倍加)

分裂時に染色体が
一方の細胞に偏る

2n=6

$2 \times [(2n)-1]$

ことになる（**図3**）．こういうことは自然の中でもよく起きただろうと思われる．つまり上記の話の，都合のよいことはよく起きたということである．

❖ 環境に適応しながら染色体の数は増えてきた

　長い時間のあいだには，こういう**倍加**と**減数**という現象はそこらじゅうの環境で起き，そのつど環境にさらによく適応できるものが，あちこちでできていったに違いない．倍加→減数→倍加→減数とこの変化は偶然にドンドン進み，暑いところ寒いところ，あるいは海の深いところ浅いところ，光の強いところ暗いところ，などのように環境の違いに適応したものが増えていったはずである．ある遺伝子が増えて，たまたまそれがその環境に適していたら，その生き物が優先的に生き残ることになる．人に近いところ（脊椎動物）を見ると，進化の過程で染色体の数が倍加によってどんどん増えてきて，魚あたりが倍加の頂点を形成しており，後は数が減っていくという流れに見える．これを模式的に表すと**図4**のようになる．もみの木の模式図のように見えるので，これを**進化のクリスマスツリーモデル**と呼んでいる．もしこのモデルが本当だとすると，ダーウィンの進化論で言うところの**生存競争による自然淘汰**があまりあてはまらないことになってしまう．生存競争とはわかりやすく言うと，食べ物などの取り合いをして勝つ方が生き残り，またいろいろな種ができてその中で同じような競争をして勝つ方が生き残るということをくり返すことにより，強いものがさらに強くなるという進化理論である．進化のクリスマスツリーモデルだと，別に競争しなくても，環境によく適応した染色体の数が異なる個体が出てきて徐々に徐々に何代も世代を重ねるうちに，適応した数の染色体をもつ方がドンドン増えていき，いつのまにやら主流の種が変わってしまっただけのことになる．どっちが正しいのか知らないが，なんとなく，両方あったのだろうけどダーウィンの話はマイナーな話でクリスマスツリーモデルの方が正しいような気がしてくる．ダーウィンの話だと，競争に勝った方ばかりになってしまったら，その次の時代にまた競争する生き物はどこから出てくるのか？よくわからない．クリスマスツリーモデルで変化したたくさんの種類のうちには，世代を重ねるのを待たずに生存競争を繰り広げるものも出るのかもしれない．するとこの染色体の数の違う生き物同士の

図4 進化のクリスマスツリーモデル

〈脊椎動物の例〉

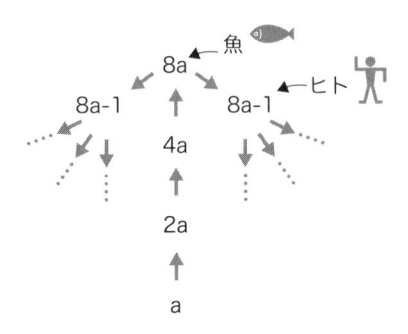

```
           8a ← 魚
    8a-1 ↑  ↓  8a-1   ← ヒト
     ↖ ↙  4a  ↘ ↙
          ↑
          2a
          ↑
          a
```

2n＝aという細胞があるとする．これが細胞分裂し，M期で分裂をやめるとすると4n＝2aとなる．たいていの場合排除されるが定着するものもある．これが続いて上の方へ行くにつれDNA量が増えるがDNA複製酵素の量は変わらないので分裂速度は遅くなる．これは進化に不利なのでDNA量は減る方向に向かう．これが種，属，科の進化の仕方である

間ではダーウィンの生存競争が起きる場合もあると考えればよいわけである．このクリスマスツリーモデルは，ダーウィンの生存競争を基本とする自然淘汰の進化モデルに対して，**協調進化モデル**と呼ばれている．互いに競争して，つまり相手を殺して生き残るのではなく（たまにはご先祖は同じだった染色体の数の違う種同士の直接の競争によってダーウィン型のそういうこともあるかもしれないが），何世代もの時間をかけて平和に全てが交代していくモデルなのでこう呼ばれた．したがってこのモデルはダーウィンの自然淘汰モデルを否定しているのではなく，それをも包括して理解できるモデルということになる．協調進化モデルの中のある特殊な条件が成立した場合のみ，ダーウィンが言うところの自然淘汰が発生する．アインシュタインの相対性理論が，ニュートンの力学を包括して説明できるのとよく似ている．相対性理論の中のある条件が成立した場合のみ，その中で

はニュートン力学は正しい．しかし物体の運動が光速度に近くなれば，ニュートンの力学はあてはまらない．

❖ 重複と多型化による進化

　もっとも染色体が増えるだけでは，同じ遺伝子が余計にあるだけの話なのでちと変である．例えば**図2**の一粒小麦のn＝7とパン小麦のn＝21を比較したとき，パン小麦のよく似た3本の染色体は一粒小麦の1本が3倍になったものではない．確かに形などはよく似てはいるが，同じではない．たぶん（これまた空想である），小麦の祖先の染色体があるとき3倍加して3本になった．3本の染色体はそれぞれがDNAをもっているが，それぞれのDNAが互いに無関係に偶発的にどこかに傷を受けるはずである．それを修理するときに治し間違いが生ずるが，治し間違いもそれぞれになる．するともとは3本とも同じDNAだったものが時間が経つとそれぞれが少しずつ違うものになっていくことになる（**図5**）．しつこいが時間は無限にあるのだから，変化も無限に持続していくことになる．結果として3本は少しずつ違うようになっていったのであろう．これまた，協調進化モデルとしてみたとき，実にもっともらしいことになる．この染色体上に乗っている遺伝子はもともとは同じだったが，少しずつ違うものになっている．しかし，相対的には他のものよりははるかにそっくり同士である．こういうもとは同じだが分かれていった遺伝子同士，つまり，DNA同士を**多重遺伝子族DNA**と呼ぶ．倍加，よけいな染色体外し，ランダムな小さなDNA上の変異の蓄積，安定化，もしこの変化が置かれた環境に合っておれば個体の増加，この全過程の反復という流れになる．

　染色体の重複以外にも，減数分裂の過程では**遺伝子が重複**する過程が存在する．この場合は，父方からの染色体と母方からの染色体が減数分裂の過程で組換えを起こす（→第9章参照）．この際に普通は完全に同じDNAの位置で組換えするが，たまにずれることがある．もし1遺伝子分以上のDNAの位置がずれれば，その際には，片方の染色体にはその遺伝子が2つ

図5 染色体の重複とDNAへのランダムな突然変異の蓄積

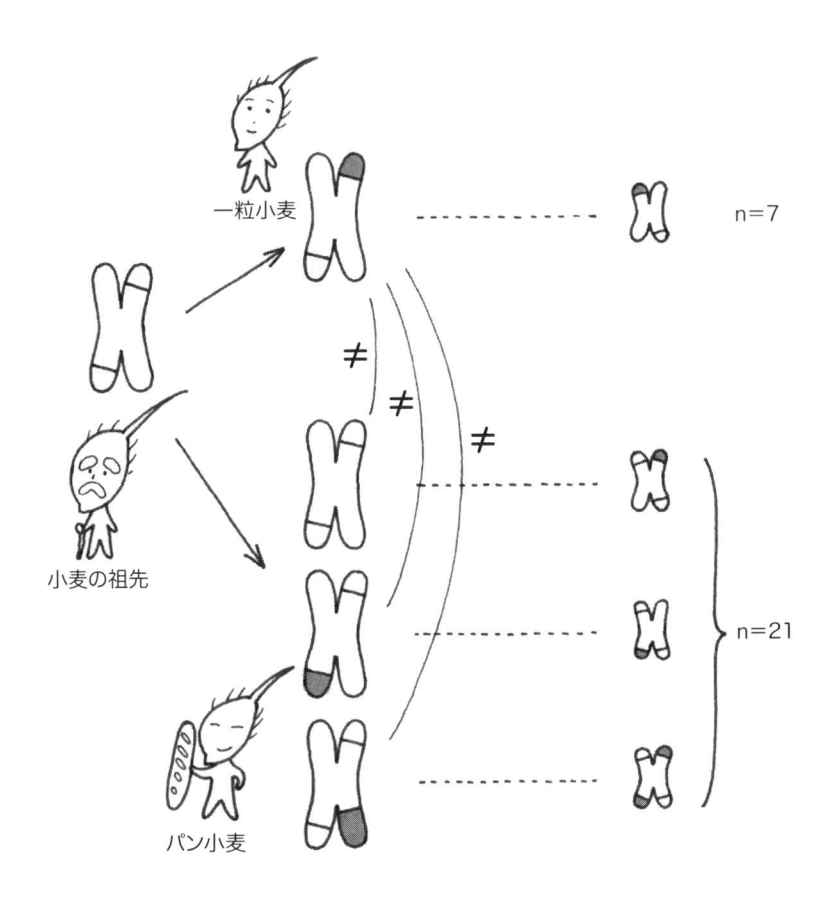

一粒小麦　n=7

小麦の祖先

パン小麦　n=21

になり，もう一方はその遺伝子を失う．失った方は遺伝子不足で死に至るが，片方は増えるだけで死ぬことはない．このよう部分的に重複していく場合もある．この場合は**遺伝子重複**と呼び，染色体が文字通り倍加する場合は**染色体重複**と呼んでいる．

　染色体重複または**遺伝子重複**，増殖に際して重複型ゲノムの安定化，**DNAへのランダムな突然変異の蓄積**，そして最後に**染色体多型**または**遺伝**

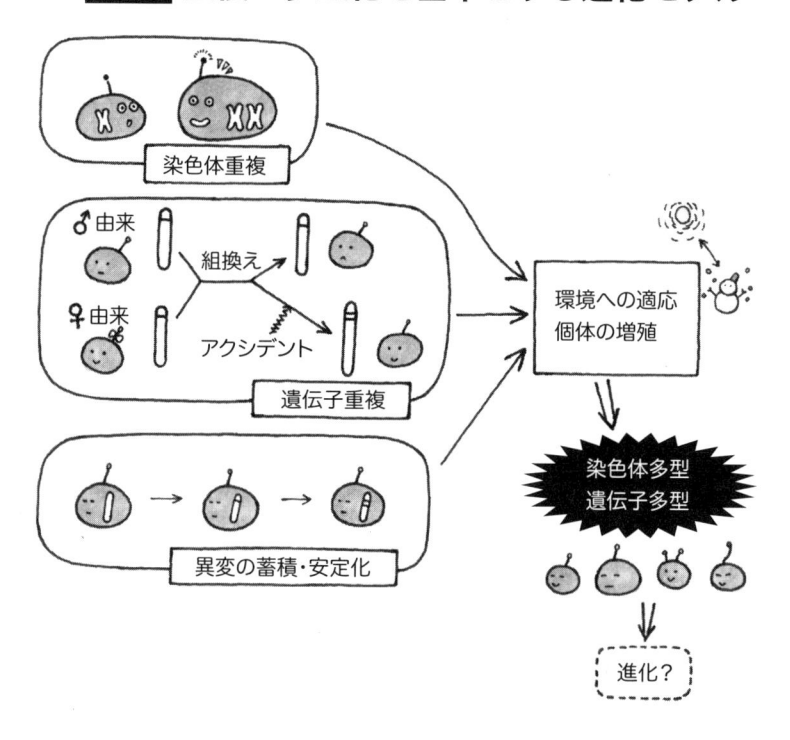

図6 重複と多型化を基準とする進化モデル

染色体重複

♂由来　組換え
♀由来　アクシデント
遺伝子重複

異変の蓄積・安定化

環境への適応
個体の増殖

染色体多型
遺伝子多型

進化？

子多型の成立，ということになる（**図6**）．重複と多型化を基準とする進化モデルとも呼ばれている．こんな単語は，バイオ専攻の学生以外は覚えていただかなくてもよい．特に知らなくても，この本を読むのに全く差しつかえありません．言えることは，高等生物の進化を考えたとき，このモデルは大変よくあてはまることである．そして進化とは，突然，動物から植物ができるような進化の仕方もなければ，人からハエに進化することもない．もとは同じものが徐々に徐々に違う2つのものに分かれていき，近縁な種類ができ，それが置かれた環境に応じてドンドン広がり38億年の歳月をかけてついには150万種類に達したと考えられるから，全ての真核生物の進化のもとはこういうものだったのかもしれない．

7 遺伝子で見えてくる進化のカラクリ
～平安時代にあなたの祖先は800兆人？～

❖ 生物の系統と分類

　とにかく，現代の生き物は種類がものすごく多いから，うまく整理分類しておかないと収拾がつかなくなる．生物学はこういうことから始まったのである．

　今いる生き物の種類を見て，各々を比較しながら形を比べ並べてみるといろいろな特徴があることに気づく．誰の目にもわかる植物と動物の違いほどではないが，よく見ると動物の中にも違いがある．人と猫とは明らかに違うが同じ動物である．猫でも比較するといろいろな猫がいる．ライオンとペルシャ猫は同じネコ科だが，やはり明らかに違う．そこでまずこれらをうまく分けておく必要がある．さもないと生き物の話をしていても，何の話なのかお互いにわからなくなったりするからである．

　まず全ての生き物を見渡し，大くくりにした大集団を5つに分け，これを「**界**」と名付けた．植物界・動物界・菌（類）界・原生生物界・原核生物界の5界に分けたのである．このうち，植物界・動物界・菌（類）界・原生生物界の生き物たちは，全て**真核生物**でオスメスがある．原核生物界のみ読んで字のごとく**原核生物**である．バクテリアたちである（**図1**）．

　次にその各々の大集団の中の似たもの同士をくくり，亜大集団にした．これを「**門**」と名付けている．人と昆虫は同じ動物でも大いに異なる．人は動物界・脊椎動物門に属し，昆虫は動物界・節足動物門に属する．

　この考え方で，集団をさらに細かく分けていき，ドンドンよく似た集団

図1 ホイタカーによる分類図（5界説）

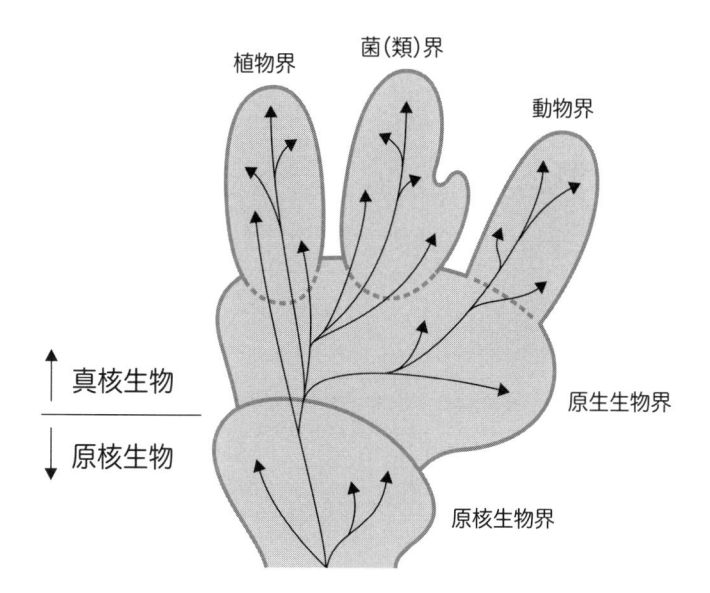

植物界　菌(類)界　動物界　原生生物界　原核生物界

↑真核生物
↓原核生物

だけの方向で小さくして，「**綱**」「**目**」「**科**」「**属**」「**種**」と次々と名付けていった．種というと同じ種類ということになる．人で言うと，動物界・脊椎動物門・哺乳綱・霊長目・ヒト科・ヒト属・ヒトということになる．猫の場合はライオンとペルシャ猫はともにネコ科になる．そしてそれ以下の分類が違っていくわけである（**図2**）．

生殖は基本的に同じ「種」同士で行われるが，近縁の「属」間同士でも交雑が可能な生物もある．例えばライオンとトラの混血児ライガーや馬とロバの子のラバも生まれるわけである．しかし，それより上位の違いになると交雑はほとんどできない．

この分け方は別に動物のためだけではない．植物や菌類，原生動物，バクテリアなど全ての生物が同じようなルールに基づいて分けられている．

この現代の生物の分類の5界を見ると妙なことがわかる．原核生物とは

図2 生物分類（界，門，綱，目，科，属，種）

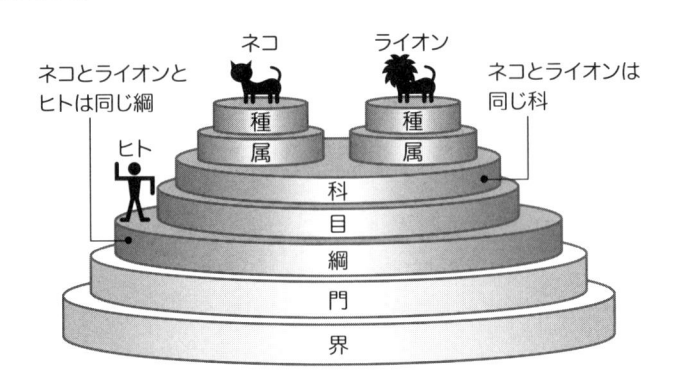

ネコとライオンとヒトは同じ綱

ネコとライオンは同じ科

ヒト

種 属 科 目 綱 門 界

	ネコ	ライオン
界	動物界	動物界
門	脊椎動物門	脊椎動物門
綱	哺乳綱	哺乳綱
目	ネコ目	ネコ目
科	ネコ科	ネコ科
属	ネコ属	ヒョウ属
種	ヤマネコ	ライオン

主にバクテリアのことである．これらは**単細胞**である．その上の原生生物も単細胞のものが多い．原生生物の例を挙げると，中学高校の生物実験でよく用いるゾウリムシやミドリムシなどである．しかしバクテリアと違うのは，オスメスがあることである．つまり原生生物界の生き物はお父さんお母さんがいないと子孫はできず滅亡するのである．セックスが絶対に必要な世界になっている．さらにその上に行くと，それより下で起きた現象は全て継承しながら，さらに**多細胞**になったことである．そして，動物と植物と菌類に分かれている．菌類と言うと細菌（バクテリア）と音がよく似ていて誤解されがちだが，主にカビやキノコのことである．

　このホイタカーの分類図の原型は，もともとは形や性質の似ている集団

を段階的に集めて分けたものにすぎなかった．これを地層の中の化石の出現年代と比較すると，この順番通りに生き物はできあがり出現したことがわかったので，これを考慮して組み立て直したのが，この**ホイタカーの5界説**である（今ではこれを**系統進化分類**とも呼んだりする）．

　これは生き物の進化が，それぞれの形や性質が同じものから順番に分かれて，想像を絶するくらいに多様化してできてきたということをよく示している．形や性質が似ているものほど近い親類なのである．そして特筆すべきは，化石の年代の比較から，**オスメスができてから異常な高速度で進化し種類が劇的に増えた**ことがわかったことである．

❖ 多細胞生物は生殖のための細胞が分業している

　進化の流れをざっと簡単に述べると，まず単細胞生物のうちに，生殖のためにDNAの量を半減化する減数分裂が発達した．その後，細胞同士が集まり多細胞生物となり機能を分業するようになった．この順番は極めて重要である．

　人も細胞の集団だが，どのくらいの細胞数があるかというと，一人の身体には約60兆個くらいの細胞がある．たまげるような数である．だから1個の細胞だとあまりにも小さすぎて肉眼では見えないが，人は見える．これはこれだけのたくさんの細胞が集まっているからである．逆に言うと1個の細胞はそれほど小さい．多細胞生物では，各々の細胞はただ集まっているだけではなく，それぞれが身体の中で機能を分業して体制を作っている．とにかく身体の基本単位である．細胞は分裂して数を増やしていく．細胞が多数集まってできた生き物，つまり多細胞生物も，生まれるときは1個の細胞（受精卵）から始まり，ドンドン分裂して，全身の細胞ができあがっていく．進化の過程を思い出すと，最初は1つの細胞が全身だったのが，多細胞になっていったことになる．きっと進化の途中で1つの細胞が分裂するときに分かれずくっついてお互いが助け合って（機能を分業しあって）生きると，好都合なこともあったのだろう．

多細胞生物では，身体の一部だけ，生殖用のDNA量の半減化した細胞が分業としてできることになる．この分業のしくみは最初どのようにできあがっていったのか？

　原生生物，菌類，植物ではこういう次の合体のための生殖器官は成長の最後に形成される．例えば花を思い出してほしい．花が咲くのは植物が成熟して枯れる寸前である．その中で減数分裂が発生し花粉と卵ができ，種ができる．これをもっと下等の植物である海藻で見ると一番年老いた枯れる前の段階でやはり生殖細胞はできる．キノコは傘の下でそれをやるので，やっぱり一番最後である．

　環境が悪くなってきたら合体するという太古の昔の性質が反映していると思わざるをえない．

　動物だけが例外である．動物は受精卵が分裂（これを特別に**卵割**と呼んでいる）を開始するやいなや，すぐに途中で1個だけ生殖細胞になる予定の細胞だけ隔離されてくる．これだけでも動物はかなり特殊な進化をしたことがわかる．

❖ 太古のトンボはゆっくり飛んでいた？

　蛇足を加えると，節足動物は身体の外側が骨格で覆われている生き物（外骨格動物）なので，表面からの水の蒸散，乾燥に相対的に耐えやすい．それが最初に陸地に上がった動物になれた理由かもしれない．上陸後は，乾燥に耐える次の方法は，体積に比して表面積が少ない方が有利になるから，身体が大きくなる方がよい．しかしここで限界に出会う．水中とは異なり，地上では地球の重力に耐えねばならないから，強力な筋肉がいることになる．身長が2倍になると体重は8倍になる．ところが筋肉の強さはその断面積に依存するから，そのままでは4倍にしかならず，筋肉の巨大化が必要である．ところが外骨格の動物は，外側を覆う骨があるため内側にある筋肉を巨大化する構造の変化が極めて困難である．実際に，むかし石炭紀にいた巨大なトンボの構造は，現代の小さな赤トンボと極めてそっくりで

ある．まるでゴジラのトンボ版を見る思いがする（→第3章　コラム参照）．しかし実際には，巨大なトンボの動きは現在の赤トンボよりはるかに緩慢だった可能性が高い．現在のトンボより進化的に機能が下等というだけではなく，筋肉の量に比して身体が重すぎるのである．だから連中は，たちまち次に上陸してくる脊椎動物たちに負けることになった．脊椎動物たちは，骨格が内部の芯にあるため，外側の筋肉が自由に簡単に巨大化できる．結果として水中にいたときとは似ても似つかない形になった．

❖ 分子進化

　第1章で述べたように，遺伝子の中には，バクテリアから人まで共通のしくみというのがあるが，そのしくみに関与する遺伝子がある．こういう遺伝子は，最初から生命が生き子孫を残すためには極めて重要かつ欠くべからざる必須のものであった．だから大きく変化したり消滅したら死に絶えるので，20億年以上の間，あまり変わっていない．でも少しは変わっている．何が変わっているかというと，長さもさることながら，一番目立つのは，塩基が少し変わったりしているのである．例えば古い種類の生き物ではAの塩基だったところがCの塩基になっていたりするのである．要するに置き換わっているのである．しかも置き換わっている部分は生存するためには困らない部分か，またはもっと機能が高まるように変化した部分のみである．一番肝心なところは変化せず共通であることが多い．水爆実験の影響でこれに着目して，いろいろな生き物の同じ遺伝子の塩基の配列を徹底的に調べた人たちがいる．すると次のような驚くほど簡単なことがわかった．

　各々の生物が出現した時代を化石をもとに設定しておくと，進化の中では，1個の遺伝子の中の1つの塩基が他の塩基に置き換わる時間は一定である．塩基の1つが置き換わるのに要した時間が，例えば50万年とすると，2つの生物で塩基が1つ異なるという場合は，50万年くらい前には同じ種類の生き物だったということになる．

図3 分子進化

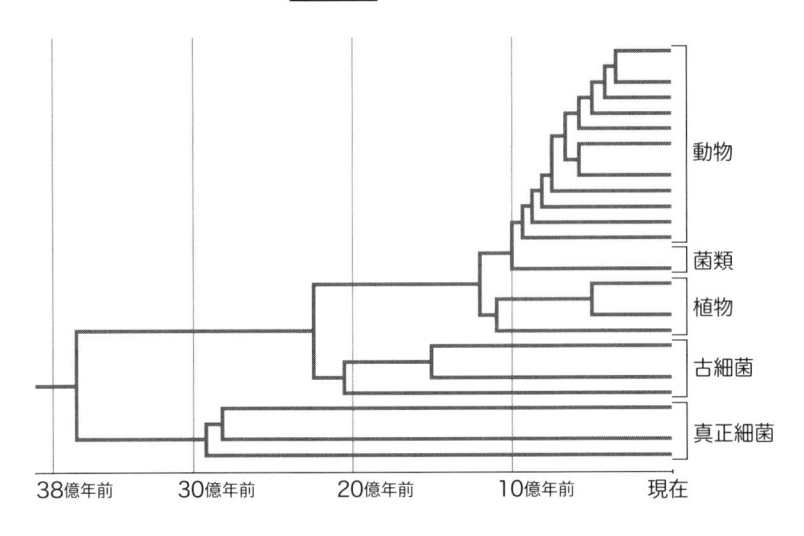

（系統樹：動物／菌類／植物／古細菌／真正細菌、38億年前〜現在）

　これを利用すると，動物と植物に共通の遺伝子の塩基配列を比較して，塩基の種類が違う分だけさかのぼった昔に分かれたことになる．この計算から，動物と植物が分かれたのは9〜10億年前と計算されるに至ったのである．もちろん，これほど単純な計算でもないのだが，簡単に言うとそうなる．これをいろいろな生き物に適用して比較し，その時間差を線で表したのが**図3**である．これを**分子進化**と言っている．この図からわかる特徴的なことは，動物と植物が分かれてからの進化の時間が非常に短いことである．われわれの目に触れる生き物のほとんどは動物か植物で，それ以外の生き物，例えばバクテリアなどは眼に見えないものが多い．菌類で目立つのはせいぜいキノコか食物の上に生えるカビ程度のものである．この図は，今日のわれわれの目に映る世界の生物はほとんどがごく最近に生まれたものであるということを示している．分子進化学は分子生物学的な遺伝子解析に伴う研究成果が生んだ新しい進化学であり，ダーウィン以来漠然としか語れなかった進化がかなり精密に研究できるようになった．

この分子進化の研究から生まれた有力な進化の仮説（**進化中立説**）があり，進化と遺伝の研究がかなりつながった．

❖ 進化中立説

　子孫の中には何代も経てば知らずにまた結婚して子孫を残す場合もある．別に5代10代離れれば親類でも何でもないのだから結婚は許されるし，むしろ当たり前のことである．この観点で考えてみよう．仮定を一つする．いくら先祖をさかのぼっても，このような血縁関係がどこかであった子孫同士の結婚が全くないとする．遠親婚だろうが近親婚だろうが，そういうものは絶対にないのだから，あなたの親は2人で，祖父祖母は4人となる．もっとさかのぼろう．曾祖父曾祖母は8人，その前は16人，さらにその前は32人になる．これで5代さかのぼったことになる．さあ，たまには数式で書いてみる．あなたの先祖をn代さかのぼった場合，その先祖の数は2の（n－1）乗になる．学者だといばるほどたいした数学でもないか．人の遺伝学では普通は百年で5代進むと仮定する．では500年さかのぼるとあなたの先祖は何人いるか？ 25代前である．計算すると約3,000万人以上の先祖がいることになる．日本では500年前というと，戦国時代の始まりの頃である．当時の日本の人口は2,000万人もいなかったと考えられているから，これは大変なことである．日本は島国だから，外国からの人たちの流入も歴史的に非常に少ない国だったので計算が合わなくなる．これを千年さかのぼって平安時代の中期（紫式部が活躍していた頃である）だと，どのくらいの数の先祖数になるのか？ 50代前である．約800兆人いることになる．ただ今の世界の人口は60億人程度だから，この数字がいかにものすごいかわかる．ちなみに平安時代の日本の人口は1,000万人以下だと思われるから，このギャップはものすごい．そして現代に到るまで，日本列島が外国の人間を受け入れた数は極めて微々たるものである．制限していたわけではなかったのかもしれないが，離れ小島じゃ遠くて当時の交通方法では簡単には誰も来れなかったに違いない．進化的にいうと隔離そのも

のである．あなた一人を作るのに，平安時代の人間が800兆人もいるというのは辻褄が合わない．極端に合わない．だから，「いくら先祖をさかのぼっても，血縁がどこかであった子孫同士の結婚が全くない」という仮定がおかしいのである．あなた方はもう無茶苦茶に血縁同士の結婚をくり返して子供を作ってきた子孫なのである．何度も何度も血族結婚をくり返してきた結果なのである．800兆人と1,000万人の差から考えると，日本人の全てが親類であるに近い．

　世の中に男女2人しかいない世界があったとする．その異性同士が子供を作ると，子供は兄弟姉妹同士で結婚しない限り子供は残せない．これだと子孫が弱る近親婚になる．では4人の赤の他人同士の異性がいた世界だとする．この場合だと少なくとも子供同士は，相手の家の子供を選べば，まだ赤の他人同士の結婚が可能である．では孫になったらどうするか，もはや従兄弟同士の結婚は避けられない．ひ孫になるとさらに血縁は濃いもの同士の結婚が避けられなくなる．いつか滅亡の破局が迫ってくる．でも最初の親の代がもっと多ければ，常に4親等より離れたもの同士の結婚が可能になってくる．ドンドン最初の親の数（こういうのを「母集団」といっている）を増やせば問題は解決してくる．そして，その数がある一定以上の数に達すると，もはやその集団は近親婚からくる子孫の滅亡にあわずにすむようになる．こういう数でできた集団を生き物の**近交系**と呼んでいる．また，遺伝子の中身は変わらず，遺伝子たちは子孫の個体の中を独立にあちこちに行き来しているだけになるので，こういう近交系を**遺伝子プール**とも呼んでいる．この単語を説明したかったので，長々と書いた．時間を無制限に延ばし個体の寿命を無関係にすると，要するに人の30,000個の遺伝子の組み合わせが変化しているだけで，それぞれの個体が創られているのである．だから，全く同じ組み合わせができる（つまり同じ人になる）確率はこれから計算できる．でも，全く同じ組み合わせの遺伝子をもつ人がもし仮にできたとしても（確率的にはあり得る），これは同じ人ではない．詳しくは第13章のクローン生物のところで説明するが，遺伝子が同じでも個体は違い，全く違う人格なのである．同じ人の生まれ代わりではな

い．誤解しないように．

　DNAを思い出そう．DNAには遺伝暗号として塩基配列（4種の塩基，略語でA，C，G，Tで表す塩基がどういう順番で並んでいるかで暗号になっている）をもち，その配列の違いを暗号にしている．何度も言っているが，人には約30,000個の遺伝子があり，すべてDNA上の塩基配列の違いによって記憶されている．1個1個の遺伝子は平均するとだいたい300個〜10,000個くらいの塩基の数によって表わされている．この中で，下等な生物から高等な生物まですべてに共通な遺伝子もある．同じ生き物なのだし，一番簡単なものから進化したのなら，生存には絶対欠くことのできない遺伝子は共通なはずである．実際にそうである．こういう特別重要な遺伝子は，同じ種類では全個体で同じである．もちろん対立遺伝子同士も違わない．違う生き物同士でも近縁なものはそっくりか同じである．

　その中の1つの遺伝子を選んでみる．最下等な生き物のその遺伝子の塩基配列と，その遺伝子から進化したと思われる高等な生物の中の同じ遺伝子の塩基配列と比較してみる．ものすごく長いので，コンピュータで並べてみて，違いのあるところをつまみ出してもらう．すると奇妙なことがわかってきた．まず，非常に重要な役割を果たす遺伝子なので，配列はあまり変わっておらず極めてよく似ている．しかし，進化とともに少しは変わっているのである．生き物の先祖は化石と地質学で，いつの時代に分かれたか特定できる．それでこの塩基の配列の変化と比較するために，A種とB種の共通の先祖の化石を調べて，両者の分かれた時間を横軸に，選んだ遺伝子の中の塩基の違っている数を縦軸にしてグラフに点を書く．同じ作業を非常に多種類の生き物で行い，全てを1枚のグラフ上に時間の順に点を置いて並べてみる．すると正確に，時間と塩基の数の変化が一直線上に並び，一致するのである．これは何を意味するのか？　**一定の時間がすぎると必ず塩基も一定の割合で変化し，これが比例関係にある**ということである．比例というよりはもう少し複雑な数式になるが，そんなことはどうでもよろしい．要するに環境や生き物の種類に無関係に，**遺伝暗号は時間とともにさっさと一定の速度で変化していく**ということになる．塩基の変化は「突

然変異」になる．突然変異は進化の源である．すると**進化は時間に比例して起きている**ことになる．競争も何にもいらず勝手に自動的に変化していくことになる．そんなバカな！化石の変化は断続的である，なんとしてくれるのか！というほかない．この化石の進化の断続性をうまく説明したダーウィンの進化の自然淘汰説とまるきり合わなくなってしまうのである．とにかく周りの現象などには中立なので，これを**進化中立説**とか**中立進化説**と呼んでいる．

　この学説と今まで営々と積み上げられてきた生き物の外からの観察による進化説とを，整合的に説明するために精力的な研究が続けられている．今では極めて整合的な説明もできており，自然淘汰説も進化中立説もいずれも正しいと考えられている．ここではこの塩基の置換時間の式から出てくる進化の話をしたい．

❖ 進化系統樹

　もし塩基の変化が時間の経過でとらえられるのなら，どの生き物でもその遺伝子の塩基配列を調べられるので，この特徴を逆手に取って，共通の先祖がいつ頃に分かれたのか計算できるようになる．実際にできる．近縁と考えられる2つの種の同じ遺伝子を取り出し塩基配列を比較する．1個の塩基だけが違っていたとする．化石から両者は50万年ぐらいに分かれていたとする．他の種類でも同じように調べる．すると，ある遺伝子の塩基が1つ置き換わるには何年を要するかわかる．すでにこの公式はほぼ完成されている．今では現存の生き物同士がいつ分かれたのか，あるいは，この生き物は何年前に何という生き物から分かれたのか，などが，たちどころに推定できるようになった．そして，今の生き物の**進化系統樹**はほとんどがこのようにして書かれるようになっている（**図4**）．これにより，進化の過程は飛躍的に情報が増え，分子進化の黄金時代を迎えた．この数式に従い計算すると，植物（藻類）の爆発的進化や動物のカンブリア爆発などは，およそ10億年前，6億5千万年前という時間は間違いがない，という

図4 16S類似rRNAに基づく生物の進化系統樹

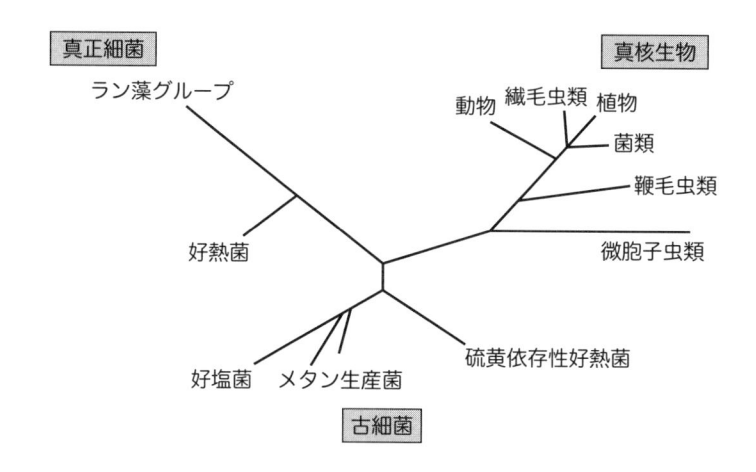

真正細菌
- ラン藻グループ
- 好熱菌

真核生物
- 動物
- 繊毛虫類
- 植物
- 菌類
- 鞭毛虫類
- 微胞子虫類

古細菌
- 好塩菌
- メタン生産菌
- 硫黄依存性好熱菌

結果が出るのである．そこでこの方法に従い進化を計算すると，**図5**に示すような**進化図**ができてくるのである．38億年の生き物の歴史から見ると，本当に多細胞生物，特に植物や動物などは，ごく最近になって発達したことがよくわかる．

　さらにこの方法を発展させて，前記の遺伝子プールの概念を持ち込む．前記の場合は人の中の話だったが，これを種間に広げる．交配が可能な種同士の場合，その遺伝子プール同士が同じ池になってしまうことを示す．その中に時間に依存して塩基の突然変異が入っていっても，常にプールの中で変化した遺伝子を交換しあっているから，個体の集団全体の形は変わらず主としては同じで交配を続ける．つまり，交配がある限り進化の流れに逆に働くことになる．もちろん突然変異の蓄積により種の形は変わっていくかもしれない．これも進化の一種ではある．しかし，この場合は弱い個体は子孫を残せないから変わりは遅い（変異が直接表現型にあらわれる場合，弱いものがほとんどで，異性に配偶者として選択されにくい）．ああ

図5 分子進化学からわかる進化の歴史

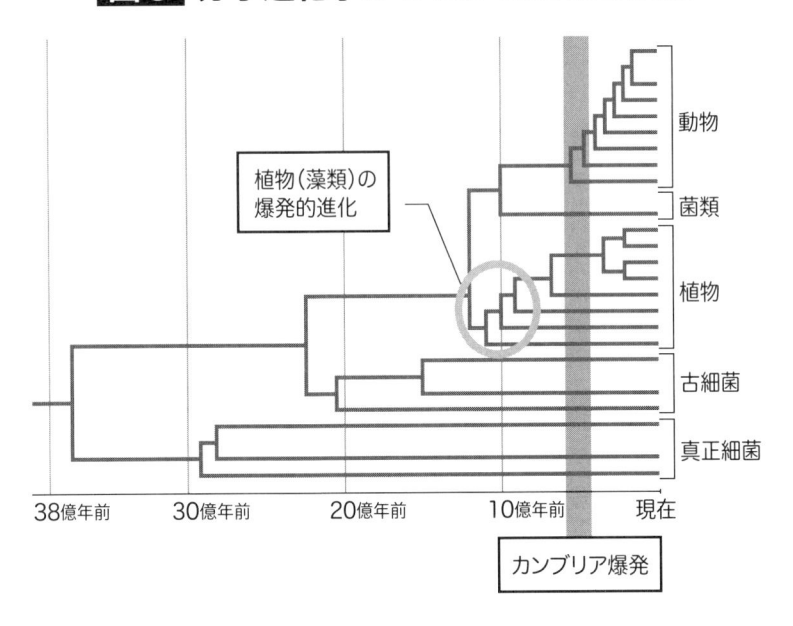

植物（藻類）の
爆発的進化

動物
菌類
植物
古細菌
真正細菌

38億年前　30億年前　20億年前　10億年前　現在

カンブリア爆発

そういうもんか，と，この節の説明は何となく理解して下さい．
　一方，同じ種類でも世界中に広がり，交配が不能なくらいに隔離されてしまうと，遺伝子プールが別になっていってしまう．この場合も同じく，ドンドンと時間とともに遺伝子が突然変異を起こしていくことになる．遠くに離れて，同じプールの中で遺伝子を交換できない場合は，長い時間の経過とともに，ついには違う遺伝子プールになっていってしまうことになる．なにしろ突然変異は無方向にランダムに起きるからである．こういうことも，この生き物にとってはどうかとか時間を含めて精密に研究できるようになった．これが分子生物学から見た進化の研究である．

❖ 生存競争と進化

　生き物は自分にとって環境がよければドンドンはびこり，増えすぎるとその生物にとってはドンドン息苦しい悪い環境になっていく．時間が十分にあれば，その息苦しい環境に適応した新しい生き物が現れ（新しいものが現れるというより，その生き物の中に息苦しい環境が大好きという変わり物・偏屈物が徐々に出てくる）それがかわりにはびこる．そして大河の流れのようにゆっくりと変わり物がはびこったら，さらにその中にもっと環境に即した偏屈物が出てくる，そしてはびこる，という変遷をくり返し，いつの間にやら息苦しい環境のはずが快適な環境と思う生き物ばかりになってしまう．つまり，生き物が変遷をくり返すだけの時間があれば，時代は大きく変わってしまうのである．

　しかし，環境が急激に悪化し進化変遷をくり返す時間がなければ，増え過ぎた数を減らしてバランスの取れる状態にせねばならず，自動的にそうなる．つまり，数を減らすということは，出生率が下がるか競争的に殺し合いをするかしかない．みな，毎日激しい競争にさらされて生き抜かねばならず，競争に負けたものは死ぬことになる．実にストレスの多い社会になるわけである．今の人間社会はもはやこれに近いのだろう，ストレスを解消するためのあらゆる手引きが世の中にはびこっている．しかし，これが進化の原点，つまり生き物全ての生存の原点であることを意味している．さもなければ生き物は滅びることを意味する．脱線して，これをわれわれの日常の生活に置き換えてみよう．

　生き物38億年の掟と人間社会の秩序が矛盾し出したのである．人間の社会秩序の歴史はせいぜい数万年，その原型は猿の時代からあったのかもしれないがそれでも数百万年である．老人を虐待しなくてもよい，しかし掟には逆らわない整合的な新しい秩序を生み出さないと38億年の掟には必ず破れることになるだろう．

8 どうして親は2人いるのか？

染色体は対になっているものがほとんどである（**性染色体**だけは例外で，人などでは，父からのものは母から来たものに比べてできの悪いものになっている）．人では46本の染色体があるが，父方由来と母方由来の同じものが2本ずつあるので23対になる．精子の中に23本あり卵子の中にも23本入っているわけである．両方が合体して**受精卵**になりめでたく元の46本になる．父母がいる生き物は全てこういうことになっている．だからどの種類の生き物にも，人の場合とは数や形は異なるが，染色体は対の形のものが必ずあるのである（**相同染色体**）．

では，生命創成の最初からこうだったかというと，そうではない．最初は単純に体細胞分裂だけで増える**2分裂型**の単細胞生物だった．今も多くのバクテリアはそうである．進化の過程でオスメス生殖（有性生殖）を行う生き物へと進化したのである．

生命38億年の歴史の中ではごく最近（約12～13億年前）に登場した新型の生命にすぎない．しかし現在の地球ではこの型が異常繁殖し征服している．この中で不思議なのは，増殖速度を考えると2分裂型の方がはるかに早く，オスメス生殖を必要とする増殖は非常に遅い．数が多い方が自然淘汰の競争には生き残りやすいように思えるが，そうではなかった．後者の方がはるかに進化が速いのである．そのためたった6億年程度で地球全土を征服した．なぜだろうか？

❖ 親の精子や卵子の染色体の数は半分しかない

　精子や卵子は両親の体内の細胞からできるから，精子も卵子もこのままでは46本の染色体をもっていることになる．このままでは合体すると92本になり，孫になると184本になってしまう．このままドンドン世代が続けば，筑波山のガマの油よろしく，天文学的な数になってしまう．わずか1,000年を経ずして，人の1個の細胞は数十兆個の染色体を収容しなければならない．嘘だと思うなら計算されよ．100年で5世代いくとすると，たった100年で1個の細胞の中の染色体の数は人なら46×25個になる．1兆個というのは約240個であるから，40世代も経てばそうなる．したがって，たった800年でこんな数になるのである．

　しかし，実はこうならないようにしているメカニズムがある．身体の中の生殖器（卵巣や精巣である）の中で，精子や卵子を作る過程で，対になっている染色体を2つに分けるのである．だから人では精子や卵子は通常細胞の半分の23本の染色体からなる．しかも相同染色体同士（対立遺伝子同士）は必ず分かれてしまい，1本ずつ（1個ずつ）になっている．次に他の卵子または精子と合体したら，ちょうど46本になるようになっている．このメカニズムを，染色体数を減らす細胞分裂なので**減数分裂**と呼ぶ．つまり半分になって他の半分と合体する．それも精子と精子同士，卵子と卵子同士は合体できないようになっているので，どうしても卵子を作る親と精子を作る親の二人いないとどうしようもないのである．

　しかも，できれば赤の他人の半分と合体するようにした方が都合がよくなるように進化したので，子供を作るためには赤の他人を捜さないといけなくなってしまった．娘の父親にしてみれば，どこの馬の骨ともわからないような男を娘が連れてくるのをヒヤヒヤして見ているという構図はこうして創られたのである．私も娘の親父なのでヒヤヒヤしている．でもこれは38億年の生命の歴史がつくり出した絶対的荘厳な摂理なので，親のエゴイムズやお父さんの小心はこの際置いておくしかない．今日の恋愛小説や悲恋の映画の物語も元はこんなところにあるのである．何でこんなしちめ

んどくさいメカニズムを作るようになったのか？

❖ 同じでない細胞同士が合体した方が有利

　たぶん，環境の悪化（エサの不足）などにより2個の細胞同士が合体と別れをくり返しているうちにできあがったのだろう．しかし，この説明では何か変である．普通は何を作るにも，しちめんどくさい複雑な過程をたどるより，単純な方が安全で良いものができる．昔からいくさだって兵士の数が多い方が有利である．その数だって速く増える方が有利なはずである．こんなしちめんどくさい過程をくり返す生き物は速く増えることもできない．人などは一人前の子供を作るのに20年近くもかけなければならない．しかも数はわずかである．にもかかわらず，進化の中でこっちばかりが栄え増え，今や，我が世の春を謳歌している．何か利点がなければそういうことは起こらないはずである．

　原始の単細胞生物の頃は，2つの細胞同士が合体したときの染色体（DNA分子）の数は2つである．分かれるときも簡単である，2つが別々になればよい．しかし，第4章で述べたように，このとき，傷がついたDNAを治すメカニズムがすでに発達しつつあった．2つの染色体が同居しているときに，キズが入る，すると治すメカニズムが働く．このとき治し間違いをすると2つのDNA分子がくっついてしまい，さらに切り離すメカニズムが働くことになる（実際に今のメカニズムを研究してもそういうことが起きることが確かめられている）．どうなるか？　うまく治せたものは（治せなかったものは死ぬ），2つのDNA分子の中身の一部が入れ換わってしまうことになる．もし分かれる前の同居状態のときに，片方の遺伝子ともう一つの方の遺伝子が同じところで働くと，生存に非常に都合がよい場合，分かれると元の黙阿弥になってしまう．そのときその遺伝子（DNA分子の中のごく一部だが）が，上のようなメカニズムのせいで，片方に集まってしまった場合，分かれた後，2つの遺伝子を同じDNA分子（染色体）上にもつ方の個体は生存に非常に有利になるはずである．

このメカニズムをうまく利用していけば，遺伝子なんか変化しなくても良いところだけをそこら中から集めることができるようになる．合体しては，つまり結婚しては，その際に相手の良いところを全部吸い上げて，分かれる．分かれた片方はペンペン草が生え尾羽うち枯らす状態になって野垂れ死にしようが，吸い上げた方はますます繁栄していくという図になる．何となく今の離婚訴訟と似ている．このような進化の仕方が大元だから，離婚訴訟の根本もそういうところから出たのかもしれない．

❖ 真核生物の登場

　このメカニズムが進歩して，相手からやらずぶったくりではなく，互いに遺伝子を交換しながら，良い子孫を作っていこうというメカニズムに発達したのが，オスとメス，つまり男と女に分かれ，精子卵子を合体させる方法だったのだろう．上記のやらずぶったくりシステムのままでは，生き残りには絶対的に有利でも，地獄のような世界である．これじゃ，周りの状況がどんなに悪くなっても，恐ろしくて合体しようなどという気分にならなくなる．そこで，合体したものがそのまま留まり，1個の個体として定着した．ゲノムが2セットある生き物が常態化する．これが今日の**真核生物**である．それまでの1セット（というより1分子のDNAまたは1個の染色体）をもつ生き物を**原核生物**と呼び区別している．普段われわれの眼に入る生き物のほとんど全てが真核生物で，動物も植物も菌類もすべてその中に含まれる．原核生物の多くはバクテリアである．これは逆に動物も植物も菌類も全てが同じご先祖の生き物から進化したことをも示唆している．

　その特徴は，やらずぶったくりから一歩出て，減数分裂にして最初から同じ条件で合体する方法が発達したことである．人で見てみよう．人は46本の染色体をもつ．まず，自分の身体の中で卵子を作る（23本になる）とどこかの馬の骨のような赤の他人の男を捜し，その男の中でできた精子（23本）と自分の卵子を合体させる．合体した個体は生まれて次の世代の親に

なる（46本）．その新しい親の中でまた卵子か精子を作るため，この身体の中で，さらに次の世代用に減数分裂が始まる．この際に，この人物の身体にある染色体は，お父さんから来た23本（1対）とお母さんから来た23本（1対）の合計46本からなっており，そのまま半分になってしまったら，その精子または卵子は最悪の場合，お父さんから来たものばかりの23本か，またはお母さんから来た23本だけしかないものができてしまうことになる．するとその子（つまり孫）はお祖父さんまたはお祖母さんからの遺伝子はゼロということになる．実際にはそういうことはない，孫は必ずどのおじいちゃんの特徴もおばあちゃんの特徴も遺伝している．それは，減数分裂の過程で，両親由来の相同染色体同士が平行にべったりとくっつき巻きついてその一部を交換する（図2：後出）．上記のやらずぶったくりのときに発生したと思われる過程が，ここにあるのである．要するにいったん切れてまた結びつくという過程である．染色体は遺伝子が乗っている極めて重要な器官だから，ちょん切れてしまったら細胞は必ず死ぬ．またくっつけねばならない．これは大変なことである．例えて言うと，二人の人間の腕をちょん切り各々を入れ替えてつなぐ作業に似ている．こんな危なっかしい手間暇のかかる作業が人間の身体の精子や卵子を作るところでは日常茶飯事に起きているのであるから驚きである．繁栄のためにはよっぽど重要な欠かせない過程なのだろう．ここさえ乗り越えれれば，はかりしれないメリットがあるのだろう．

❖ 細胞分裂の前にはDNAは2倍に増える

　図1を見よう．体細胞分裂時の染色体の動きと，DNA量の変化の両方を表している．DNAは伸びきった状態を概ね示している．普通の細胞分裂は1個の細胞が2個の細胞に増える過程である．その過程は，まず，染色体の中に入っている長いDNAが伸びきり，もう染色体の形など見えなくなる．その伸びきった状態のときに，DNAが倍加する（間期）．伸びきっていないと，あまりにも窮屈でDNAは倍加できない．倍加が完了すると，染色

図1 体細胞分裂の図とDNA量の変化

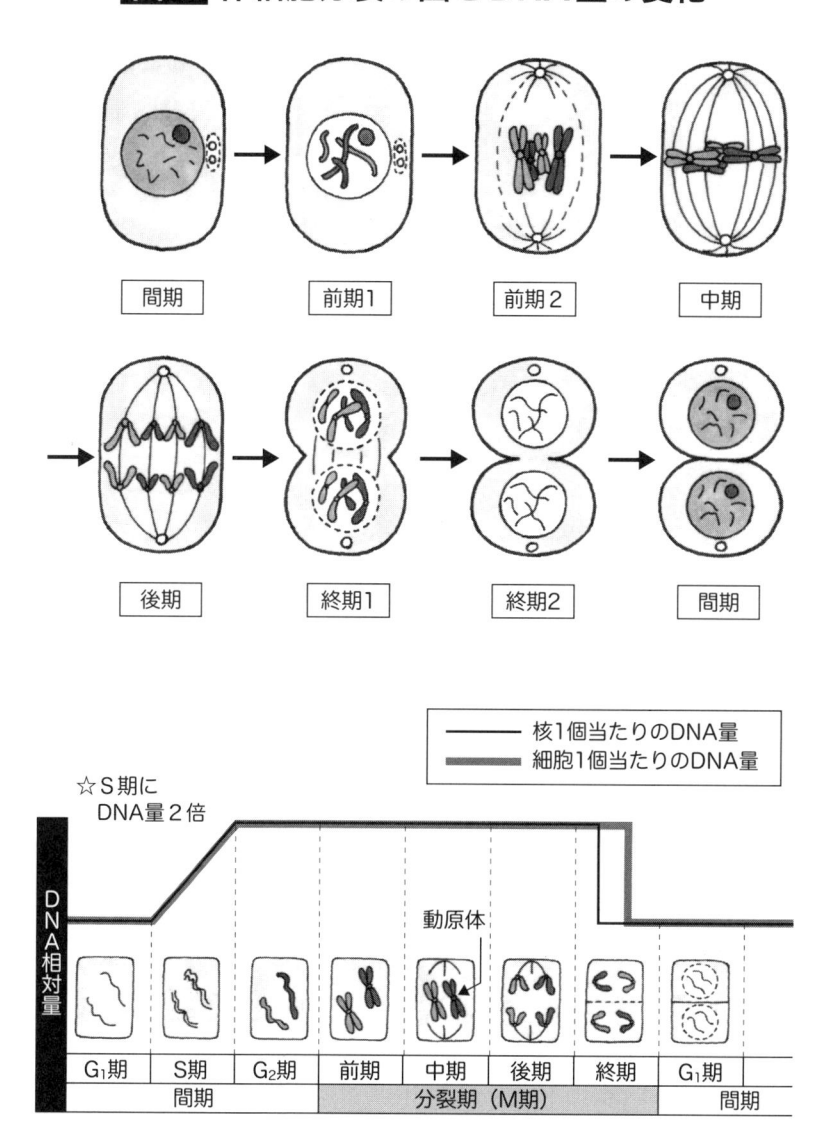

| 間期 | 前期1 | 前期2 | 中期 |

| 後期 | 終期1 | 終期2 | 間期 |

― 核1個当たりのDNA量
― 細胞1個当たりのDNA量

☆S期にDNA量2倍

動原体

DNA相対量

| G₁期 | S期 | G₂期 | 前期 | 中期 | 後期 | 終期 | G₁期 |
| 間期 | | | 分裂期（M期） | | | | 間期 |

第8章 どうして親は2人いるのか？

図2 減数分裂時の染色体

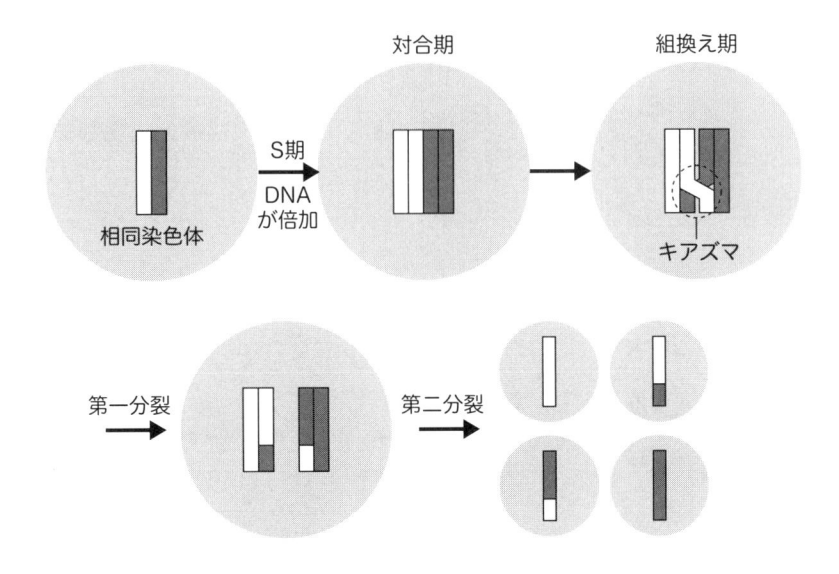

対合期　組換え期

相同染色体　S期 DNAが倍加　　キアズマ

第一分裂　第二分裂

体は今度は二つに分かれる過程に入る（分裂期）．このときは逆に，倍加した二つのDNA分子同士がからまらないように，極限まで縮こまるように折りたたまれる（前期）．これが染色体である．そして，縮こまっていく過程を「**凝縮する**」と言っている．染色体は，この分裂する時期には，まだ分かれるもの同士がくっついている（前期〜中期）．このついている位置が**動原体**と呼ばれる部分である（**図1** 参照）．分かれるときにこの部分が二つに分かれて両側に行く（後期）．そして，各々が膜に取り囲まれるようになって，2つの細胞ができあがる（終期）．この過程はバクテリアから人間に至るまで，すべての生物に共通である．細胞はこうして増えるのである．

❖ 減数分裂時に染色体の組換えが起きる

ところが，減数分裂だけは同じ細胞分裂の一種でもかなり異なる．**図2**

を見てほしい．染色体が伸びきって，DNAを倍加するまでは同じであるにもかかわらず，その後，1個の細胞から4個の娘細胞が生じるのである．だから染色体が凝縮してからDNAが倍加することなく，連続的に2回分裂することになる．これは，普通の細胞分裂と比べて，染色体が凝縮過程に入るときに違いがはっきりしてくる．減数分裂の場合だけ，徐々に染色糸が太くなり出すと，相同染色体同士がまるで鉄道のレールのように端から端まで平行に並ぶのである（**図2**）．この時期を**相同染色体の対合期**と呼んでいる（いろいろな呼び名が与えられているが，面倒なのですべて略して，ここではこのように呼んでおく）．このレールをじっと観察すると，ところどころにねじれたようにペケ印になって交差点ができている．この交差点が実は，相同染色体同士が組換えを起こしたところだということが，今ではわかっている．この組換えが発生する時期を**相同染色体の組換え期**と呼ぶ．この時期は，上記の相同染色体の対合期の直後のようである．この交差点は，もう少し染色体の凝縮が進むともっと見えやすくなり，これを**キアズマ**と呼んでいる（**図2**，次章でより詳しく説明）．そして，第1回目の分裂に入る．このときに極めて不思議なことが起きる．普通の細胞分裂のように姉妹染色分体が真ん中から分かれず，いきなり相同染色体同士が，左右に分かれていくのである．これは普通の細胞分裂にはない．それが終わると，こんどは普通の細胞分裂と全く同じ姉妹染色対同士が左右に分かれる分裂を行う．そして，4個の細胞ができるのである．ただし，各々に入っているDNAの量は普通の細胞のちょうど半分になる．しかも，分かれる前の途中で相同染色体同士は，きっちりうまく並べられて，同じ位置で組換えられており，遺伝子の交換をやっている．遺伝子の各々は同じ染色体の上に並べられて，行動を同じにしていても，ここで組換えられると，よそにいった部分の遺伝子は，違う船に乗り換えたことになる．

❖ 組換えにより親と少し異なる遺伝子ができる

これは，正確にメンデルの遺伝子の独立と分離の法則を示していること

になる．しかし，この組換えは，すでに述べたように生き物にとって極めて危険な作業である．DNA を真ん中から切断しまたつなぐ過程である．失敗すれば必ず死ぬことになる．この過程が確実にできるようになるまで，生き物の進化は非常に時間がかかったに違いない．この組換えの過程は，たぶん前に述べた DNA を修理するメカが転用されたに違いない．すると違う遺伝子の組み合わせが，親から子に移るだけで簡単にできることになる．親父と母親という違うところから来たもの同士は，少しは違う遺伝子をもっている．何しろ顔かたちだって少しは違う．これだって遺伝である．2 分裂で増えるだけなら同じものしかできないが，二つのものが混じり合いながら子孫ができていく．環境に適応して生き延びていくには，非常に好都合である．ドンドン増えたに違いない．今，われわれの周りの眼に入る生き物は，すべて，この系統の生き物である．必ず，親が二人いるのである．これは詳しく調べると雄しべと雌しべが同じところにある植物でさえ，同じもの同士は受粉せず，ミツバチなどによって運ばれてくる他の花の花粉がつくのを待っている．

　これが親が二人おり，男と女がいる理由である．一つの個体はたくさんの遺伝子群をセットでもっている．このセットを子供を作るときに絶えず，もう一つの個体のセットの遺伝子群と混じり合わせることによってバラエティに富ましているのである．当然のことながら，このセットが上出来の人とそうでもない人がいる．それで，好みができて相手を選ぶことになる．これが恋愛ということになるのかもしれない．メロドラマも，このような生き物の基礎から解説すると実にアホらしい話である．

❖ オスとメスの区別，オスのでき方・メスのでき方

　何で親が二人必要なのか？ というところで述べたように，これはどうも 30,000 個（化学的には，その倍）もある遺伝子をマージャンパイのごとくガラガラポンと前の組み立てを壊してバラバラにして混合するメカニズムが役に立った結果のようである．父のバラバラになった遺伝子群と母のバ

ラバラになった遺伝子群を混ぜ合わせて，父でもない母でもない2つが混じった遺伝子の組み立てを次の子供のために新たに創るわけである．また，違う細胞同士のDNAの一部を交換すれば，良いとこ取りしたものはグッと丈夫になり，生存競争には生き残りやすい．この場合，同じ種類の生き物なら，同じ親類系統の細胞同士が合体するより，なるべく違う組成のDNAをもつ細胞（つまり，赤の他人）と合体した方が有利である．同じ人でも顔かたちや向き不向きの能力が違うように遺伝子組成（設計図）は少しは違うのである．何しろ人一人作るためには30,000個の遺伝子がいるのである．その組み合わせの違いが姿形の違いをもたらしている．もちろん同じ種類なら1個1個の遺伝子同士は互いに違ってはいない．要するに30,000個の組み合わせが違うのである．なかなか「天は二物を与えず」になるのはそのせいである．違うといっても組み合わせの話なのである．だから，顔かたちが違うと言っても人間なら人間の中で違っている程度で，決して犬やネコと同じような毛の生えた犬やネコの顔になるわけではない．犬やネコの遺伝子と人間の遺伝子は1個1個がもはや違うのである（ハエやクラゲに比べればまだかなりよく似ており，違いは少しですがね）．これらの人同士の違いは遺伝子の組み合わせの違いを反映しているのである．

　全く遺伝子の組み合わせが同じ者同士は**クローン**という言葉で表されている．同じ親から生まれた兄弟でも少しは遺伝子組成は違うのである．姿形はよく似ていても同じではないのはそのせいである．だから，なるべく同じ遺伝子組成のもの同士と合体するのを防ぐためにオスとメスの区別ができた，と思うとわかりやすい．でも同じ二人のオスとメスの親から生まれた子供は，次の世代を作るためにはまた相手を選ぶ必要がある．そのためには産まれてくる子供もオスとメスが必要になる．それも半々の数になっていないと喧嘩になって具合が悪い．さもないと恋愛映画も恋愛小説も生まれようもない．また，同じ親から生まれたオスとメスは遺伝的に非常に近い（遺伝子の組成が非常によく似ている）から，この結婚は子孫にとって，同じものが合体したのと非常によく似ていることになる．これは赤の他人同士の遺伝子群の混合が望ましいというルールからみると，非常にま

ずい．つまり遺伝学的に近親者同士の結婚を避ける必要がある．親族結婚をなるべく避けようという社会契約や習慣もこういう事情を反映しているのだと思う．つまり，この社会契約は文系の法律の話ではなく，生き物の進化の本質を反映しているのである．人間も本能的にそれが大切ということを知っていたのである．

　では，生き物はオスメスの区別を，どのように創っているのだろうか？これも遺伝だから，遺伝のしくみで説明する必要がある．そして，こんな区別があるからこそ，人間界にとっても男女の争いを生み，その争いは世の全夫婦にあると言っていいほどに多いから，その馴れ初めを考えるのも悪くはないだろう．こんな区別がなければ平和なものなのに，区別がないと進化もしないし滅びることの方が多いのである．夫婦喧嘩はすべての生き物の繁栄をもたらす原点に基づく現象なのである．バイオで見るとその区別をどうしているのだろうか？

❖ Y染色体があればオスになるのか？

　染色体の核型を見ると一目瞭然なのである．染色体の核型を見ていると，まず気がつくことは1対だけオスメス間で形が違うことである．そこでこの染色体対を**性染色体**と呼んでいる．普通この染色体をXで表し，メスはこれが同じ対になっているのでXXと書き表す．一方，オスの場合は，Xが1本で他は形が違うのでYと書き表し，XYと書き表すことはよく知られている．

　じゃあ，YがあればオスになるのかYがあれば，と思うがそうではない．世間一般の方々はたいていそう思っていますがね．そうじゃないんです．動物を用いて，性染色体の数だけを人為的に操作し，他の染色体の数は正常な個体と同じだが，性染色体だけを3本にしてやり，XXYにしたとする．この個体はメスになる．第一，Y染色体にはほとんど遺伝子がないことがわかっている．じゃあ，Yは対して意味がない付け足しで，Xの数が2本だとメスになるのか，と思う．さにあらず，XXYYという個体を同じように作ると，

これはオスになる．でも，XXYだとメスになる．この染色体がオスメスの決定に何か関係しているが，数で割り切れるような単純なものでもないことがわかる．

今日では分子生物学的にオスメスの性決定機構はかなり正確にわかっているが，ここではふれない．マニアックな分子生物学の話など，理系のバイオの学生が読むような話で，一般の方にはうんざりするような部分である．こんな話を全部理解せねば，バイオはわからないような話でもない．こんな話，つい賢そうに見せたい学者商売の見せかけのショーウインドーのようなものである．お忘れあれ！もっと簡単な話である．読んでも読まなくても大丈夫なので，分子生物学的なオスメスの性決定機構を知りたい方は専門書を読んでほしい．バイオ系出身者でない一般の人には，かなり難解でチンプンカンプンの可能性が高いが，たいていの遺伝学の専門書には書いてある．この項では，もっと基本的な社会的なことにふれたい．

❖ 性の決定機構

われわれ人間ではオスとメスは正確に異なり，両方の性を行き来することはない．生まれたときから，男は男，女は女で一生変わることがない．だからオスとメスの差は厳然とあると，つい，思いがちである．大間違いなのである．魚などは脊椎動物で極めて高等な動物である．しかし，その中には，あるシーズンはオスだったが次のシーズンはメスになっているという種類はかなりある．誰でも知っているように，植物は雄しべも雌しべも同じ1個の花の中にある．オスとメスの生殖器官が同居していることになり，これは**雌雄同体**である．両生類（カエルやイモリなど）の中には，集団全体から見ると，メスが足らないときには，オスの何匹かがメスになってしまう．「**性転換**」である．こういう生き物の性染色体を観察してみると，実は人の性染色体ほど見かけの差がなく，どれが性染色体か区別がつきにくいものが多い．生き物の世界全体を公平に眺めると，むしろ性転換の起きない生き物はまれなのである．植物などではオスメスの区別のない

生き物も多い．

　そこでオスとメスの区別が極めて厳密な生き物で見てみよう．まず人である．染色体の核型を見ていて他に何か法則性があるのか？実はある．人は46本の染色体があるが，Ｘ染色体はオスは１本で，46：１の割合になるが，メスは46：２になる．これを人間でテストするわけにはいかないので，ショウジョウバエでみよう．人もショウジョウバエも動物で，かつ発生の初期は同じだし遺伝学の設計図も極めて似ている．実は70％以上遺伝子も共通しているのである．オスメスのメカニズムや減数分裂のメカニズムも全く同じである．人から見ると納得できないかもしれないが，こんな研究，人でやろうがハエでやろうが同じなのである．ショウジョウバエは8本の染色体がある．そして，オスは8：1，メスは8：2になっている．これを実験的に倍にしてやる（ショウジョウバエにとってはひどい遺伝病になるが，実験室の中で，こんな悪魔の所行が可能なのである）．すると16：2または16：4になる．そして形を見ると，前者はやっぱりオスで後者はメスなのである．もっと増やしても同じになる，倍数にしてやるといつも同じである．ところが性染色体以外の染色体（これを学問的には**常染色体**と呼んでいる）の合計の数は変えず，Ｘの性染色体の数だけ変化させるととたんにヘンテコな現象が観察されるようになる．16：3にしてやると，オスでもないメスでもないものができる（**間性**と呼んでいる．たいていは生殖能力がなく子孫を残せない）．どうも**常染色体の数とＸの数の比が，オスにするかメスにするかという遺伝にとって極めて重要らしい**．これを**性の決定の機構**と呼んでいる．

　性染色体は確かに性の決定に関係しているようではあるが，これだけでは決まらず，その一部のメカニズムに関わっていることになる．Ｘの数は他の常染色体の１セットで制御されているらしい．この詳しいメカニズムは，分子生物学で大いに解明されているが，多数の特殊な性決定遺伝子群，そのRNAスプライシングシステム，そのシグナル伝達システムやタンパク質複合体のドミナントネガティブシステムやら何やらたくさん複雑な分子生物学を理解せねばならない極めてマニアックなわかりにくい話になるの

で，興味のある人は先に書いた通り専門書を読んでほしい．

❖ Y染色体の役割

　進化の過程で，Y染色体は高等な生き物になって突如現れる．そして，性の決定機構の中では，比には関係していないようだが，やはり重要な役割を果たしていると思われる．なにしろY染色体のないショウジョウバエを創ると，その個体は子孫を作れない．生きている人でY染色体がない遺伝病の人は見つかっていない．人の場合は，きっとY染色体の欠けた受精卵は生まれる前に死んでしまうのだろう．Y染色体も，突然，空から降ってきたわけではないはずである．どこから来たのだろう？　中に入っているDNAを詳しく調べると，他の染色体の中では，特にX染色体のDNAとよく似ている．またYには遺伝子はほとんどない．そして，前記の減数分裂のときには，相同染色体が対合する時期を見ると，XとYがくっついている．Yは他の常染色体とはくっつかない．だから，きっとXが変形してYに進化した可能性が非常に高い．オスメスの区別の進化とともに生まれてきたのだろう．Yが先にできて，うまくそれを利用した性の決定のメカニズムが発達したのかもしれない．進化なんて偶然の積み重ねである．なにしろ時間はいくらでもあるから，そういうこともあり得るのである．もしそうなら，XとYのDNAの違いを分子生物学的に徹底的に研究すれば，オスとメスの分かれた過程が化学的に推定できるかもしれない．

　ほとんどないとは言ったが，Y染色体にも遺伝子が少しはある．卵が受精して成長する非常に初期のころ（生殖器が形成される時期）に，生殖器の原形（オスメスの区別以前の原基の話）を創るための遺伝子のいくつかがある．人で言えば妊娠直後，まだ母親が自分が妊娠したことに気づいていないくらいの初期である．その時期を過ぎるとY染色体上の遺伝子は，完全に不活化するようになっている．それ以後，身体のそこら中に生殖器が形成されたら困るからである．そこでお役御免になる．

9 分子から見た減数分裂の
しくみ

❖ 減数分裂の特徴

　今までいろんな章で減数分裂について触れてきたが，減数分裂は進化と高等生物化に極めて重要なプロセスである．もう少し詳しく解説しよう．

　減数分裂過程は，$G_1 \rightarrow S \rightarrow G_2 \rightarrow$ 減数分裂前期 $\rightarrow M_1 \rightarrow M_2$ になる（→第5章参照）．1回の複製の後（$2n \rightarrow 4n$）で2回の核分裂を連続して行う（$4n \rightarrow 2n \rightarrow n$）極めて特殊な細胞分裂である．細胞分裂の特殊化は全生物を通じて今のところこのプロセス以外はほとんどわかっていない〔細胞当たりのDNAの量がわずかに減ずるプロセスは他にもある．例えば免疫細胞を生み出すV(D)J組換えなど〕．

　この解明も実は非常に早くから研究されたが時期尚早で忘れられた部分が多い．主に1960〜1980年代にかけてユリの花粉母細胞を用いてなされたハーバート・スターンと堀田康雄の先駆的な研究から紹介したい．この研究者の片方が日本人なので，彼自身が日本語で書いた本が出版されており，ご興味のある方はそちらもご参照いただきたい（「減数分裂と遺伝子組換え」堀田康雄，東京大学出版会，1988）．

　減数分裂の特徴は完全にメンデルの法則を反映しており，大きく分けて以下の2つの目的がある特殊な細胞分裂である（前章参照）．

1) 対立遺伝子の乗っている対立する染色体同士（相同染色体）が分かれること．つまり細胞当たりのDNA量が半減する．
2) 染色体の中には遺伝子がつながって並んでいるので，それらを相同の

互いの染色体同士に移り返すこと（父方と母方の遺伝子を同じ染色体上に混ぜないと，孫では片方がなくなってしまう）．そのために減数分裂前期で相同染色体同士が対合し**組換え**を起こす必要がある．

❖減数分裂の詳しいプロセス

そのために通常の細胞分裂の周期とは異なり，第5章で述べたように**減数分裂前期**という時期が非常に長く特殊な染色体の運動が見られる．

この減数分裂前期を染色体の形態を基準に分けると，**前減数分裂期**に引き続き，**レプトテン期（細糸期），ザイゴテン期（合糸期），パキテン期（厚糸期），ディプロテン期（複糸期），ディアキネシス期（移動期）**に分けられ，その後，**第1分裂期（M_1期），第2分裂期（M_2期），四分子期**に続く（**図1**）．

体細胞分裂との歴然とした違いは，まずレプトテン期（細糸期）で相同染色体同士が細い染色糸の繊維のうちに芯の方がまとまり（**アクシャルコア**と呼んでいる），並行に並び出す．次にザイゴテン期（合糸期）では，相同染色体同士が端から**対合（ペアリング）**し，その期の終わりにはジッパーがかかったように両者はきれいに端から端まで並行に並ぶ．染色体の並びは極めて正確で，電子顕微鏡下で**シナプトネマ複合体**と呼ばれる結晶構造が観察される（**図2**）．さらにパキテン期（厚糸期）に進むと，相同染色体同士でねじれて，あちこちで組換えを開始し終了する．ディプロテン期（複糸期），ディアキネシス期（移動期）まで進むと染色体はドンドン凝縮していって極めて可視的に組換えたところが交叉して見えるようになる．この交叉を**キアズマ**と呼んでいる．そして第1分裂期（M_1期）で，この相同染色体同士が分かれる（この過程は体細胞分裂にはない）．引き続き第2分裂期（M_2期）に入り，今度は姉妹染色分体同士が左右に分かれる（これは体細胞分裂のM期と同じ反応である）．そして4つに分かれ，四分子期となる．

図1 減数分裂前期の図

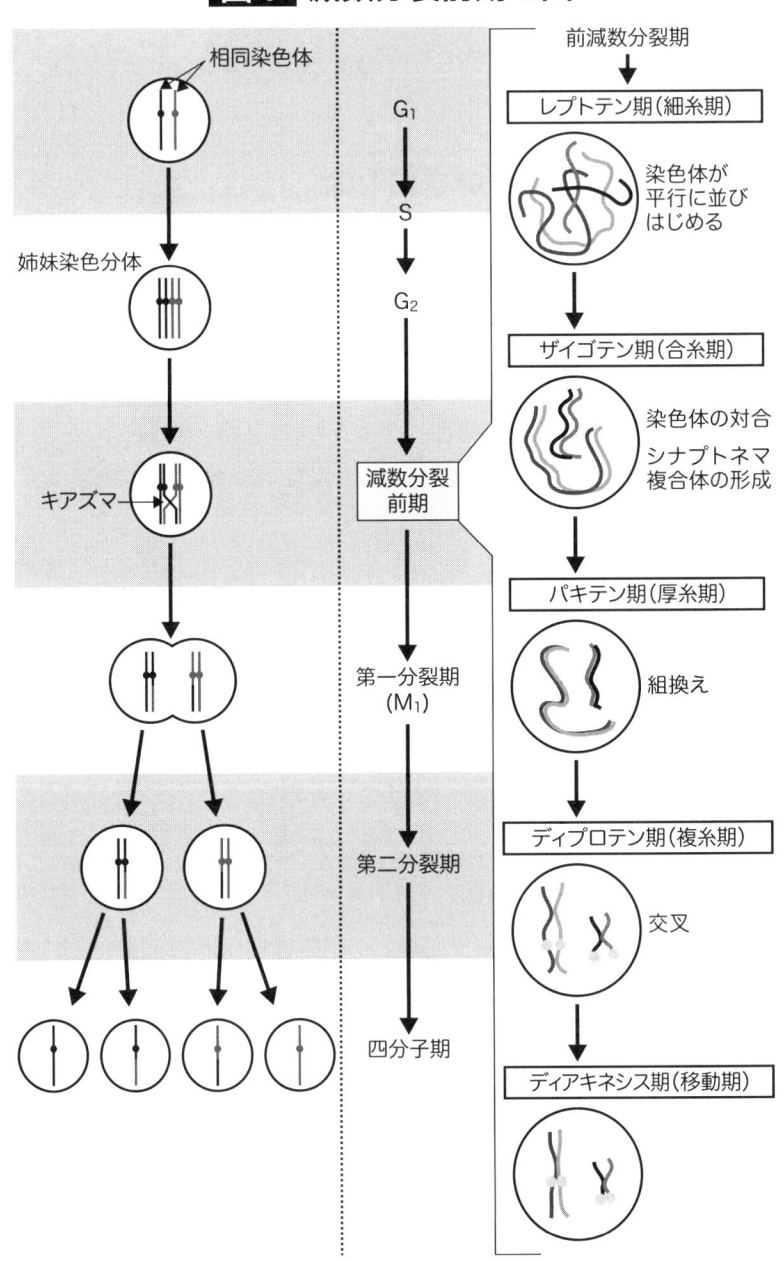

相同染色体

姉妹染色分体

キアズマ

G_1 ↓ S ↓ G_2 ↓ 減数分裂前期

第一分裂期 (M_1)

第二分裂期

四分子期

前減数分裂期
↓
レプトテン期（細糸期）
染色体が平行に並びはじめる
↓
ザイゴテン期（合糸期）
染色体の対合
シナプトネマ複合体の形成
↓
パキテン期（厚糸期）
組換え
↓
ディプロテン期（複糸期）
交叉
↓
ディアキネシス期（移動期）

図2 シナプトネマ複合体

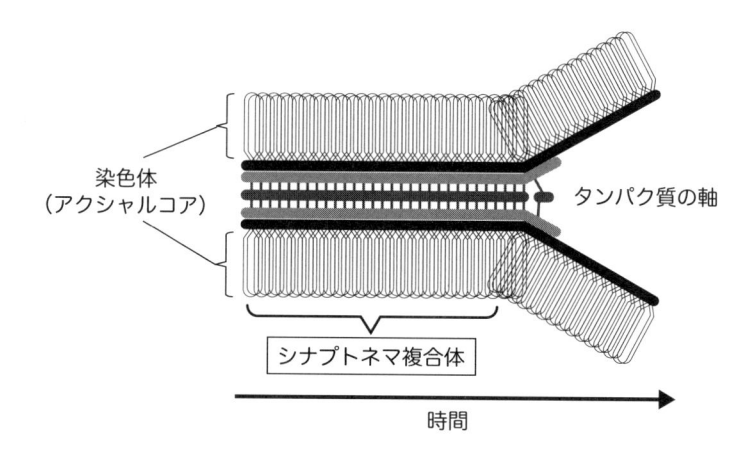

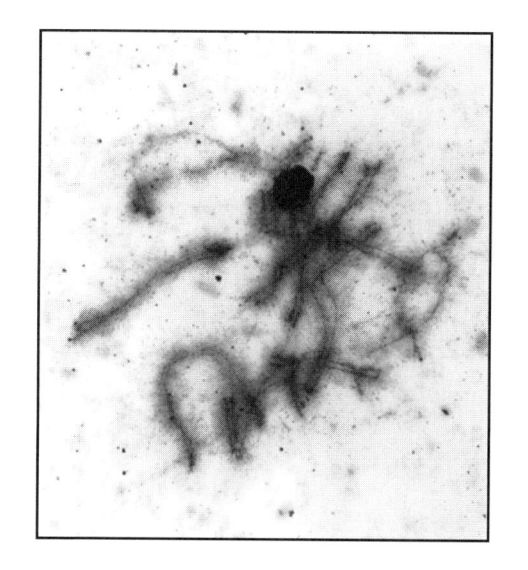

染色体
（アクシャルコア）

タンパク質の軸

シナプトネマ複合体

時間 →

上：シナプトネマ複合体の模式図
下：電子顕微鏡の写真

❖ 減数分裂の鍵：遅延DNA合成

　減数分裂も細胞周期の研究の一環であるから，先に紹介したユリの花粉母細胞の培養系を用いた研究（→167ページ　コラム参照）もDNAの行動と染色体のふるまいが課題の中心である．そしてそれまで謎とされていた減数分裂過程の重要な分子メカニズムはこのユリを用いた研究だけでほとんど解明されてしまう．例えば，相同染色体同士がどのような機構で相手を見つけ想像を絶する正確さで並行に並び，互いに抱きつくことができるのか，全くの謎だった．顕微鏡下で見られる染色体には特に目立った差など全くない．しかし正確に相同染色体同士が対合する．DNAが同じという意味では姉妹染色分体同士も同じだが，決して対合しない．

　ユリの葯から時期の異なる減数分裂細胞を大量に取り出し培養系に移すとまず奇妙なことがわかった．前減数分裂期に$G_1 \rightarrow S \rightarrow G_2$をすませているから，まずそこから説明すると，$G_1 \rightarrow S$の頃の細胞を培養すると，全部正常な体細胞分裂に戻ってしまうのである．一方，G_2終了後のレプトテン期（細糸期）の細胞を同じように培養すると，全て正常な減数分裂を完了し四分子となる．G_2途中の細胞だけは葯から取り出し培養系に移すと，体細胞にも戻れず減数分裂も完了できず，その中間の状態で止まり死ぬ．G_2の初めの方に近いと，止まった状態は極めて体細胞に近い形態をしている．そして終わりの方の場合は，極めて減数分裂に近い異常減数分裂状態で第1分裂期（M_1期）で止まる．つまり，G_2期の間に何らかの外から（たぶん他の生殖組織の中の細胞）コミットがあって徐々に減数分裂型分裂に変化していく可能性が高い．このコミットをなす分子機構はまだわかっていない．

　この間のDNA合成には大きな特徴がある．体細胞分裂のS期では全ての染色体DNAが複製するが，減数分裂S期では，0.1％程度のDNAが複製せずに残される．つまり，99.9％しか複製しないのである．残りはどうなるのか？ ザイゴテン期（合糸期）で複製される．これを**遅延DNA合成**と呼ぶ（**図3**）．こういう現象は減数分裂以外では存在しない．このDNA合成

図3 減数分裂の遅延DNA（zygoDNA）合成

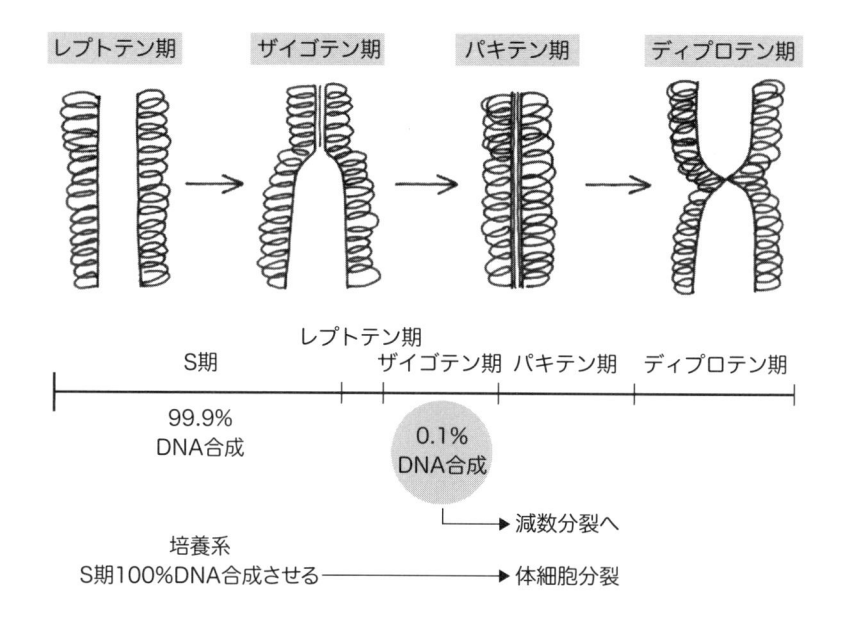

```
レプトテン期  ザイゴテン期  パキテン期  ディプロテン期
```

```
         S期     レプトテン期 ザイゴテン期 パキテン期 ディプロテン期
       99.9%              0.1%
       DNA合成            DNA合成
                          └──→ 減数分裂へ
     培養系
     S期100%DNA合成させる ──→ 体細胞分裂
```

を遅延させずに培養系の中で直ちに合成させるようにすると，細胞は全て体細胞分裂に戻る．この遅延DNA合成こそが減数分裂の元である．細胞周期の特殊化である．これを進化の観点から考えても面白い．

　また，それ以前のS期のDNA合成も体細胞分裂よりはるかに時間を要する．わかっている範囲では，体細胞分裂のS期に比してDNAのオリジン数が大きく減少していることがわかっている．

　この遅延したDNA部分は，現在ではザイゴテン（zygotene）期に合成されるDNA部分ということで，**zygoDNA**と呼ばれている．このDNA部分とはどういう物なのだろうか？ zygoDNAは遺伝子領域のない特殊化したナンセンスDNA領域だった．そしてその部分は染色体のある部分に偏るのではなく，どの染色体にもまんべんなく一定の距離を置いて散らばっていた．

❖ 相同染色体の対合が起こるメカニズム

さて減数分裂に戻ろう．全染色体上に散らばったzygoDNAのCot値を見る（→Cot分析の説明は，第5章参照）と，全くの**ユニーク配列**（→第5章参照）で，再会合率＝ほとんど1という値が出た．全くくり返しがないのである．これは，1個の細胞の中の同じ染色体上に散らばったzygoDNA部分でさえ1個1個の配列が異なっているということである．同じ配列は，相同染色体の同じ位置か姉妹染色分体の同じ位置にしかないことになる．つまり4カ所にしかない．しかもこの位置だけは減数分裂に入るためのS期では複製しない．その位置だけ相補する相手がなく一本鎖の裸になっていることになる．するとその場で応急的に相補する相手は相同染色体かまたは姉妹染色分体の同じ位置のDNAしかない．

きっとレプトテン期に相同染色体間のアクシャルコア同士が接近する際に，互いの相手の位置を見つけるのだろう．そして，ザイゴテン期にその位置のDNAを遅れはせながら複製する際に，その位置を固定するタンパク質ができ（実際に見つかっている），相同染色体同士をシナプトネマ複合体にしてくっつけていく（**図2**）．この際なぜか姉妹染色分体の方はこのタンパク質でくっつけられない．これが**相同染色体の対合**のメカニズムだった．それまであれほど不思議がられ，生命の神秘のひとつに数えられたメカニズムも，わかってみれば，遺伝子＝DNAのときと同様に，極めて単純明快だった．

この対合を起こすプロセスを妨害すると，次の染色体の組換えも不能になり，例え減数分裂は進行してもM₁期で相同染色体同士が分離する際にうまくいかなくなることが多い．

❖ 染色体組換え時の傷を修復するDNA合成

さてこのように並んだ相同DNA分子間で次に**組換え**が発生する．このパキテン（pachytene）期にもDNA合成が発生する（**pachDNA**と呼んでい

図4　pachDNAとpachDNAのCot値

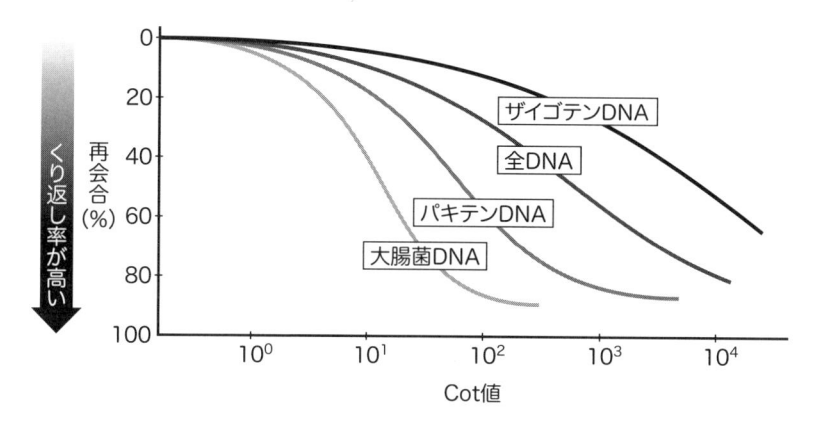

くり返し率が高い

再会合(%): 0, 20, 40, 60, 80, 100

Cot値: 10^0, 10^1, 10^2, 10^3, 10^4

ザイゴテンDNA
全DNA
パキテンDNA
大腸菌DNA

パキテン期の組換えDNAは遺伝子を含まないくり返し配列が多い

る）．しかしこの場合は，傷を治す修復DNA合成であり，ちょうど染色体の組換え部分に集中する．2つの分子のDNAが切断され再結合する際の化学反応である．もちろん，pachDNAもzygoDNAと同様に，遺伝子はないナンセンスDNA領域である．しかし，この組換え部分のpachDNAのCot値は先ほどとは打って変わって**中等度反復配列**（→第5章参照），極めてそっくりのDNA配列だった（**図4**）．pachDNAの合成される位置は，デタラメあるいはランダムではなく，必ず決まった位置で起きていることになる．組換える位置もDNA上で指定されていることになる．減数分裂であるから，遺伝子の上でDNAの切断再結合が起きるのは極めて危険である．よくできているというほかない．

　この部分の切断はpachDNA配列と相補的な配列をもつ特殊な小型のRNA分子が決めている．このRNA分子は，この時期になるとpachDNAを鋳型に合成されてくる（しかし，普通のRNA種とは異なり，そこから外れない）．そのため，その部分だけDNAの二本鎖が解け，DNA-RNAの異種間ハ

イブリッドができる．するとこのような異種間ハイブリッドだけを見つけ，その部分の片方のDNAだけを切断する酵素が現れ，切断する．よって，その部分だけ，ダラーッと垂れた一本鎖のDNA部分が垂れ下がる．ここから相同染色体の相手のDNA位置と交換がスタートする．そして最終的に切断再結合されたDNA部分の傷は修復される．

❖ ディアキネシス期以降のプロセス

　これらのプロセスを無事通過すると，ディアキネシス期（移動期）を経て第1分裂期（M_1期）に入る．これは相同染色体を分ける特異な細胞分裂であるが，上記のプロセスが起きない限り，例え減数分裂予定細胞でもこの分裂期は起きない．その場合は直ちに第2分裂期（M_2期）と同じ過程，姉妹染色分体同士が動原体から分かれる過程に入る．上記のプロセスが細胞周期のコミットメントとなり，第1分裂期（M_1期）が起きる．つまり減数分裂だけに起きる特有の過程は，前減数分裂期のG_2→減数分裂前期→M_1まで，ということになる．第2分裂期（M_2期）は化学反応的・細胞周期的に体細胞分裂のM期と同じである．

　この後，動物の場合は精子予定の細胞は，そのまま精子形成過程に入りもはや分裂することはない．しかし，植物などでは花粉形成過程に入るが，減数分裂完了後の細胞がさらに体細胞分裂を行う．つまり，第2分裂期（M_2期）終了後は完全に体細胞の性質を取り戻していることになる．

　現在では，この減数分裂前期の分子メカニズムを触媒する酵素やタンパク質因子の分子生物学的研究，あるいは減数分裂の細胞周期の細胞生物学的研究は大いに進みつつある．

Column

減数分裂研究の壁

　減数分裂のプロセスを分子生物学的に研究する試みが，ワトソンとクリックの二重らせんモデルが出て数年後には始まった．

　その最初の問題は，減数分裂の過程の各々の時期の細胞を大量に集めることであった．一見，体細胞分裂の研究と同じように見えるが，とてつもない壁があった．

　通常の体細胞分裂では$G_1 \to S \to G_2 \to M$の各時期あるいはさらに細分化された時期の細胞を集めるには，培養細胞を同調的に分裂を進行させる方法をとれば，同じ時期の細胞は大量に取れる．例えばDNA合成を可逆的に抑えることができる弱〜い阻害剤を用いていったんS期でしばらく周期をブロックし同じ時期に貯め込む．そして，しかる後に一斉にハイスタートとやれば，時間とともに区切って同じ物が大量に取れる．とにかく細胞を培養するタンクやジャーを大きくするだけですむ．よって，たちまち，その方面の研究は進むことになる．

　ところが減数分裂の場合は，1回の分裂が完了すると，できた細胞はDNAを半量しかもっていない．このような過程を起こすことができるポテンシャルをもつ細胞は身体の中のごく一部にしかない．生殖組織の中のごく一部の細胞に限定されている．まずそれを集めてこなければならない．そして体細胞分裂の研究と同様に同調培養が必要である．その培養法を創り出す必要もある．

　そこで注目されたのが花の咲く植物の減数分裂組織である．花が咲く植物は年に1回しか生殖を行わない．そのため精子（この場合は花粉）も卵も全細胞が必ず同じときに成熟していなければならない．しかもユリ科の植物などは花粉を創る葯は大きく扱いやすい．この中から精子（花粉）の元となる減数分裂期の細胞（花粉母細胞）を取り出し培養するという試みが全世界で行われた．そして全世界が失敗し，これは実は理論的に不可能なのだという論文が出る．ところが奇跡的にこの培養に成功する人物が現れる．これも日本人で伊藤道夫という植物学者だった（詳しくは次の本を読んでいただきたい．「減数分裂」伊藤道夫，東京大学出版会，1975）．この技術を駆使して，本章のはじめに紹介したスターンと堀田の研究は進められた．

　ただ，この伊藤の培養法は極めて熟練を要し，簡単にどこでもできるような技術ではなかった（ちなみに私も伊藤氏の直接指導の元でこの培養を練習したことがあるが，花粉母細胞を殺さず無菌的に取り出す技術を習得するのに6ヵ月以上を要した．その間毎日全ての花粉母細胞を殺害していた）．スターンと堀田の仕事が普及せず忘れられ歴史の彼方に消え去った理由は，この培養法の技術修得の困難さにあったとも言える（現在もこの技術を継承しているのは，現役では今は年老いた私だけである）．

10

進化でひもとく発生のしくみ

❖ 動物の初期発生

　高等な動物の**発生**の初期の変化を時間を追って見ると（**図1**），発生の終わり頃になると，文字通りカエルはカエルの形をしてくるし，メダカはメダカの形になる．しかし，初期発生は動物の種類の違いを問わず，どれも極めてよく似ている．発生の中で一区切りがつけるようなはっきりわかる時期は**胞胚期**，**嚢（のう）胚期**（**原腸胚**）と呼ばれる時期である．胞胚期，嚢胚期の構造は基本的にほとんどの動物で全く同じである（**図1**）．動物の個々の個体の発生は，進化の過程をくり返しているのである．不定形の塊まで進化して止まっている状態や，胞胚のようなボール状まで進化して止まっている状態の動物，あるいはもっと進み嚢胚期まで行きそこで止まったのがクラゲのような腔腸動物である（後述）．

❖ 38億年の進化のプロセスをくり返す発生

　つまり，動物は受精卵から，いちいち進化の過程をたどって最終的な形を作らないと，うまく身体ができないのである．これを分子生物学的に考えると，DNAの中の凸凹（遺伝子の並び順）設計図の基本はあまり変わっておらず，端から読んでいることになる．できの悪いコンピュータソフトを用いると，何か間違えたときに最初に戻らなくとも継続が可能なソフトと違い，毎度初めからやり直さないとダメなのとよく似ている．種が変わっ

図1 高等動物の初期発生（カエル，メダカの例）

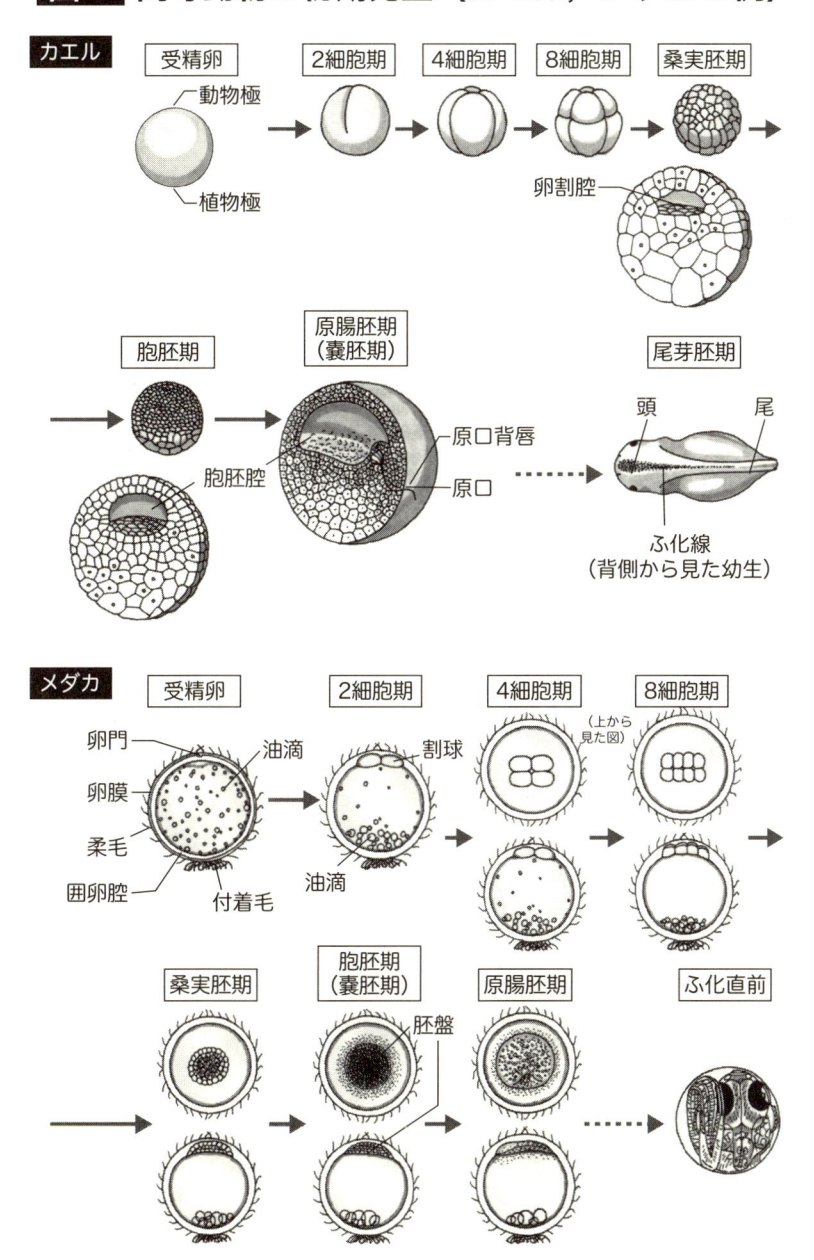

カエル

受精卵（動物極／植物極）→ 2細胞期 → 4細胞期 → 8細胞期 → 桑実胚期（卵割腔）→ 胞胚期 → 原腸胚期（嚢胚期）（原口背唇／原口／胞胚腔）⇢ 尾芽胚期（頭／尾／ふ化線）（背側から見た幼生）

メダカ

受精卵（卵門／卵膜／柔毛／囲卵腔／油滴／付着毛）→ 2細胞期（割球／油滴）→ 4細胞期（上から見た図）→ 8細胞期 → 桑実胚期 → 胞胚期（嚢胚期）（胚盤）→ 原腸胚期 ⇢ ふ化直前

第10章 進化でひもとく発生のしくみ

ても進化の過程をいちいちくり返さないと，途中までの同じものが造れないのである．最初から進化した通りの道をたどって直接のご先祖様までを作り，途中からさらにその上に積み上げる形で自分を作るというように，各生き物の個体の発生は成り立っている．

　進化の流れを分類して並べたものを**系統発生**と呼び，個体が受精卵から発生して親になるまでの過程を**個体発生**と呼んでいるが，この言葉を使って19世紀の終わり頃に「**個体発生は系統発生をくり返す**」という有名な言葉が生まれた．卵が受精して親になるまでの過程は，38億年の進化の中で変わってきたプロセスをくり返しているのである．もちろん，全く同じにはならず，かなりあちこちで大いに省略しながらではあるが，確かに大筋としてはくり返しているように見える．

　なんでこうなるのかも，個体をこう創りなさい，という遺伝子の設計図があり，その設計図は長い進化の過程でゆっくりといろいろな新しいものが書き加えられてきたので，いちいち同じことを最初からやらねばならないのである．例えて言えばビデオテープに入っている映像のようなもので，最初から見ると必ず同じ場面を通過しないと次の場面に進めない，ということになる．これは前の形ができるのは，すべて遺伝子の中の設計図（塩基配列の凸凹暗号で書かれている）に従って創られるからである．進化はさらにそれを上塗りして，一部の遺伝子の凸凹暗号が変わることによって，次の進化した種ができあがってきた，と述べた．ということは大部分は元通りであるから早い段階の過程は同じようにたどってこないと次の段階に行けないことになる．設計図は新たにできたのではなく，前のモノを変更したにすぎないからである．天才的創造的な驚くべき方法ではなく，確実だが誰でもわかるような案外間抜けな方法で進化してきているのである．だから今日に至るまでものすごく気の遠くなるような時間がかかっているのだろう．

❖ 植物ではどうか？

　蛇足になるが，これを逆に取って考えると興味深いことにもなる．動物でも人間などは自称「万物の霊長」などと言って，その知的能力を誇っているが，これは要するに巨大な脳という中枢神経系のなせる業である．その中枢神経の発生も同じようにできるわけだから，その発生を支配する遺伝子がある．実際にある種の遺伝子（特にDNA修復系の遺伝子など）を人為的に欠損させると，なぜか中枢神経系の発生だけが止まったり異常になったりする．つまり，その原型となる遺伝子群が非常に下等な神経のない生物のどこかにもあることになる．それは何か？進化とはそういうものである．現在，世界中が中枢神経の起こす現象に注目して研究しているが，この観点がかなり忘れられている．例えば記憶の分子メカニズムを解明するためには，そのような下等な生物を使う観点が必要だろう．DNA修復系の遺伝子なら最下等のいかなる単細胞生物にもある．

　実は「個体発生は系統発生をくり返す」という話は，動物を見て言われたことであり，もしかしたら動物にだけ言える話にすぎないかもしれない．人は動物の一種なので，つい関心が動物だけに行き，それが全てで終わったような納得したような気分になりがちである．しかし，植物は単なるエサではないし，菌類は不衛生の元であるわけではなく，動物などは，そういうものを殺戮し生きている付録のような寄生している生き物にすぎない．ここでは全体像をとらえようではないか．

　動物には神経があって植物にはない．しかし同じ多細胞生物である．神経の遺伝子の原型は非常に下等な生き物にもあることが想定できるが，植物ではその遺伝子はどのように進化したのか？そんな重要な遺伝子群の原型がなくなるはずがない．100 mに達する大木の頂上部分の水分の調整はいかにして行われるのか？頂上付近の浸透圧をいかに迅速に根元に伝えるのか？背が高ければ高いほど重力の影響を受けるので，根から水を押し上げる圧力はものすごいものになるが，動物みたいに筋肉もなければ維管束には血管の壁のように水をしごき上げる機能もない．また刻々と変化して

いる環境の中ではてっぺんが要求する水の量も刻々と変化するはずである．一番先端のところの要求がたちどころに根に伝わり水を押し上げる圧力を調整してもらわねばならない．いかに根にその情報を伝えるのか？

　こんな実験がある．多くの方がご存知のように，動物の神経索を取り出し電気的な流れを測ると，刺激に対して大きなスパイク反応が出る．これと同じような実験を植物を用いて行った研究者がいる．同じようなスパイク反応が出る植物組織を探したのである．すると維管束が同じ反応を示すのである．植物では維管束系が神経の代わりに同じような機能を果たしているのかもしれない．植物の維管束の遺伝子群と動物の神経の遺伝子群を，そのような観点から比較してみるのは面白い作業かもしれない．分子生物学にはこの進化の元の遺伝子という概念が必要なのである．そのためには一部の高等動物だけではなく，植物を含めた全体像を鳥瞰的に見なければならない．

❖ 発生が進むにつれ細胞が分化する

　原核生物は染色体は基本的に1本しかない．ところが真核生物は，どんなに少なくても最低2本の染色体がある．細胞当たりのDNA量もずっと多い．すると個体の発生もこの観点からも考えなければいけない．

　まず，1個の細胞が全身である単細胞の子孫とは，分裂した後の二つの細胞である．しかし，多細胞生物の場合は，受精した卵が分裂を開始しても子孫を創っているわけではない．個体を創っているにすぎない．そして，その個体が親になり配偶者を見つけないと子孫を創ることができない．この場合は，細胞分裂は個体発生である．決して遺伝で取り扱う問題ではない．

　まず，**図2**を見てもらいたい．これは動物の発生を示す．受精卵はドンドン分裂をくり返して塊になっていく．その際に途中で，ボール状の中空の球になる（これを**胞胚期**と名付けている）．このあとしばらくすると，このボールの1カ所が，指で押し込んだように中に凹んでいく．その断面図

図2 動物の発生

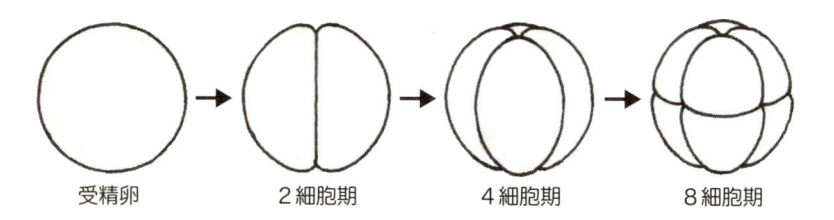

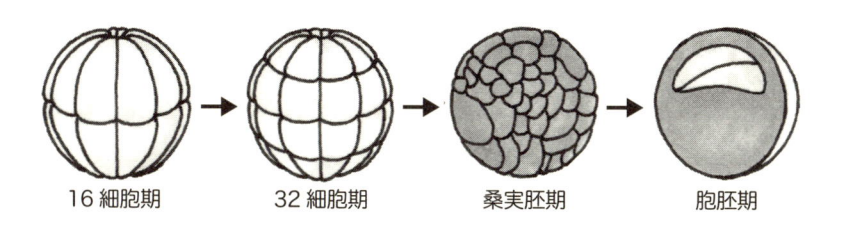

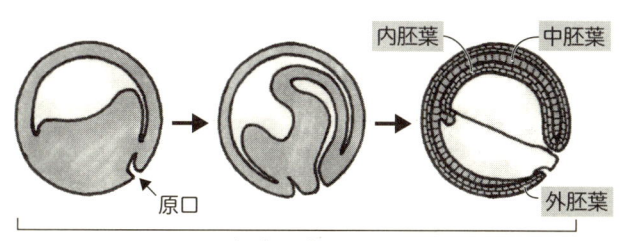

受精卵 → 2細胞期 → 4細胞期 → 8細胞期

16細胞期 → 32細胞期 → 桑実胚期 → 胞胚期

原口 / 内胚葉 / 中胚葉 / 外胚葉

嚢（のう）胚期

外胚葉	中胚葉	内胚葉
表皮，皮膚の派生物（毛や腺など），眼，嗅覚器，神経系，脳，脊髄，副腎随質	心臓，血管系全部，血球，生殖巣，内臓筋，骨格筋，真皮，脊椎，肋骨，腎臓，胸膜，腹膜，腸間膜	消化管内壁，中耳，膵臓，肺，気管，肝臓，内分泌器官（甲状腺，副甲状腺），膀胱

が**図2**の中に描いてある．これを**嚢胚期**と呼び，凹んだ穴の入り口を**原口**と呼んでいる．このときにはドンドンと細胞の性質も場所によって変わっていっている（**細胞分化**と呼ぶ）．この凹んで空気が抜けたボールのようなものの，外側を**外胚葉**と呼び，凹んだ穴の内側のところを**内胚葉**と呼ぶ．そしてさらにそのボールの内側には**中胚葉**が発達する．

このそれぞれの胚葉を形成している細胞たちは互いに大いに変わってきており，バラバラにして混ぜて生かしておくと，内胚葉由来の細胞同士，中胚葉由来の細胞同士，外胚葉由来の細胞同士が集まって塊を創る．もはや仲間同士になっており，細胞の閥を作って他を排斥するようになる．性質が変わってきているのである．なにか会社や政治家などの集団組織の中の争いや国家間抗争，はては民族抗争などによく似ていてうす気味が悪い．こういう人の社会生活の特徴は，もう発生期の細胞たちの間でさえ現れているのである．そしてこの性質の変化は発生の進行とともにさらに深まることはあっても，二度と元に戻ることはない．さらに発生が進むと，この穴が向こう側に突き抜け，ちょうど，ちくわのようなドーナッツのような形になる．この穴が，動物の口から肛門までの消化器の通路になる．

❖ 嚢胚期とクラゲは似ている

突然，話が変わるが**図3**は動物の**進化系統樹**である．動物は二つの枝に分かれて進化している．片方の最高等が脊椎動物になっている．人もこの中に含まれる．もう一方の最高等は節足動物（昆虫などを含む）であり，その分枝点は腔腸動物である．つまりクラゲの類である．クラゲというのは，**図4**のウニの発生の図の嚢胚期の断面図を見てほしい．凹んだ原口の周りにビラビラした触覚を生やしたら，なんとなくクラゲに似ていませんか？そうです，ここまでの過程の遺伝子の設計図があり，ここで止まってしまったのがクラゲだと考えると実に話がよく合うのである．これは最新の分子生物学で遺伝子DNAの塩基配列の研究から見ても正確に合っているのである．そして，これより進化すると，原口からの凹みが向こう側まで

図3 動物の進化系統樹

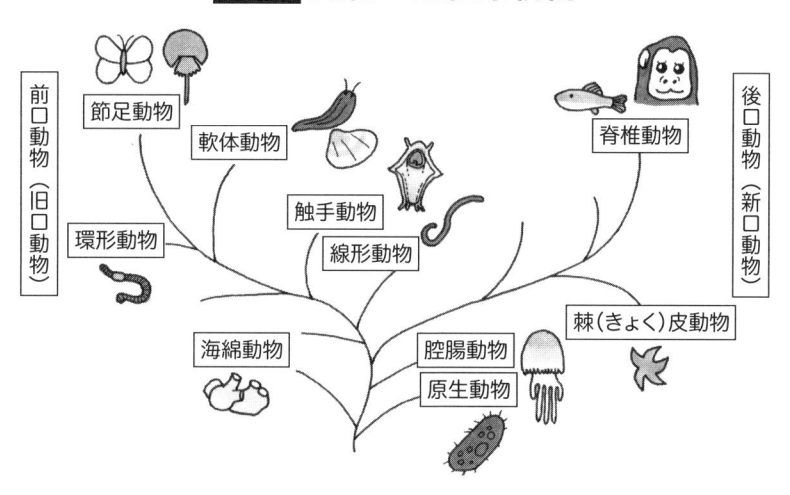

前口動物（旧口動物）：節足動物、軟体動物、環形動物、触手動物、線形動物

後口動物（新口動物）：脊椎動物、棘（きょく）皮動物

海綿動物、腔腸動物、原生動物

突き抜けてしまったらしい．そしてそれが消化器の穴になった．さて，どっちが口になりどっちが肛門になったのだろうか？ 原口側が口になり突き抜けたところが肛門になったのは，図3のクラゲのところから昆虫の方向に進化していった枝の全ての生物である．一方，人の方向に進化した枝の全ての生物は，原口が肛門になり突き抜けたところが口になった．そこで昆虫の方向に枝分かれした全ての生き物を**前口動物**または**旧口動物**と呼び，人の方向の枝に属する全ての生物を**後口動物**または**新口動物**と呼ぶ．この系統樹は最初からそういう発生の観点で作られたものではなく，最初は姿形や身体の機能などから並べて作ったものであるが，結果的にそうなっていたのだから驚きである．

❖ 胚葉の由来が同じなら親戚同士

内胚葉，中胚葉，外胚葉が形成されたのち，どうなるのか？ 中のトンネルは消化器になると述べたが，そこからさらにボールの内側の中空にトン

図4 ウニの初期発生

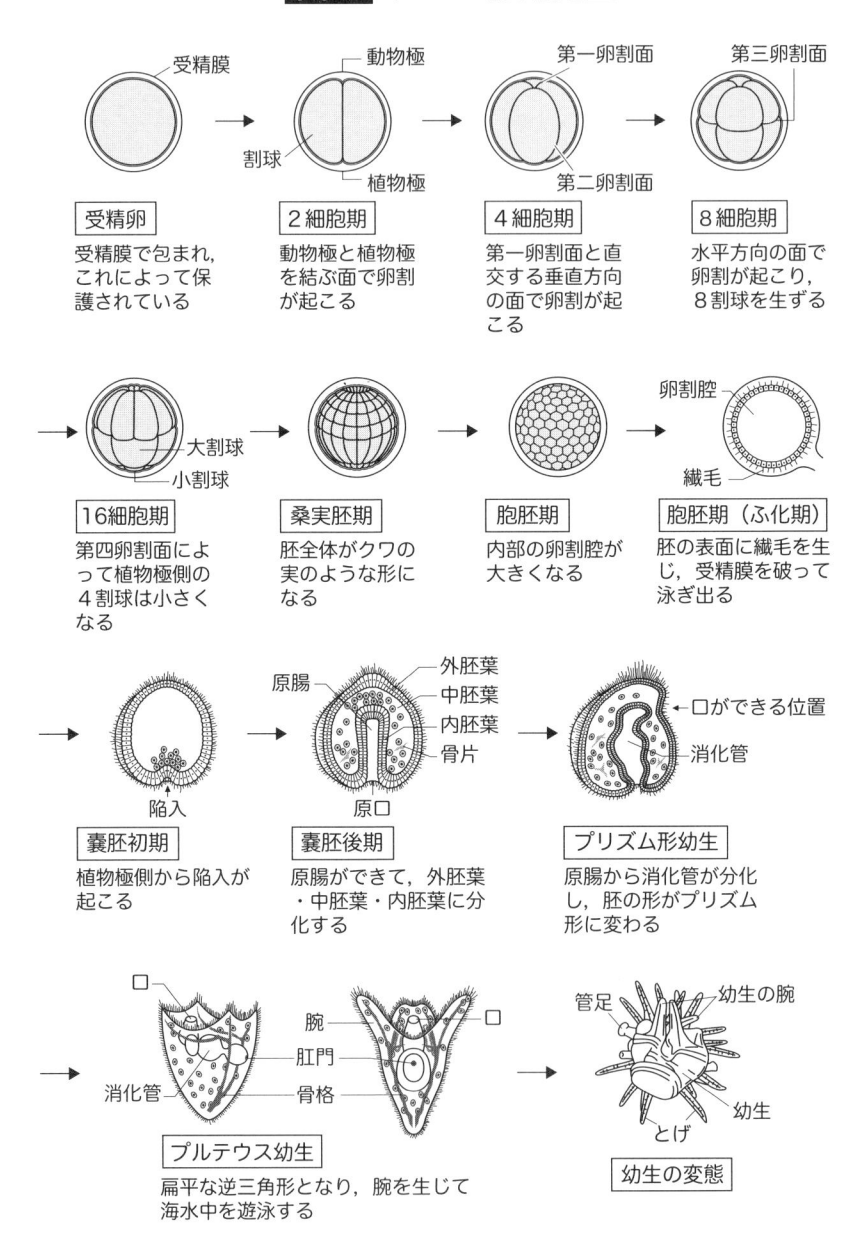

受精卵
受精膜で包まれ,これによって保護されている

2細胞期
動物極と植物極を結ぶ面で卵割が起こる

4細胞期
第一卵割面と直交する垂直方向の面で卵割が起こる

8細胞期
水平方向の面で卵割が起こり,8割球を生ずる

16細胞期
第四卵割面によって植物極側の4割球は小さくなる

桑実胚期
胚全体がクワの実のような形になる

胞胚期
内部の卵割腔が大きくなる

胞胚期（ふ化期）
胚の表面に繊毛を生じ,受精膜を破って泳ぎ出る

嚢胚初期
植物極側から陥入が起こる

嚢胚後期
原腸ができて,外胚葉・中胚葉・内胚葉に分化する

プリズム形幼生
原腸から消化管が分化し,胚の形がプリズム形に変わる

プルテウス幼生
扁平な逆三角形となり,腕を生じて海水中を遊泳する

幼生の変態

176　くり返し聞きたい分子生物学講座

ネルから伸びていきいろいろな臓器ができる．例えば，内胚葉由来の臓器では，消化管に属する臓器の内壁（口の中，食道，胃，十二指腸，小腸，大腸），そして中耳，膵臓，肺，気管，肝臓，内分泌器官（甲状腺，副甲状腺），膀胱などである．同じような理由から，外胚葉からできる臓器は表皮，皮膚の派生物（毛や腺など），眼，嗅覚器，神経系全部，脳，脊髄，副腎随質を含み，中胚葉由来の臓器は，心臓，血管系全部，血球，生殖巣，内臓筋，骨格筋，真皮，脊椎，肋骨，腎臓，胸膜，腹膜，腸間膜などである（**図2**）．

同じ胚葉からできた臓器同士は，機能は大いに異なっていても，近い親類同士である．これまた進化の系統を反映しているのである．人とカエルの細胞を比較すると，人の中の由来の胚葉が異なる臓器同士より，人とカエルの同じ臓器の細胞同士の方がずっとよく似ている．

例えば，骨髄細胞に強い毒性があるが，神経には作用がないという薬品を与えると，人でもカエルでも骨髄細胞は大きな影響を受けるが，どちらの種でも神経には影響がない．**臓器間の感受性の差の方が，種間の感受性の差よりも大きい**のである．進化の過程と個体の発生の過程が極めて密接に関係していることがよくわかる．

2つの胚葉を使って構成される臓器も多い．例えば，消化管は，食べ物に直接，接する粘膜上皮は内胚葉由来であり，それをグイグイと動かす筋肉はその下についており中胚葉由来である．さらにその下の内腔側の腹膜も中胚葉由来になっている．実際のところ，このような胚葉だけで簡単に分類できるほどヒトの臓器は簡単なものではなく，ものすごく複雑である．同じ臓器の中でも，ある一部の細胞や組織は異なる胚葉から由来したものが混ざって作られていることも多い．最終的にはいろんな組織が縦横に混ざり極めて入り組んでいて，上記のごとき単純なものではない．上の胚葉由来の臓器については，大まかな話をしたにすぎないのである．

よく「これは肝腎なことだが」というような言葉で使われる肝臓と腎臓は完全に由来が異なり，実は一緒に扱われるには似つかわしくない，身体の中では極めて遠い親戚同士の臓器である．ある薬を使用しても，副作用

として肝臓には毒になっても腎臓にはならないとか，その逆もまたよくあり，それは身体の発生の途中の問題でみると，胚葉の由来が最も違う遠い親戚であるという背景を現わしているのである．胚葉の違いは進化を反映しているので，発生の初期に分かれ，身体の中では一番違いがあることになる．筋を弛緩させる薬が，他にはあまり影響がないのに，集中的に心臓に影響が出やすいのも，ともに中胚葉由来の近い親戚同士の臓器であることが関係している．肺と肝臓は近いので，肺癌に効く薬は肝臓に傷害が出やすいのかもしれない．

　例えば肝臓に影響の出る毒は，同じ個体の他の臓器に毒の影響が出るよりもずっと低い濃度（ちょうど肝臓に毒になった濃度）で，他の動物の肝臓に影響が出るのである．脊椎動物（魚から人間までを含む）の中の種間の毒の感受性の相違は，同じ個体の臓器間の相違よりもずっと少ないことになる．肝臓に効く毒なら，どの動物にも同じように効いてしまうのである．そして肝臓以外の臓器には，どの種類でもあまり毒にならないのである．わかりやすく言うと，**同じ身体の中にある異なる臓器同士よりも，種類の違う動物同士の同じ臓器の方が，はるかに近い**のである．1個の個体の中の臓器同士は，赤の他人の寄せ集めと言えなくもない．

❖ 植物同士の構造の比較

　これらの発生とともに性質が変わっていく状態を決めている化学的なものは何だろうか？第15章で述べるが，これは細胞の表面にできる糖鎖の構造の違いである．この研究を押し進めたいところだが，非常に困難であるため現在ではまだあまり進んでいない．

　植物の場合はどうなのだろうか？植物では臓器と言えるものは，最高等に分類される顕花植物でも，結局のところ，根と葉と茎が臓器であり，通路に維管束がある程度である．最終的に花や種がこれに加わるのだろう．相対的に下等と考えられる海藻と顕花植物を比較すると，基本的な構造は極めて類似している．

図5 昆布にも生殖細胞はある

← 胞子
← 胞子

昆布の成長点（一番若い細胞）は根元にあり，成長とともに先端に向かう．昆布の先端の細胞が生殖細胞に変わり，水中に胞子を放出する

　昆布を思い浮かべよう（**図5**）．まず岩に取りつき足場を作ったら，そこから水の方に向かってドンドンと成長する．その成長点は全身にあるのではなく，岩に取りついた根元の部分にありそこがドンドン外に向かって細胞を送りだしていく．結果としてベラベラの葉のような偏平の細長い身体が海水の流れに吹き流されるように広がっていく．そして，大きくなって時期がきたら，一番先端のあたり（つまり，最も成長点から遠くになるので最も歳をとった組織細胞のあたり）の細胞が減数分裂に入り，生殖細胞に変わりバラバラと海水に流れ出す（どこかで相棒に出会ったらそこで合体し次の個体になる）．昆布の場合は維管束のようなもの（維管束ではない）が身体にでき，根元と先端をつなぐものもある．

　顕花植物の場合は，種から上に向かって茎が，下に向かって根が成長し大きくなり親の個体になる．中には維管束が発達し身体全体に連絡ができ

る．成長点は先端の一部にあり，その部分から細胞が押し出されて組織ができていく．そして時期がきたら先端に花が咲き，子孫を作るメカニズムが発達する．両者大層よく似ている．しかし，動物のように臓器の由来を事細かに調べるほどの差がない．学問としても植物学の世界には発生学というジャンルがあまり発達していないので，動物のような発想を当てはめても無意味なようである．具体的に言えば，初期発生の分類可能な組織から将来，葉になるとか根になるなんて議論してもしようがないくらいに単純な話であるからである．

❖ 進化と遺伝子と身体の器官

　また，マニアックな話をしてみよう．DNAの合成のメカニズムをこれまでの章で説明した．DNAの合成は生命が増えるための基本だから，最下等の生き物から人に至るまで同じようなことをやっている．そして，生き物は下等なものから高等なものに進化したと考えられる（証拠などは全くないがみなそう思っている．あなたもそう思っているでしょう？）．だからその設計図である遺伝子も，高等になったら突然降って湧いたように新しい遺伝子ができるわけではなく，よけいに増えては余りができ，余っているものが他に転用され，転用されると時間とともに徐々に突然変異が蓄積し（→第7章の「進化中立説」参照），それ向きに塩基配列も変わっていく．さらにまたそこから増える，また転用される，ということをくり返してきたに違いない．すると，単細胞の生き物のときに使っていた目的とは似ても似つかないことに使われるものもできてきているに違いない．第一，高等動物の神経や血管，免疫細胞，植物の維管束や葉の機能器官など，バクテリアには想像もつかない器官である．しかし，これらを創る遺伝子だってその原形はバクテリアの中で使われているどれかの遺伝子のはずである．どれでしょうね？

　こんなことをやった人がいる．DNAの複製や修復を行うためには，いろいろな酵素がいる．これらの酵素もそれぞれが設計図の中に遺伝子として

記憶されている．この遺伝子が機能しないと，それぞれのこのような酵素も造られてこない．するとこういう酵素はないから，複製も修復も行えなくなる．細胞は生きられない．だから，細胞膜を造る酵素と同じく，生き物にとって最も重要な酵素あるいは遺伝子と言える．逆に言うと生きている細胞は全部こういう酵素をもっていることになる．実際にそうで，もっている．前置きが長くなったが，その人は，哺乳動物の中のDNAの複製と修復のメカニズムを研究するために，まだ分裂していない受精卵の中のこれらの遺伝子のそれぞれを人工的に潰してから成長させるとどうなるか？ということを調べていた．こういうのを**遺伝子ノックアウト個体**とか**遺伝子ノックダウン個体**と呼んでいる．要するにネズミの中に発生の奇形をつくり出していたのである．なお，この人のために弁明しておくが，この人は世にも恐ろしいことをやったのではなく，バイオの研究では普通の方法である．

　すると何が起きたかというと，DNA修復を行う酵素の遺伝子一つを遺伝子工学でつぶした生まれながらの奇形児の場合，母の胎内にいるときの胎児のうちは元気なのに生まれるとすぐに死んでしまうのである．例外はない，全て死ぬ．調べてみると神経の発生が異常で，生まれると自分の肺で呼吸せねばならないが，それができないのである．母親の体内にいるうちは親から酸素をもらっているので困らなかったが，生まれたら呼吸ができず窒息してしまうのである．つまり，この酵素は，進化の中で細胞の中のDNA修復ばかりでなく，神経の発生に必要なものにも転用されるようになったらしい．

　ここで言いたいことは，最下等の生き物から進化するにあたり，いろいろな目的に転用された遺伝子は，最初は思いもつかない遺伝子からきているのだということである．よく話題になる高等生物の特殊な作り，例えば，骨，筋肉，神経，血液，多くの内臓は，単細胞の原核生物のわずかな遺伝子の何から来たのか？こういう話はあまりする人がいない．

❖ 植物や菌類の減数分裂とその起源

　蛇足だが，このような多細胞生物は，実はクラゲの類でも癌がある．癌になると死ぬので生き物が子孫を維持していくには困る現象である．だから，身体がすぐに癌化しないように死なないようにするメカニズムもある．これはみな不思議に思う人が多いが，実は人もなかなか癌にならないようにするメカニズムをもっているのである．つまり，癌に関連した遺伝子の研究あるいは癌特効薬の研究は，何も人などを用いて研究しなくてもクラゲでも昆虫でも魚でもなんでもよいことになる．昔から癌の研究は金がかかって仕方がない金食い虫領域であることは有名である．この金の不足が癌研究の進歩をかなり阻害してきた傾向さえある．それは哺乳動物を用いねばならないからである．ところがこういう哺乳動物以外の生き物だと，大変に研究がお安くかつ迅速にできることになる．実際に人の癌遺伝子とショウジョウバエの癌関連遺伝子は70％以上が共通している．

　では，植物や菌類はどうなっているのか？ オスとメスに分かれたのは単細胞が個体だった頃である．精子卵子になるためには，なにせ1個の細胞しかないから全身が精子卵子になり元の個体は消滅したことを意味した．そしてその後，この単細胞の真核生物は，多細胞生物に進化した．細胞の性質が変わる分化の最初は生殖細胞になる現象のはずである．

　このためには，単細胞が個体の時期になぜ減数分裂が起きたのかという話に戻る必要がある．環境が悪くていろいろなもの（エサや酸素など）が足りなくなり，合体してしのぎあったり分かれたりしたのだろうと考えられている．もしそうなら，環境が悪くなると精子や卵子に変わるのか？ ということになる．身近なところではパン酵母などがそうである．栄養十分で居心地のよい環境のとき，パン酵母は普段はバクテリアのように分裂するだけで増えている．ところがエサ不足にしてやると，たちまち減数分裂を始め，精子卵子の類いをつくり出す．これも生理学的にも進化の過程をくり返しているのだと考えられている．

　植物や菌類の話に戻ろう．花の咲く植物を見ると，確かに成長して最後

に花が咲き，花粉や卵子を作る．それも秋がきてかなり植物にしてみると寒くなり生きていけなくなる直前の頃である．海藻を見てみよう．昆布は大きい．海藻は岩にくっついている部分の近くに成長点があり，ビラビラは水中に広がって伸びていくがその先端が最も年寄りである．海藻は1個の個体に若者から年寄りまで根元から先端に向かって並んでいるのである．動物の細胞のように全身が同時に老化していくのではなく，同じ身体の中に若者と老人が同居しているのである．どこが減数分裂をするのか？最先端の最も年寄りの枯れる寸前のところである．枯れる前に泡食って子孫を造ろうとするのである（**図5**参照）．

　菌類はどうか？代表としてキノコを思い出してほしい．普通は菌糸でドンドン育っている．そして菌糸が伸びきってしまったときに，いわゆるキノコの笠（子実体）を形成する．このキノコは実は生殖器で，この中で減数分裂を行い，胞子を造る．胞子とはキノコの生殖細胞である．

　これらを見ると，動物と全く異なるが，動物以外の生き物全体に共通点がある．それも予想された進化の中に起きたと思われる過程を連想させるものがある．これは動物が例外なのかもしれない．どうせ，動物など10億年前の植物の爆発的な大進化の中で，ついでに1種それも菌類と合同で生まれたようなおまけ的な生物にすぎない．あり得ることである．

　植物や菌類では「個体発生は系統発生をくり返し」ているのか？またしても空想を述べよう．環境が悪くて1個で暮らすより2個が合体して（細胞という1部屋に同居して）同棲を始めた．そのままドンドン増えた．その中の古いのはバラバラと同居を解消した．またくっついた．これが遺伝子の交換に非常に便利で進化した．多細胞化した．同じ性質を残していた．ドンドン増えて多細胞の個体ができた．しかし，一部古くなってくると同居の解消が起きることが恒常化した．この別居の起きる部分が生殖器となって独立した．花を見よ，キノコを見よ，生殖器はいつも最後にできる．なるほど，空想ではあるが極めて正確に「個体発生は系統発生をくり返し」ていると言わざるをえない．動物だけなぜそうならないのか？卵割図の中で，生殖器になることが予定されている部分は，実は非常に早い時期に隔

離されて違う発生を行う．早いものでは，第1卵割で2つに分かれた細胞は次の卵割で4個になるが，このうちの1つが生殖器になる予定の細胞という生き物もある．むしろ例外的に「個体発生は系統発生をくり返し」ていない生き物に見える．この部分を除けば「個体発生は系統発生をくり返す」と言えなくもないのである．

❖ 遺伝病

<u>遺伝病</u>というものがある．この病気の種類は非常にたくさんあるが，病気の種類ではなく，遺伝病を発症する原因を調べてみると，極めて単純で，大まかには2つのタイプに分けられる．

1）遺伝子の突然変異による遺伝病

その一つは，述べてきた遺伝子のDNAの塩基配列に突然変異が先天的に入り，日常生活が円滑にこなせなくなった病気である．塩基配列というのは身体を作る設計図の暗号だから，これが違えば設計図の変更になり，病気の症状を呈するものである．これが遺伝病である．人のDNA上に突然変異が発生したことになり<u>突然変異体</u>ともいう．この方が専門家の間の言葉としてはよく用いられる．なぜなら，塩基の配列が変わっても病気の症状を呈しない場合も多いし（むしろほとんどの場合，呈しないと思われる），逆に理論上は元の人よりはるかにすごい能力を獲得している場合だってあり得るからである．このはるかにすごい能力を獲得している場合の話は，SF映画や小説，マンガなどでよく扱われている．エスパーであり，超能力者であり，スーパースポーツマンである．同じような原理で語られているのが，水爆実験の影響を受けて変異して南海の底から目覚めたゴジラである．しかしながら，ゴジラは映画の中でしか登場しないし，塩基配列の変化した人は，最も多いのは，エスパーでもなく何の症状も呈しない普通の健康な人である．そしてその子孫にも何の影響も及ぼさない．だからこの場合は遺伝病とは呼ばない．たぶん，私の身体の中の遺伝子にもそういうものはあると思う．あなたも，いや，みな，多少は変異をもっているので

ある．生きていくために重要な酵素の遺伝子DNAの暗号の配列の中に運悪く突然変異が生じた場合にのみ症状を呈することになる．ただし，この場合も最も重要な酵素だったら（その酵素が機能しない場合），その人は生まれてこないし，たとえ生まれても長くは生存できない．したがって，人の遺伝病は生きていくには問題の少ない遺伝子DNAの上に塩基配列の変異が起きたことになる．人の遺伝子は約30,000あるから，このような理屈に基づいて考えると，理論上は単一の遺伝子の変異した遺伝病は30,000種類あり得ることになる．しかし，多くの理論上あり得る遺伝病は生存ができないので，医学的な遺伝病と認定できる病気はこんなにはない．

2）染色体の数の異常による遺伝病

　もう一つは，遺伝子DNAの暗号は全く変わっていない場合である．それは，人の場合，染色体は46本あるが，その数が変化した場合である．もちろん46本より少なくなったら，普通に必要な遺伝子の最低量に満たなくなるから，生まれてこない．問題は数が増える場合である．これは精子または卵子の中の染色体数が変化していたときに起きる場合が多い．減数分裂の第1分裂期で相同染色体が分かれるときに，**染色体の不分離現象**がどれかの染色体に起きると，片側のモノのみ1個染色体を多くもってしまう（不足した方は死んでしまう）ことになる．この染色体の不分離現象はわりと頻繁に起きることが知られている．その精子（または卵子）が正常な卵子（または精子）と合体するとその個体は1本染色体を多くもつことになる．するとその染色体上にある遺伝子は過剰になり，設計上，よけいなものを作ることになる．このため病気の症状を呈することになる．この場合もたいていは非常に小さな染色体に起きる場合が多い．大きな染色体の重複の場合とか，1本ではなく何本もの染色体の重複が起きる場合，遺伝子の量が極端に過剰になるせいか，人の場合は簡単には生存できないようである．これは，あくまでも人の場合で，他の生物ではそうでないものは多い．いくらでも重複可という生き物の方が多いくらいである．

　いずれの場合も，進化の観点では非常に有効に働いた機能が，個体にとっては病気を導いた例なのだろう．述べたように，染色体の数の変化は進化

に極めて重要な役割を果たしたと考えられている．そして，塩基配列の変化もまた極めて重要な進化を進める要素だった．しかし，そういう現象が表面に現れるように起きるとき，極めて生存に有効な方向への変異というよりは，あまりよくない場合かまたは何の影響も出ない場合がほとんどである．そのため，運悪くあまりよくない状態になった個体は，虚弱な様相を呈することになる．バイオの観点からみるとそうだが，これを医学的な観点からみると遺伝病と呼ぶことになるのである．

3）発生奇形

遺伝病と誤解を受ける他の病気もある．発生奇形の場合である．これは受精後に母の胎内で発生中に，なんらかの影響を受け（例えば，母親が飲んだ医薬品など），異常になった場合に起きることが多い．これは遺伝子が関係する病気ではないので，子孫に遺伝することはないので，遺伝病ではない．

❖ 遺伝病とメンデルの法則

メンデルの遺伝の法則を思い出していただきたい．全ての遺伝子は母方からきたものと父方からきたものが 1 対になっている．つまり同じ遺伝子が二つある．このうち，優性なものと劣性なものがある．両方とも優性，または両方とも劣性の場合は，そのまま表面に現れる．片方が優性で片方が劣性なら，表面には優性な方が現れる．有名な誰でも知っているメンデルのお話である．ジャー，遺伝病の人の遺伝子は優性なのか劣性なのか？もし優性なら，この人は常に病気の症状もちである．とても何代にもわたって子孫を残し続けるほどに元気な一族にはなり得ないに違いない．早晩，子孫は絶えるに違いない．だから，ある日突然，遺伝子に変異が発生し（たぶん，受精卵かそれ以前の精子卵子に発生する），その個体は気の毒にも遺伝病になったとする．しかし，病気を呈しているため，その子孫は多くはないに違いない．つまり，病気の遺伝子が優性の場合は少ないのである．大部分は劣性である可能性が高い．すると母方からも父方からも劣性の遺

伝子がきて，たまたま，両方が劣性になったとき以外には症状は呈しないことになる．もともとこのような同じ遺伝子が両親ともに変異しているという場合は，非常に少ない．約30,000の遺伝子の中の同じ1個を偶然にも両親とも変異をもっていた場合に限られる．だから遺伝病患者は多くないのである．そのかわり，一定の数の患者はいつの時代にも常に発生することになる．そういう劣性の遺伝子を，親は自分がもっているかどうか誰も知らないからである．では染色体の重複の場合はどうだろうか？精子や卵子が形成される過程は，いくつもの監視メカニズムがあり，減数分裂中に異常が発生するとその細胞は自殺するようになっている．生き物の機構は実に精密かつ精巧にできているもので常に驚かされる．異常なものは自動的に自ら排除しているのである．その自殺のメカニズムは卵子にもある．したがって，染色体の重複の発生した精子や卵子が受精する機会はやはり非常に少ないのである．

　ここで述べているのはあくまで遺伝病の話である．病気ではなく遺伝的な形質はまた異なる次元の話である．例えば，ハゲは遺伝だ！とよく言われる．しかし病気ではない．これで配偶者が得られなければ，子孫は残せず（本人は極めて健康でも，これは遺伝学的には死んでいることを意味する），やはり遺伝病と同じ結果になる．しかし，世の中にはハゲの嫌いな女性も多いが，大目に見てくれる女性もいて助かる男性も多い．この点でも形質のやや不利な遺伝は，遺伝病とは異なっているようである．もう少し進んで異性からは絶対に受け入れられない形質（？）の場合は，五体満足大いに健康でも遺伝病と同じと言えるのかもしれない．

❖ 癌になりやすい体質をもつ人

　遺伝病とは違うが，こういう原理が下敷きになったような体質の遺伝というのはあるのかも知れない．例えば，家系的に癌患者が多発することがある．癌という病気は特に遺伝するわけでもないのに，なんとなく偏りがあることは多くの人が疑うところでもある．癌は，長い年月の間に人のた

くさんの遺伝子に徐々に徐々に突然変異した部分がたまっていき，いろいろな遺伝子が変質してしまったのちに，さらに何か（なにか不明）をプラスしたとき癌になると言われている．この突然変異が起こりやすいか否かは，かなり個人差があり，起こりやすい人には癌になりやすい傾向がある．つまり，必ずしも癌になるとは限らないが，たまたま突然変異が起きやすい環境で生活していた場合，癌になりやすい体質というものがあるようである．もっとわかりやすく言えば，日焼けの元になる紫外線は強力な発癌性があるが，いくら浴びてもなかなか癌にならない人と，同じ条件なのにそれが元で皮膚癌を発症した人の違いである．どういう原理に基づくのだろうか？突然変異に関係した遺伝子はたくさんあるが，機能するためにはいずれも遺伝的に優性の形質として存在しているはずである．それらの遺伝子に変異が入ると，突然変異を処理する機能が異常になる．当然，治し間違いによる突然変異はたまりやすく増えることになる．DNAに入った傷も治されないものも出てくることになる（こういう傷には，普段は使われることがほとんどない予備の治しの機能が働くが，そういうのはさらに治し間違いを起こしやすい傾向にある）．そういう遺伝子が優性ホモがよいのか優性ヘテロがよいのか，ケースバイケースだろうと思うが，そういう条件は結局，両親からきた遺伝子の組み合わせによってできる．また癌に関係した遺伝子は1個ではなくたくさんあるから，たまたま多くの癌関連遺伝子の多くが，突然変異がたまりやすい方向の組み合わせになったことになる．遺伝しているように見えるのは，そういう両親からきた多くの対立遺伝子の組み合わせによるのだろうと思う．だから，このような異常は遺伝病に限らず，成人病（生活習慣病）の発生にも関係している可能性もあることが最近は指摘されている．ここでは癌を主として挙げたが，アルツハイマーや動脈硬化（これは脳硬塞，脳出血，心筋梗塞や心臓病の元でもある），そして老化などの発症の原因も同じようなことが指摘されつつある．

11

遺伝子を眼で見る
～染色体の組換えと遺伝子地図～

❖ ショウジョウバエの巨大染色体

　ところで話は変わるが，こういうバイオの話にはそこら中に，やれ，遺伝子だ，DNAだ，身体を創る設計図だ，遺伝暗号だなどという言葉が出てくる．実際問題，遺伝子ってどんなものなのか？

　遺伝子1個1個までを染め分けて顕微鏡で見ることができれば，遺伝子というものが大変にわかりやすくなる．そんな都合のよいものはないのだろうか？　うまい具合に，実際に，遺伝子が見える生き物がいるのである．

　それは意外と身近なところにいる生き物なのである．小さなハエ，**ショウジョウバエ**である．腐ったバナナを特に好む傾向があるので英語ではFruit Flyなどと呼ばれている．このハエの染色体の話ではないので早合点しないでいただきたい．ショウジョウバエの唾液を作る臓器（**ダ腺**）の中の**染色体**だけの話である．同じショウジョウバエでも他の身体の組織の細胞の染色体は，参考にもならないくらい小さい．

　そもそも，人は食べ物を口に運び，まず唾液を混ぜてよく噛み，そのあと食物を胃に送って消化する．そして，それを腸で吸収することによって全身に運び，生きている．脊椎動物では例外なくそうである．そういう先入観をまず拭おう．ショウジョウバエには歯もなければ胃袋もないのである．どうしているのか？　唾液だけは作れる．だから，人から見たら身体の大きさに似合わず，もう恐ろしいくらいにたくさんの唾液をまず製造する．次に食物の上に停まり，その唾液をドーッと食物の上に吐き出す．しばら

く放置して後，唾液で消化されたと思われる食物のジュースをズズーッと全部吸い込むのである．つまり外部を胃袋代わりにして消化するのである．人の観点で見ると非常に汚い．もう想像するだに身の毛がよだつ．この食い物が糞尿だと思ったりすると，もう震えがくるくらいに嫌になるが，それは人間の勝手にすぎない．ショウジョウバエにとっては至福の時間である．

　するとこの際の大きな問題は，唾液を異常にたくさん年中生産しなくてはならないことである．ダ腺が大きくなる必要がある．実際にかなり大きい．しかしショウジョウバエそのものが小さいので，なかなか用が足りない．たくさん同じものを細胞の中で製造する最も手っ取り早い方法は，唾液の成分を作る遺伝子だけ増やしてやればよい．実際そういう現象は，多くの生き物で観察されている（**遺伝子の重複**あるいは**遺伝子の多重化**と呼ぶ）．要するにその遺伝子部分のDNAだけが並んでドッとあるのである．ところが生き物によっては，これ以外に妙な方法で遺伝子を増やす場合もある．ショウジョウバエのダ腺の場合はこれにあたる．

　どういう方法かというと，DNAが細胞周期のS期で合成された後のM期を止めて，次のG_1期に入ってしまうのである．つまりDNAは合成されるが分裂しないのである．細胞中のDNAは倍になる．染色体の数も倍になるはずである．しかしこの際，倍の数になった染色体は，それぞれ同じ物が離れずにぴったりと平行にくっついているのである．

　このように1個の細胞の中の染色体を増やしても分かれないようにしてやれば，同じ遺伝子がドッと増やせる．これを実現するために，ダ腺細胞の中だけは，成長の過程でドンドン染色体DNAが倍加するが細胞は分裂しないように発達した．もちろん細胞も増えているので，そこだけそれ以上にDNAの倍加速度を極端に早くしたのである．1個のダ腺細胞の染色体は，9回複製しても分かれないようになっている．1個の細胞の中で1,000本以上のDNAの束になってしまう．この染色体同士（この場合は染色糸同士）が分かれないようになってしまったので，束になった棒になってしまい，染色糸は折りたたまれる以前の普段の状態でも，まるでミミズの大き

図1 ショウジョウバエのダ腺染色体の模式図

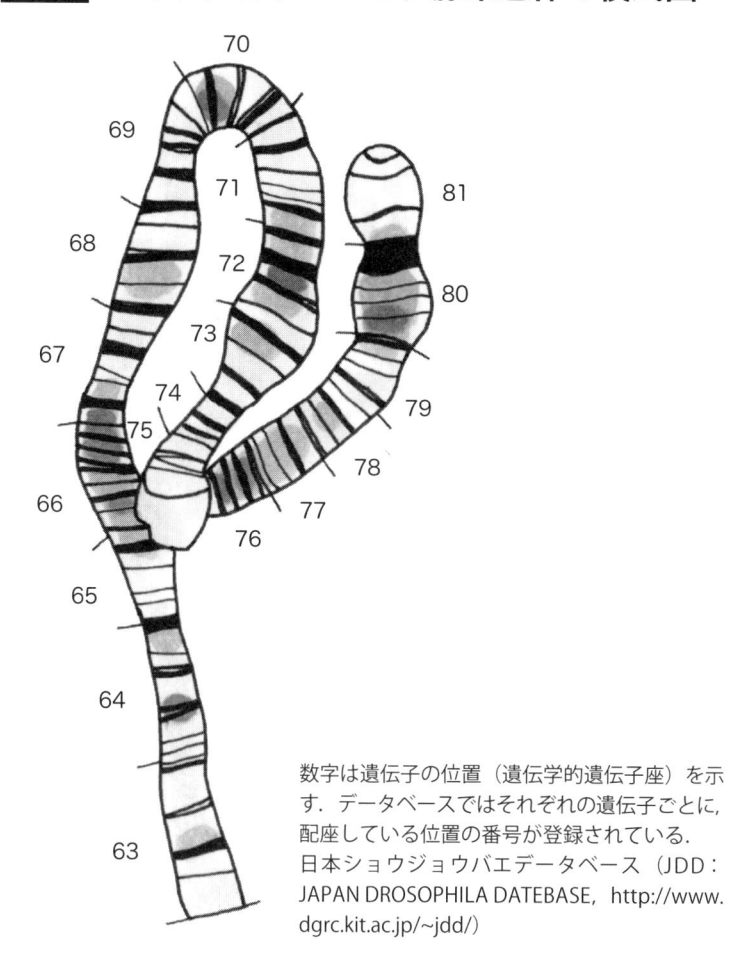

数字は遺伝子の位置（遺伝学的遺伝子座）を示す．データベースではそれぞれの遺伝子ごとに，配座している位置の番号が登録されている．
日本ショウジョウバエデータベース（JDD：JAPAN DROSOPHILA DATEBASE，http://www.dgrc.kit.ac.jp/~jdd/）

いような図を呈するようになってしまった（**図1**）．顕微鏡で簡単に見ることができる．染色糸は太りすぎになってしまい，もはや細胞周期のM期がきても折りたたむことができなくなってしまった．年中この姿で観察できる．

第11章　遺伝子を眼で見る

❖ ショウジョウバエは癌研究材料にうってつけ

　この場合は遺伝子のある部分が必要なので，面白いことに異質染色質（→第5章参照）の部分は複製しないという差別化も起きていた．また，バラバラにならないように各々がくっついているようにも発達していた．こういうのを**染色体の多糸化**といい，こうなったものを正式には**多糸染色体**と呼んでいる．正確には多糸染色糸と呼ぶべきであるが，最初に名付けた人が間違えたこともあり，そうなっている．

　そのサイズの巨大なこと巨大なこと，同じハエの他の体細胞の染色体と比較すると天文学的な違いである．そして，気がつくことは，このデブデブの染色糸には，なぜか細かい縞模様がものすごい数で観察できることである．濃いところと薄いところが交互に並んでいるのである．この縞模様は極めて正確で変化しない．その数，5,000本以上になる．普通の顕微鏡では観察できないような細い縞模様まで数える（今では他の方法でそういうことも可能なのである）と，15,000本くらいになる．その後の研究で，全ての生き物の染色体の上にはこういう縞模様があるのだが，普通の染色体では観察できないのだ，ということがわかってきた．濃いところはDNAの量が多いところである（→第5章参照）．そして，ショウジョウバエの突然変異体を研究していた人が見つけたのだが，突然変異体には，この縞模様の中の1つが欠けていることがわかった．つまり，1本の濃い帯は遺伝子の所在場所を示している．遺伝子が帯になって見えているのである．もちろん同じ帯の中には，同じ遺伝子が平行に1,000個並んでいる（正確には，1,024個である）．ショウジョウバエの全遺伝子は，21世紀初頭に完成したゲノムプロジェクトにより，いくつあるかわかっている．約15,000である．遺伝子の位置を簡単に顕微鏡で観察できることがわかったのである．人の遺伝子数が約30,000くらいだから，あの小さなハエと人間であまり違わないというのは人間として納得しがたいような気分にもなるが実際にそうなのである．

　だから，たかがショウジョウバエなんていうハエの話じゃないか！下ら

ない，と侮らないでいただきたい．この本の読者は，最初から大いに進化による生き物のつながりを学んできたはずである．人の遺伝子とも大変によく似ているのである．例えば，人の癌遺伝子とショウジョウバエの癌遺伝子とは70％以上が共通である．人を使って癌の研究をするのは非常に難しいし倫理上の問題が伴う．人の癌は研究するものではなく，治療するものである．実験してはいけないのである．他の生物を使って共通なものを研究するのが一番である．ネズミだって犬だって猿だって，殺してまで実験するには人には忍びないものがある．だからショウジョウバエは，癌研究には最善の材料かもしれない．人類に癌治療の功名をもたらす素晴らしい生き物の可能性が高い．

ショウジョウバエ以外のハエはどうなのか？実はさすがにこのような好都合な染色体をもつものはそう多くはない．ただ昆虫にはいくつかこういう動物はいる．ユスリカなどは同じ状況を呈する．また，同じショウジョウバエの体内でもダ腺に限らず，いくつかの組織細胞は，やはり多糸化するようである．とにかく，ダ腺染色体（多糸染色体）を眺めて，あるバンドが欠けていれば，その遺伝子がおかしくなった突然変異体で，その遺伝子はこういうふうな表面に現れる現象の設計図なのだ，ということが簡単にわかるようになった．今の分子生物学あるいは遺伝子工学の技術をもってすれば，その遺伝子を取り出すことも，その遺伝暗号の解読もあっという間に可能である．その遺伝子と同じ人の遺伝子も，それを用いれば鮎の友釣りのように簡単に取りだせる．

❖ 日本人は実はみな親戚同士だった？

いくつかの章で，染色体の話や減数分裂あるいは遺伝の法則の話をしてきた．これらをうまく結びつけて考えると，より一層理解がしやすくなる．

減数分裂の際，対立遺伝子同士が分かれる．ところが述べたように，いつも一緒に離れずにいる仲良し同士がいる（**リンケージ群**または**連関群**と言う）．その仲良しグループが人では23対あり，この中に約30,000個の遺

伝子があるのだから，平均すると1本の染色体は千数百個の遺伝子をもっていることになる．この千数百の遺伝子が常に行動を共にする仲良し同士で分かれない，つまり，AABBはAとAとBとBに分かれず，A-BとA-Bになってしまうのである．これがAABBCCだとA-B-CとA-B-Cに分かれるだけになってしまう．A-B-Cと連結しているのである．これがドンドン伸びていくとA-B-C-D-E-F-G-H-I-J-K-L-M-N…というふうになる．この連結列車状のものが染色体である．確かにDNAはそうなっている．

　各々の遺伝子は独立に機能しているのだから，同じ細胞の中ではどこにいようと問題はない．問題なのは子孫に移るときである．

　減数分裂の過程で，相同染色体が左右に分かれる（減数第一分裂期）前の時期（減数分裂前期）に，相同染色体同士がべったりと抱きつき（対合）部分的に組換えを起こし，連結していた遺伝子の列は，部分的に父方母方に移る．母側から来た遺伝子の列のA-B-C-D-E-F-G-H-I-J-K-L-M-N…の一部，例えばD-E-F-Gが，父側から来た対立遺伝子の列ア-イ-ウ-エ-オ-カ-キ-ク-ケ-コ-サ-シ-ス…の一部，エ-オ-カ-キと入れ代わり，母側から来たものはA-B-C-エ-オ-カ-キ-H-I-J-K-L-M-N…となり，父側から来たものはア-イ-ウ-D-E-F-G-ク-ケ-コ-サ-シ-ス…となることになる．こういうことが常に起きておれば，4人の祖父祖母の遺伝子の一部がいずれも孫に伝わることになる．もちろん，その代わりに全員の一部が伝わらないことになる．このようにして，違う個体の遺伝子同士は，子に移るときに混じっていくことになる（→第7章の「進化中立説」で述べた遺伝子プールの話はこういう理屈に基づいてできている）．この組換えは減数分裂の各々の精子卵子で少しずつ違うから，同じ配列になることは考えられないくらいに少ない．だから孫の兄弟姉妹は同じ祖父母，同じ父母から生まれても，少しずつ違うのである．正確には4人の祖父母のどの遺伝子の部分を寄せ集めたかの違いである．8人の曾祖父曾祖母になるとさらに8人分がいったんばらけて，その中の8分の1がまた寄せ集まったことになる．だから日本のような密閉された島国では，一定の数しかない遺伝子の群れを，いったんばらけさせては部分を寄せ集めるということを

くり返しているにすぎない．2,000年もそれをくり返しているから，全員，部分的には親類になる．そして，全員が部分的には赤の他人である．

　すると，このようにして混ぜ合わせていくと，何回かに一回は同じ組み合わせができるのではないか！と思ってしまう．これは人類の歴史上本当は自分と同じ人がいたことになる．そうか！歴史上の人物は前世の自分だったのかもしれない，なんてこともあり得るのだ！これは理屈上はあり得る．しかし，実際にはあり得ない．2万数千個の遺伝子が再び元の組み合わせを取り戻す確率は，想像を絶するくらいに低い．世界の人口が何千兆人になってもまだ足りないくらいの数にならないと出てこない．

❖ 染色体の組換えと遺伝子地図

　染色体上の遺伝子の並びが組換えによってあっちこっちに行き来するのなら，染色体の上の遺伝子の並びの2つの遺伝子を考えてみよう．その遺伝子同士は，お互いが遠くにあれば，その間に切れ目が入って組換えの相手に入れ替わる率が高く，近くにあればあるほど，その間に切れ目が入って分かれる確率は下がるのではないか，と考えた人がいる．**モルガン**というアメリカの学者である．なにしろ相同染色体はピッタリと抱きつき合って，そのどこかで組換えを起こすわけだから，染色体のどの部分も同じ柔らかさで，同じような成分ならそうなる可能性は高い．現在では彼のこの考えは正しかったことが証明されている．

　彼は，同じ連関群つまり遺伝子の列上の，3つの遺伝子（例えば，1つは色A，2つめは形B，3つめは背の高さCとしよう）を考えたとき，組換えの頻度を見れば，同じ染色体上の遺伝子の相対的な順番や位置がわかるはずだと考えた．その順番は，どっちが先かわからないが，A–B–CかB–A–CかB–C–Aのどれかになるはずである．C–B–A，C–A–B，A–C–Bもあるじゃないかと思うかもしれないが，後先を変えたら同じことである．対立遺伝子を調べるために相手側はこの3つの遺伝子はすべて劣性とする（つまり，a–b–c，b–a–cまたはb–c–aである）．この父母を交配して，生まれてきた

図2 遺伝子地図

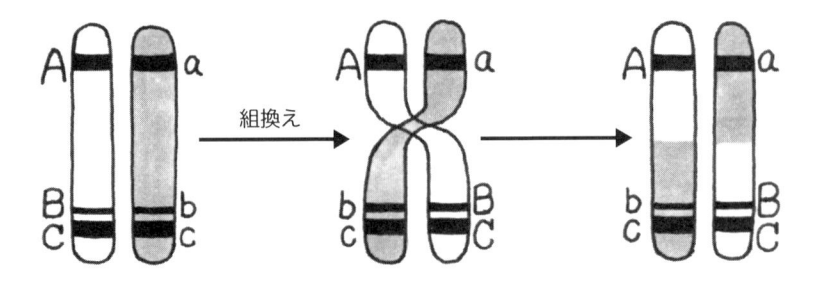

連関群のA, B, C遺伝子と劣性遺伝子a, b, cの交雑による遺伝子の並び決定

子供は，組換えなしの場合，3つの遺伝子はすべて優性になる子供か，またはすべてが劣性になる子供ができることになる．ところがたくさんたくさん子供ができる生き物で調べると，3つのうち，1つないし2つの劣性の表現が優性の中に混じったりするのが少し出るようになる．これは，染色体上の遺伝子Aのある位置と遺伝子Bのある位置の間，またはAとC，BとCの間に組換えが発生したことを意味する（図2）．この組換えの起きる頻度をたくさんの子供の数の中で比較すると，AとBが互いに分かれる頻度（本当は全部優性のはずが，なぜかAは優性なのにBは劣性の子供がいる）が全体の3％ぐらいで，同じようにBとCが互いに分かれている頻度が1％，AとCの場合は2％という値が出ている．こういう場合，A-C-Bという順番に染色体の上に遺伝子が並んでいる可能性が高い（もちろん，B-C-Aと考えてもよい）．そして，距離の割合としては，全体の比例距離（AとBの間）を3とし，BとCの間が1，CとAの間が2となることになる．-A--C-B-となっていると思われる．このようにして多数の遺伝子の間の相対的な距離を決めていくと，なにしろ1本の染色体上に千数百個も遺伝子があるのだから，これを端から（まあ，どっちからというわけではないが相対的な端である）決めていくと，立派に遺伝子の並びが決まる．こうしてできたものを**遺伝子地図**と呼んでいる．この遺伝子の分布の地図は，

ショウジョウバエのダ腺染色体の眼で見える遺伝子の座を使って調べた結果により，その順番が正しいことが証明されている．モルガンはこういう便利なものが見つかるはるか前に，そのあり方を予言したのである．第2章で紹介したサットンといい，モルガンといい，みな，頭で考えただけでこういう理屈を思いついたのである．何となく，物理や基礎化学で見られる方法に近い．

　この遺伝子地図は，遺伝学では非常に便利なので，今では調査が可能な生き物全てで調べられている．もちろん人でも調査されている．遺伝病の遺伝子の座を決めるのにも，この遺伝子地図は非常に役に立っている．どこへドライブに行くにも道路地図がないと困るが，遺伝子の研究をするにも地図がないと大変に困るのである．

　今日では，すでに人のゲノムプロジェクトは完了し，人のDNA中の塩基の配列は完全解読されている．このような仕事も，この遺伝子地図がなければ不可能に近かった．もっとさかのぼれば，遺伝子がDNAであることの証明さえ難しかったとも言える．現代の遺伝学はメンデルの法則に始まったとは言え，サットンに始まり，モルガンによって完成された遺伝子地図のアイデアは，今日の分子遺伝学のほとんどの原点なのである．

12 DNA修復のしくみは神経・免疫でも活躍していた

　遺伝子の組換えの化学反応に関わるタンパク質は，今では遺伝子の研究から大部分がわかっている．この多くのタンパク質を集めてきて用いると，試験管中でも2分子のDNAの組換え反応が再現できるのである．正確に間違えずに両方のDNA分子の同じ場所で組換える化学反応系があるのである（**図1**は代表例として原核生物のrecAやrecBCDの反応を示す）．DNA修復のひとつ**組換え修復**と呼ばれる反応を原型としており，その元は原核生物にも存在する．

　さて，初期の単細胞生物の中では**DNA修復**に関与したと思われる遺伝子のいくつかが増幅し，その中の一部が神経を形成する発生のメカニズムに転用されたと思われる（→第10章参照）．どんなふうに転用されたのかというと，現在の段階では化学的な反応は全く不明である．しかし，その転用されたと思われる遺伝子をつぶさに調べてみることは簡単にできる．神経は動物しかない．ではどんな動物でDNA修復のどういう遺伝子が転用されているのか見てみよう．

❖ DNAポリメラーゼ

　今のところ，一番よく調べられている遺伝子の一つに，**DNA合成酵素**がある．これは，あくまでも真核生物のDNA合成酵素の話であり，原核生物の酵素は除く．真核生物のDNA合成酵素は非常に多種類あり，DNA複製専用とか，DNA修復専用とか役割を分業して存在している．そこで各々

図1 組換え修復の代表例
（原核生物のrecA，recBCD）

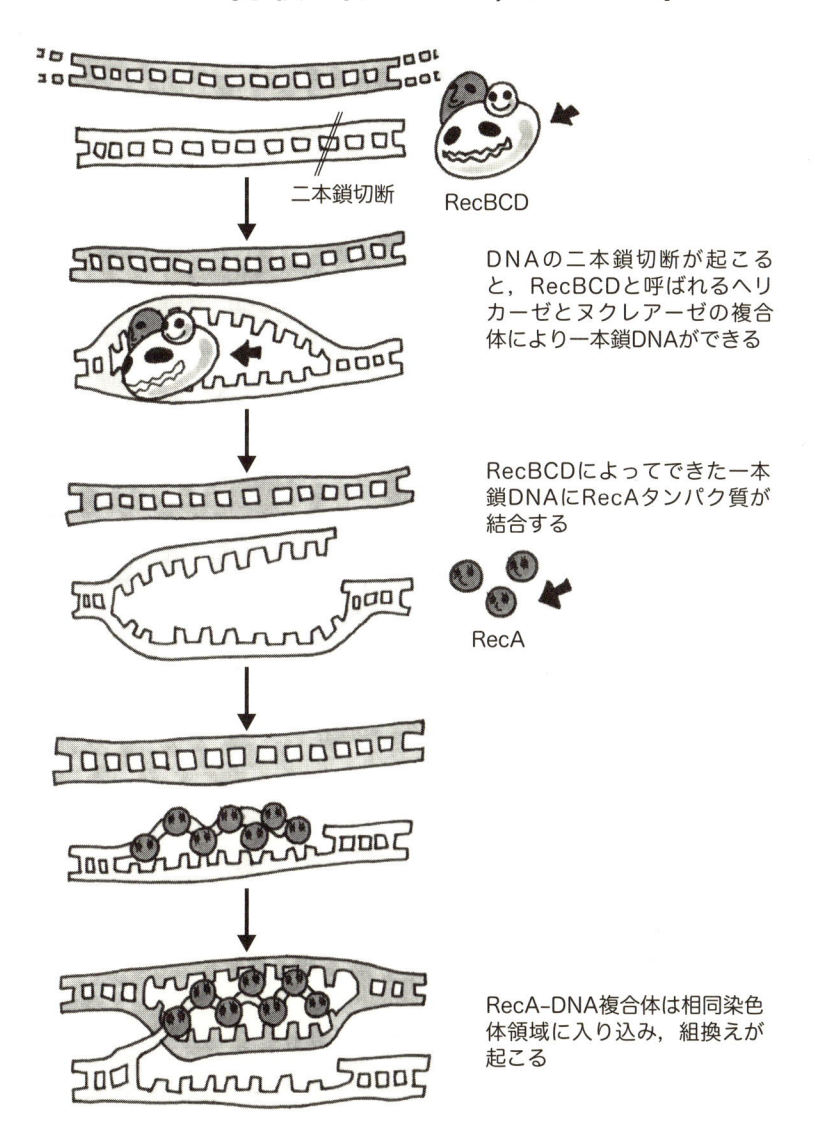

二本鎖切断

RecBCD

DNAの二本鎖切断が起こると，RecBCDと呼ばれるヘリカーゼとヌクレアーゼの複合体により一本鎖DNAができる

RecBCDによってできた一本鎖DNAにRecAタンパク質が結合する

RecA

RecA-DNA複合体は相同染色体領域に入り込み，組換えが起こる

に名前がつけられている．順番に1，2，3，…とでもつければわかりやすいのだが，最初に見つけた人が，マニアックな人だったのだろう，間違えないようにギリシャ文字のアルファベットの順番にした．そのため順に，α（アルファ），β（ベータ），γ（ガンマ），δ（デルタ），…などと読む．DNAを合成する酵素なので，こういうのを<u>DNAポリメラーゼα</u>などと最後の単語だけ入れ替えて呼んでいる（**図2**）．その順番に意味づけがあるわけでもなく，単に見つかった順番につけられている．

　さて，このDNA合成酵素の中で，<u>DNAポリメラーゼβ</u>という酵素がある．この酵素は全くのDNA修復専用である．この遺伝子は動物にしかない．DNAを合成する酵素が動物にしかないというのは進化から考えると変である．元はなかったものが生じたことになる．そんなことはあり得ない．他のDNA合成酵素の遺伝子が重複し，長い間には，その一つが元の遺伝子とは似ても似つかないくらいに変わってしまったのだろう．その生き物がたまたま動物だったと考えるとわかりやすい．塩基配列をつぶさに他の種類のDNAポリメラーゼ全部と比較しながら観察していくと，たいていの生き物がもっているDNAポリメラーゼλ（ラムダ）（9番目に見つかったもの）やDNAポリメラーゼμ（ミュー）（11番目に見つかったもの）と大変よく似ている．ただし，脊椎動物はこのDNAポリメラーゼλもDNAポリメラーゼμももっている．ベータ型はたぶんこのラムダ型またはミュー（μ）型から分かれて進化したのだろう（どちらかというとラムダ型がより古い先祖型なのかもしれない）．動物では両方ある以上，元の単細胞時代からもっている役割はラムダ型やミュー型が果たし，ベータ型は何らかの新しい役割を果たす役職についていると考えるべきだろう．植物にはベータ型はない．

❖ DNAポリメラーゼと神経系・免疫系

　そこでベータ型は動物のどんな種類でも全部の動物がもっているのかどうか？　あるいは同じ人の身体の中でもどこにでもあるのか？　個体発生は進

図2 DNAポリメラーゼの種類

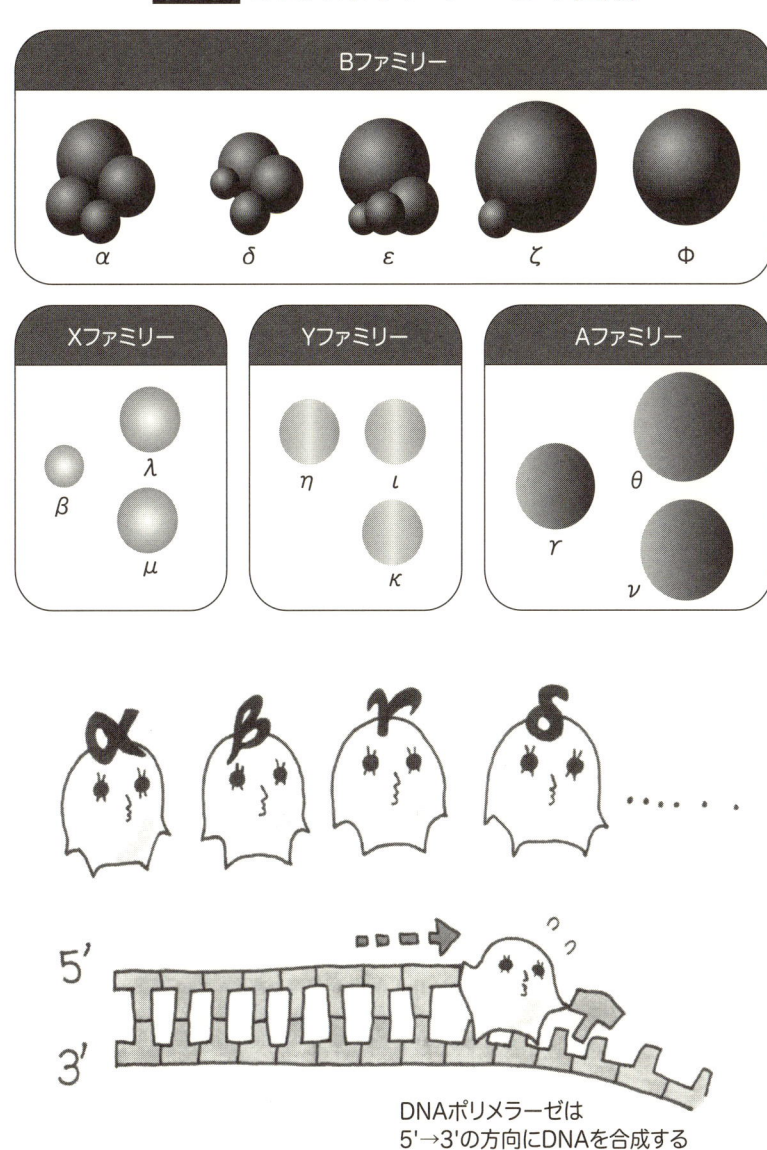

Bファミリー: α, δ, ε, ζ, Φ

Xファミリー: β, λ, μ

Yファミリー: η, ι, κ

Aファミリー: γ, θ, ν

DNAポリメラーゼは5'→3'の方向にDNAを合成する

第12章　DNA修復のしくみは神経・免疫でも活躍していた

化を省略しながらではあるがくり返している．動物でも，ベータ型はなぜか後口動物群（→第10章参照）にしか存在しないのである．それも特に，その最高等動物と位置付けられている脊椎動物を中心に発達しているのである．そこで，さらにベータ型をたっぷりもっている哺乳動物のネズミを使って身体のどこに多いのか調べてみたところ，中枢神経系と免疫器官と生殖組織だけに分布していたのである．中枢神経系というのは，神経が塊を作り脳などを形成するような神経系である．生殖組織を除けば，これら中枢神経系・免疫系は脊椎動物で際立って目立つ機能である．

そこでもうひとつ，こういう実験をした人がいる．ネズミの受精卵からDNAポリメラーゼβの遺伝子だけを除いて発生させたのである．そうしたら，そのネズミは中枢神経系の発生が異常になり，生まれた直後に死んでしまうのである．直接的には生まれて母親の体外に出ると自発的に呼吸をせねば生きられないが，中枢神経系の異常で自律的に自分で呼吸ができないのである．だからもちろん免疫系や生殖組織はどうなったかまでは調べられなかったが，ベータ型はこれらの器官の発生または機能と密接に関係していることを示している．

一体何が関係しているのだろうか？生殖細胞も免疫細胞もそれ専用の特殊なDNA修復のメカニズムがある．それは何度も遺伝や減数分裂のところで述べてきたが，父方と母方のDNA分子が組換えないといけない．これはDNA分子が切断再結合することを意味する．ラムダ型はこの修復専用として発達した可能性が高い．なぜなら，植物には組換え専用のDNA合成酵素はラムダ型しかなく，その減数分裂期の組換えにもラムダ型を用いている．また哺乳動物でも生殖細胞が減数分裂を行う時期にはベータ型とラムダ型両方ともある．ベータ型はこのラムダ型から進化したと考えられるから，免疫のメカニズムでもその中の何らかのDNAの組換えのメカニズムに関係している可能性が高い．

❖ DNA組換えが産んだ抗体の多様性

　免疫反応は，その**抗原**とだけくっつく**抗体**（**図3**）というものをつくり出す．ところがこの抗体というのはタンパク質でできている．新しく作られるタンパク質にはそれ専用の遺伝子がいる．つまり，抗体の設計図がすでに身体の中にあるわけである．外からくるどうしようもない抗原とは何種類ぐらいあるのだろうか？ 数千万種類以上あるのである．すると遺伝子も数千万種類いることになる．あるわきゃない．人の遺伝子は約30,000個しかないことがわかっている．こりゃ天文学的に足らないことになる．どうしているか？ うまいメカニズムがあるのである．

　抗体作り専用の遺伝子群として3種類の群があるのである．名前がついている．**V群**，**(D)群**，**J群**と呼ぶ．抗体のタンパク質の遺伝子は，V群，(D)群，J群の中の破片を一つずつ集めて1つの意味のある遺伝子になっている．この意味のある遺伝子1個が1個の抗体タンパク質を作る設計図になる．すると破片遺伝子の組み合わせの種類は多数できることになる．どの3つの破片が組み合わさっても意味のある遺伝子になる．すると，膨大な種類の違う抗体が作れることになる．

　もう少し詳しく解説すると，抗原には**抗原決定基**と呼ばれる部分がある．その多様性は10^7という多数のそれぞれ異なった特異性がある．

　この破片遺伝子をそれぞれの群から集める作業は胸腺という器官で行われている．各々DNAの破片が1個などと気安く言ったが，これはDNAの上に並んでいる一部だから各々を各群から切り出して連結しないといけない．部分的なDNAの組換えである．これを**V(D)J組換え**と専門の世界では呼んでいる．生殖細胞の減数分裂期と同じように，この胸腺にベータ型が局在してものすごくたくさんある．なるほど，ベータ型は免疫のメカニズムのために発達した可能性が高い．いや，逆かも．ベータ型が出てきたので免疫機構が発達できたのかもしれない．進化から見るとそうだろう．最初，生殖組織専用だったのが，進化と共に転用された．ベータ型をもつものだけが免疫の機能を獲得できた．そのため脊椎動物になれたのかも？

図3 抗体タンパク質

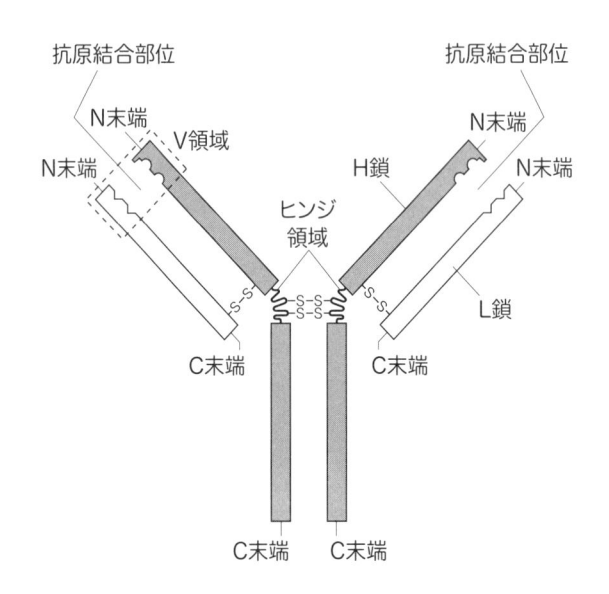

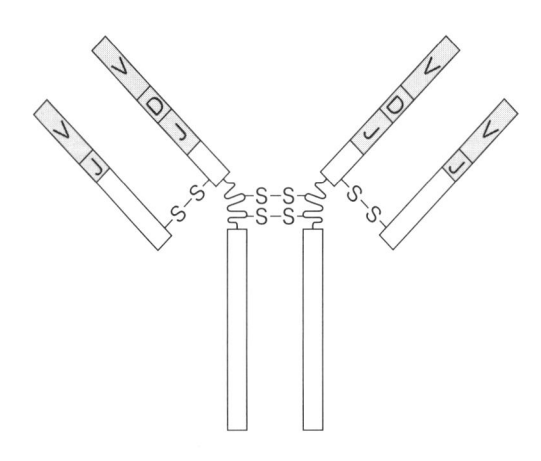

❖ 中枢神経の記憶素子にDNAは関係しているのか？

　じゃあ脊椎動物の中枢神経系のベータ型の分布は何なのだ？ 昆虫はベータ型をもっていないが神経は十分に発達している．しかし昆虫の神経は中枢状態の塊にはならない．神経の塊を作るためにベータ型が必要なのかもしれない．神経の塊とは何ぞや？ 塊となると周り中が神経細胞となり，隣り合う神経細胞同士の連携が非常に発達していることを意味する．たぶん，塊の中の細胞間の役割の分業が非常に進んでいるのだろう．テレビの科学番組などでよく特集される大脳生理学の話や，病院で行う脳のX線CTスキャンやMRIやMRAなどによる断層写真などを見るとよくわかるが，脳の中って役割を分業していることがわかる．塊になったおかげだろう，中枢神経の特徴である．ここにベータ型はどのように関係しているのだろうか？ 免疫のメカニズムと同じくDNAの組換えが関係しているのだろうか？ それは今のところ全くわからない．

　上の免疫のところで述べた抗体を作るためのDNAの組換えには一つ大きな特徴がある．この組換えが生じる細胞はリンパ球の中だけである．この組換えの生じたリンパ球はもはや分裂して増えることができなくなる．1つの抗体だけを作る工場と化し，それ以外のことはほとんどできなくなる．そして，1つの抗原専用の抗体を作った後，しばらくして寿命が尽きて消えていく．そのため抗体も長続きせずになくなってしまうのである．神経細胞も分化すると実は増えることができなくなる．この点では大変によく似ている．なぜ増えることができないのか？ **免疫細胞（リンパ球）の場合は，DNAを組換えているので，全体としてのDNA量が元の細胞より減ってしまっている**ことが大きな理由の一つである．普通，細胞は必ずゲノム量のDNAがなければいけないのに，こんなDNAが足りなくなったものが増え続けたら進化がおかしくなる．こんなことはできなくなっているのである．神経はどうなのか？ DNAを組換えるのか？ DNAの量が減っているのか？ 何のために？

　中枢神経の役割の大きなものに記憶というのがある．コンピュータを見

ると記憶には1個1個を覚えておく記憶素子というものがあるが，中枢神経内の記憶の素子は物質的に何なのか？もし記憶素子がDNAなら，免疫のメカニズムのようにDNAの組換えによってバラエティーを整えているのか？しかし，記憶の素子は1億個程度ではすまない（DNAではないのかも？）．コンピュータの記憶の容量は，最近ではギガチップというふうに，記憶の容量は10億素子ではきかなくなってきている．でも，この程度ではとてもじゃないが，人の能力には見合わない．いったいどんな組み合わせにしたら全ての記憶の素子が作れるのか？記憶の素子も物質であるに違いない．さもないと化学反応にならない．しかし，今のところ何もかも全く不明である．その昔の遺伝子の化学的な本体が何であるか議論された話題に似ている．「そんな物があるはずがない！化学物質の特徴から言ってあり得ず不可能だ！」と言った人がほとんどだった．しかし「ある」はずである．なければ，われわれの脳は何なのか？

❖ 短期記憶はRNA，長期記憶はDNAが担う？

　私の偏見的アイデアを述べてみよう．DNA修復系の遺伝子の変化というのは，解明するきっかけになるに違いない．免疫の機構解明に影響されて，DNAの塩基配列を見るからいけないのかもしれない．人のDNAの塩基数は，要するに約30億bpにすぎない．記憶するシグナルの容量から考えてもとてもじゃないが数値が合わない．免疫の抗体産生でさえ，数があまりにも合わなかったくらいなので，この場合の差はさらに天文学的で利かない差である．見方を変える必要がある．

　なぜ，1個の細胞の中だけで考えなければならないのだろうか．DNAは細胞から絶対に一歩も出ず，自分だけで完結していると分子生物学者は考えがちである．「DNAの情報は全ての細胞で同じである」という原則から来ている．この原則は細胞が増殖できるというもう一つの原則に乗っている．しかし免疫細胞の状況を見るとV(D)J組換えの結果，その細胞は同じDNAを所有していない（少ない）．よって再び増殖はできなくなる．

脳神経細胞も成長中を除き，増殖できない．神経機能に特化した細胞になっている．そして，増殖能力を失っているにもかかわらず，DNA修復用のDNAポリメラーゼは大量に創られている．DNAが増殖しないにもかかわらずDNA合成用の酵素が大量生産されているのである．合成されておらず，かつ人の脳細胞は外からのDNA傷害（例えば，紫外線など）はほとんど受けない．少なくともなぜかDNAの合成能力だけはもっていることになる．

　話は飛ぶが，テレビ番組などの，大脳生理学などでよく用いられる電気生理学的な機能領域を見ていると，大脳の「何々の記憶を司る部分」「何々野」などと言う場面がよく出てくる．かなり大きな領域である．もし，1個1個の細胞のDNAが独立して機能していると考えるより分業して協力しながら働いていると考えると，一気に上記のような「1細胞ごとに完結」という呪縛から解かれるかもしれない．記憶を分け合ってさらにV(D)Jよりはるかに複雑に積み上げる方法があれば，天文学的な記憶素子の数の問題をクリアできるかもしれない．

　このような神経細胞たちが分業しているとはたいていの人が考えているが，記憶の物質的背景を努める素子という単位であまり考えられていないように思う．せっかくだから，ここで，私の単なる空想（いや，妄想かな？）を述べてみよう．この内容は，真に解明される時期が来たら実に陳腐な意見かもしれないので，あらかじめ，そういうもんだと申し上げておく．

　ただいまのところ，記憶のメカニズムはどちらかというと，タンパク質が素子ではないかという意見が強い．その説を読んでみると確かに頷かされるものがある．しかし，五感から入る情報がそれだけで処理できるのか？という疑問を私自身は常に抱いている．私は素子の物質は，やはりDNAやRNAではないかと思っている．そしてやはりDNA組換えや転写・逆転写（RNA→DNA）などの特殊なDNA修復機構が発達して，それ専用のシステムがあるのではないかと思っている．もちろんたいした根拠があって言っているわけではない．単に神経細胞がもはや増殖不能だから，やはり神経

細胞中のDNAの量に変動があったのか，と思うことと，どういうわけかDNA修復系の遺伝子が機能しており，特に各種のDNA合成酵素の発現量や蓄積量は異常である（注：哺乳動物しか調べられていない．私自身が調べた）．

でもこの場合なら，五感から入る全ての情報を暗号記憶に変え，そして引き出すということが基準になるから，明らかに塩基の数が足りない．免疫で起きるV(D)J的な組み合わせシステムを考えても，あまりにも数が足りない．天文学的に足りない！そのために，細胞間でV(D)Jに勝るDNAまたはRNA（あるいは両方）上の情報が行き来していると考えると数は充足できるに違いない．V(D)J型のような単純な方法でも1細胞で1億ぐらいの組み合わせが創設できるのなら，同様の周囲の細胞が1億個あり，情報が行き来するとすると，1億×1億だけで10^{16}種類の組み合わせが可能である（1億個の神経細胞の塊の大きさは，せいぜい直径1～2 mm程度である）．1細胞の中でもV(D)J型のような単純な方法ではなく，もっと高度な方法が採れるはずである．さらに1,000～1,000,000倍くらいには拡大が可能だし，互いの連絡網の中の細胞の数だって1億ではきかないかもしれない．そして大脳の何々野と言われる領域の規模を考えると，この組織の塊である「野」間でも，このような高分子のやりとりがあるのではないか，と思った．このように考えれば，少なくとも記憶を分析分解して物質に代えて保存することは数値的には可能である．この場合は（私は）五感から入った情報がDNAやRNAに刻まれた記憶（つまり，塩基配列，凸凹）として，保存され取り出されるプロセスを記憶のメカニズムと考えてみたわけである．

すると長い長期にわたる記憶はDNAで，短い期間の記憶はRNAで，などと考えてみると，ちょっとだけ，そうかなという気もする．短期の記憶が一部逆転写されてDNAに入るのかな？老人がよく言うことで「古いことはわりとよく覚えているが，新しいことはすぐ忘れる」というのがありますよね．そういうことからつい連想しただけです．（全て私の空想です）．

この仮定の最大の問題は，DNAやRNAに刻まれた記憶（つまり，塩基配

列，凸凹）が細胞間で行き来するということである．分子生物学的にあり得ないことを想定しなければならない．つまり少なくともRNAなどは自由に細胞間を行き来していなければならない．できればDNAの一部も組換えを通じて行き来できれば，さらに好都合．例えば，隣り合った細胞同士のDNAが細胞膜を乗り越えて組換えをするというような，現時点では荒唐無稽な話になる．とてもじゃないがV(D)J程度の発想では合理的な説明が追いつかない．だが，RNAも含めて話が荒唐無稽なだけに，そういうデータは全く報告されていないし，研究もされていない．これまでの常識で考えれば，そんなバカなことは起きるはずがない！のである．ただ一言いいたいのは，遺伝子＝タンパク質時代を思い出してくださいね．先入観だけは避けたい．

　まあ，まだこの方面の分子生物学は，そのような空想や妄想が許されるくらいに未発達であることを示している．進化の話と同様にまだ何を言ってもよい段階だと思う．

13

遺伝子組換えはアブナイか？
~クローンと再生医療のはなし~

❖ 異種生物間の人工的遺伝子組換え

　遺伝子を組換えられた動植物の話題が社会を賑わすようになってすでにかなりの時間がたった．この問題もバイオの観点から述べておく必要があるだろう．

　まず，**遺伝子の組換え**というのは，生物の進化の基本であり，日常茶飯事に起きている現象である，ということを認識してほしい．減数分裂は典型的な遺伝子の組換えである．そして，遺伝子の組換えは遺伝現象の上でも非常に重要だが，進化の中でも重大な役割を果たしてきた．遺伝子の組換えと言うのは世にも恐ろしい悪魔しかできないような作業ではなく，いつもそこら中で起きている現象であるということである．あなたの身体の中の精巣や卵巣の中で年中発生しているのである．そして，そのおかげで，あなたの可愛い子供たちも誕生できたのである．それがなければ，あなたはほぼ不妊になり子ができないことになる．遺伝子の組換えが起きないと人類はあっという間に滅亡してしまうことになる．

　なぜ，**人工的な遺伝子組換え**が，こんなに話題になるようになったのだろうか？　普通は子供を作るためには生殖が必要である．その生殖は同じ種類のオスメス間で行われる．普通は異種間ではあり得ない．まさか動物と植物の雑種ができるとは想像をしたこともないだろう．動物と植物の雑種は最新の細胞工学をもってしてもできない．非常に異なる種類のあいだの全遺伝子が合体しても，実は発生できず親にもなれない．受精卵になりに

くいもの同士の組み合わせでは，人為的に遺伝子を合わせてもやっぱり雑種はできないのである．38億年の進化の過程は伊達ではないのである．そんなことは不可能なように進化しているのである．ハエと人間の雑種，ハエ人間もハリウッド映画の中だけでしかできないのである．ただ，片方の生き物の遺伝子の中に，もう一つの生き物の遺伝子の中のごく一部（たいていは1個の遺伝子）を入れることは遠縁の生物間でもできるというだけの話なのである．

❖ 遺伝子操作の道具たち

1）ファージと制限酵素

まず分子生物学の本らしく，**遺伝子操作**技術を説明しよう．この研究はバクテリアに感染するウイルスの一種**バクテリオファージ**（以下，ファージと略す）という生き物の研究から始まった．

ファージはバクテリアを殺す病原菌で，多種ある．その中の一種で，DNAとその周りを取り巻くタンパク質（**コートタンパク質**などとも言う）だけからなる非常に単純なファージを見ると，生き物だから自己増殖しないと生き続けられないが，身体があまりにも単純で自分で増殖する機能がない．どうするかというと，バクテリアに感染して身体（細胞）の中の一種で，潜り込み，バクテリアの増殖の分子メカニズムを拝借して増えるのである．爆発的に増えきったら，その宿主たるバクテリアの細胞を破壊して表に出る．そして次の餌食のバクテリアを探して感染する（**図1**）．バクテリアにとっては恐怖の生き物である．当然，バクテリアの方にも防御機構がある．ファージも生き物なのでその遺伝物質はDNAである（RNAの場合もあるが，今回は置いておく）．DNAは塩基配列でできており，それは遺伝暗号をもつ配列だから，生き物が違えば配列も異なる．精密に配列を探せば，数個〜10個程度の連続する塩基配列なら，宿主のバクテリアDNAの配列にはないが，ファージDNAにはある場合がある．この配列だけを認識して切断してしまう酵素を生産するのである．

図1 ファージの増殖

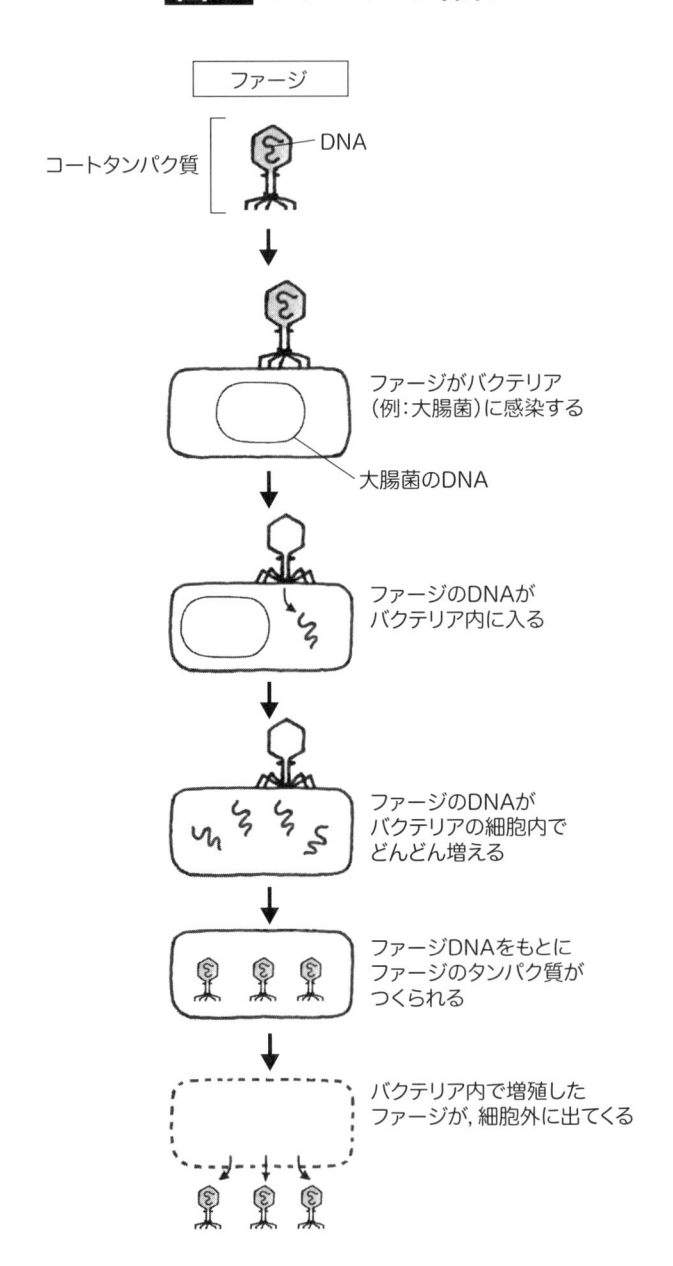

ファージ

コートタンパク質 — DNA

↓

ファージがバクテリア（例：大腸菌）に感染する

大腸菌のDNA

↓

ファージのDNAがバクテリア内に入る

↓

ファージのDNAがバクテリアの細胞内でどんどん増える

↓

ファージDNAをもとにファージのタンパク質がつくられる

↓

バクテリア内で増殖したファージが，細胞外に出てくる

図2 制限酵素によるDNAの切断

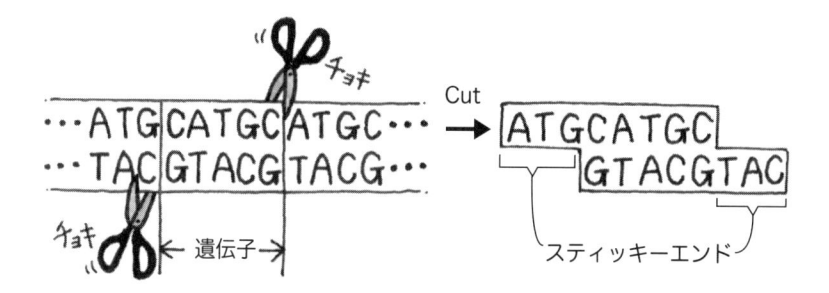

この酵素は、特別に**制限酵素**と名付けられている。今では多数の種類の制限酵素が見つかっている。これらの制限酵素は、切断の仕方が極めて特徴的である。DNAは二本鎖になっているが、これを2本とも同じ箇所で切る。しかし、奇妙なことに認識した配列の端と端を別々に一本鎖だけ切る（図2）。そのため片側のDNAが少しだけ一本鎖として垂れた状態になる。切れて分かれたお互いの垂れた一本差の端同士を**スティッキーエンド**（粘着性末端：端）と呼ぶ。垂れた一本鎖同士は配列が相補的なので、くっつくことができる。

2）DNAリガーゼ

さらにこのスティッキーエンド同士がくっついているとき（互いの一本鎖DNAに切断が入っているから弱い仮くっつきである）、この切断している部分をくっつけることができる酵素が発見された（**DNAリガーゼ**と言う）。

これを人間が利用し始めたのである。特殊な配列だけ認識して切断できるのなら、バクテリアのDNAにはない配列でも他の高等生物にはあるかもしれない（実際にある）。この制限酵素を利用してそこだけを切ることができる。しかも同じ生き物でもDNAは全体としてみれば少しは違っている（顔だって姿形だって少しは違う。つまりDNAも違う）。A個体のDNAを

図3 プラスミドDNA

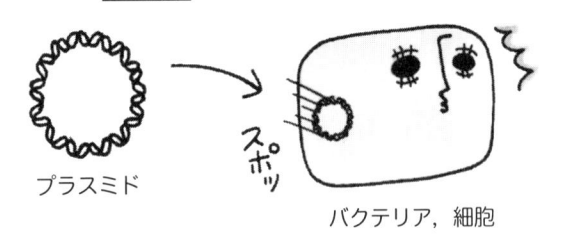

プラスミド　　　バクテリア，細胞

切り，B個体のDNAも切り，この二つを混ぜる．するとスティッキーエンドが互いに異なる個体のDNA同士でくっつくかもしれない．それをDNAリガーゼでつないでしまうのである．試験管中で遺伝子を入れ替えてしまうことができるようになった．

3）輪ゴム状の小さなDNAとクローニング

　さらにもうひとつ，遺伝子組換え技術の発達に拍車をかける発見があった．バクテリアのDNAの中には，本体のDNA以外に小さな輪ゴム状の丸いDNAがあることがわかったのである．このDNAは化学的に取り出しても生きており，バクテリアにぶっかけると，再びその細胞の中にまるでファージのごとくサッと潜り込み，生き続け増殖していくのである．これを**プラスミドDNA**と呼ぶ（**図3**）．プラスミドは大変丈夫でかつ非常に小さいので極めて扱いやすい．しかも多種類あり，それぞれがいろいろな制限酵素で切断できる配列をもっている．たぶんご先祖はファージのようなものだったのだろう．しかし，バクテリアに感染しても爆発的に増えないし，殺さない．きわめて穏やかに本体のDNAと共に増え，静かに共存する．

　そこで，いろいろな配列を切断できる種類のある制限酵素を利用して，高等生物DNAの遺伝子部分の両側を切る（たいていは遺伝子ではなくcDNAを使う）．これを**遺伝子クローニング**あるいは**cDNAクローニング**

図4 遺伝子クローニング

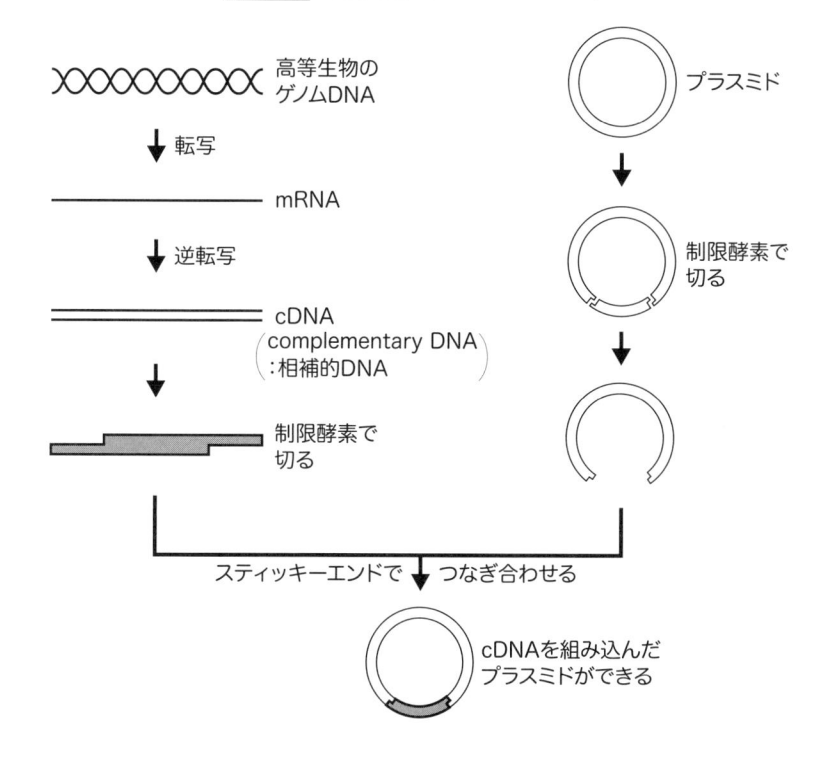

```
XXXXXXXXXX   高等生物の
             ゲノムDNA
     ↓ 転写
──────────   mRNA
     ↓ 逆転写
══════════   cDNA
             (complementary DNA
             ：相補的DNA)
     ↓
▭▭▭▭▭       制限酵素で
             切る
```

プラスミド
↓
制限酵素で切る
↓

スティッキーエンドで つなぎ合わせる
↓
cDNAを組み込んだプラスミドができる

と呼んでいる（**図4**）．今では簡単にどんな生き物からも化学的に取り出すことができる．当然両端にスティッキーエンドがブラ下がる．さらにプラスミドにも同じ制限酵素で切断を入れる．両者を混ぜる．するとプラスミドに遺伝子部分（cDNA）がくっつく．これをつなぐ．するとcDNA入りのプラスミドができる．これをバクテリアに感染させると細胞の中に入る．バクテリアはこの遺伝子部分の暗号を**転写**，**翻訳**し，そのタンパク質を大量生産する．これが遺伝子操作による他の生物の遺伝子産物の微生物生産を可能にした．今，この方法は分子生物学の基礎研究には必須の方法で，この方法がないかぎり学問の発展がないくらいに汎用されている．また今

後の発酵工業にとっても極めて重要な技術である．今話題の，**抗体医薬**などもこのような方法による生産が増えるのかもしれない．

4）動物や植物で遺伝子操作を行う方法

　有用な動植物の遺伝子操作は，これらの技術の応用として進歩した．上記の技術のうち，制限酵素による遺伝子の切り出しは全く同じようにいかなる生物種のDNAでも可能である．しかし，プラスミドは動物や植物の細胞には感染することができない．そこで目的の生物種にも感染できるようなプラスミドに代わる成分が探された．植物では**アグロバクテリウム**（図5）という微生物がその役割を果たせることがわかったので，まず植物の遺伝子操作が始まった．

　動物などでは，遺伝子を組み込んだDNAを**パーティクルガン**と呼ぶ機械を用いて受精卵に直接打ち込むなどという技術も開発されている（図6）．人などでは，このような性質をもつものがなく，やや難航している．癌ウイルスなどはこの性質をもつが，読んで字のごとく，頻度は低いとはいえ，発癌というかなり危険を伴う可能性があるので，二の足を踏まれている．

　遺伝子操作は動物でも野菜でも同じ技術を用いている．取り出した1個の遺伝子を他の生き物のDNAの中に入れて定着させてしまうのである．いったん入った遺伝子（cDNA）は，その生き物の遺伝子組成の一部になり，子供にも自動的に伝わり遺伝していく．入り込んだら最後，細胞はそのDNAも増やし育てていってしまうのである．全身のDNAがこれをもつためには，まだ分裂を開始する前の受精卵などに組み込むのが一番である．親になった全身の細胞がこの遺伝子をもっていることになる．

❖ 遺伝子組換え作物の誕生

　さて，普通は自然界の中では，遺伝子が移動するということは両親の遺伝子が子供に遺伝するときに減数分裂過程を用いて混じりあっていくことによりできあがる．だから，遺伝子が移動することが絶対に不可能な生き物の間（セックスができないもの同士の間）で，一部とはいえ遺伝子を移

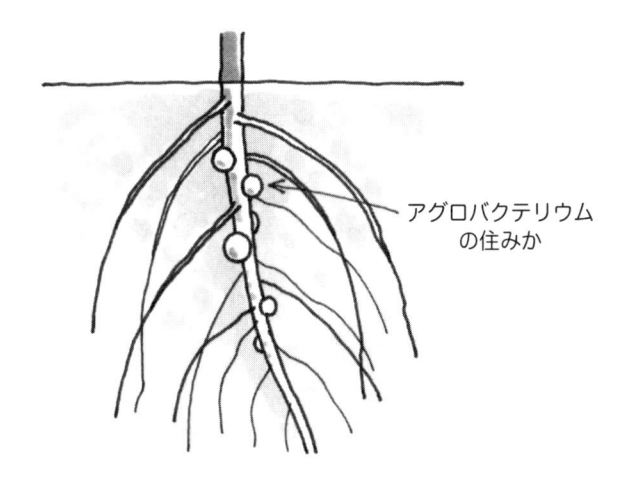

図5 アグロバクテリウム

アグロバクテリウムは土壌細菌の一種で，植物の根のこぶ状の部分（根粒）に住んでいるアグロバクテリウムがもっている特殊なプラスミド（Tiプラスミド）を利用して，植物の遺伝子組換えを行うことができる

すというのは，38億年の掟に反することになる．生命38億年の歳月をかけてできあがった遺伝子の組み合わせの妙味を破壊していることになる．
　例を挙げてみよう．ある植物は葉を食い荒らす昆虫になぜかやられず生き延びている．この理由は昆虫が嫌いな成分を植物が身体の中に作ることができるようになったためである．この成分を作る遺伝子を，人にとって有用な野菜や穀物（いくつかは，この昆虫に食い荒らされる弱い植物種である）の遺伝子組成の中に組み込んでみる．もちろんその結果増えなくなったりまずくなったりするものも出るが，そういうのは除き，全く性質は変化しないが昆虫だけは寄りつかなくなるものをつくり出す．農業的には実に理想的な話である．これ以上素晴らしい品種改良の方法はないのではないかと思われるくらいに，最高な話である．しかし，よく考えてみると，こういう組み合わせは人類が出現しなかったら自然界では絶対にあり得なかった種類の生き物を作ったことになる．生き物というのは，かってに増

図6 パーティクルガン法

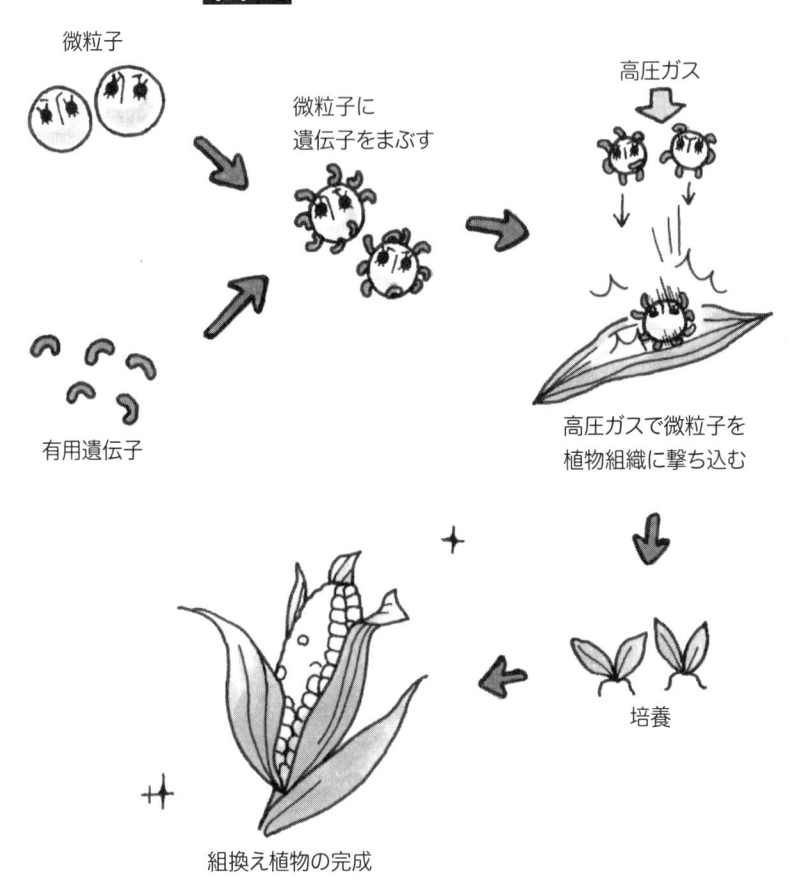

微粒子

微粒子に遺伝子をまぶす

有用遺伝子

高圧ガス

高圧ガスで微粒子を植物組織に撃ち込む

培養

組換え植物の完成

上の図では植物に遺伝子を導入しているが，動物でも可能である

えていく自動増殖マシーンである．いったん作ってしまえば，それが自然界で生存に適応していたら，絶対に滅びないことになる．人類が滅びてもその生き物に都合のよい環境が続く限り，生き続けるだろう．場合によっては，いたるところの生態系の中ではびこりまくることになるかもしれない．さらにまずいことには，その種に留まらず勝手にそこから進化さえし

ていくことになる．ドンドン新しい生物に変わっていくことにさえなる．ついに地球上の生き物の未来の世界さえ変えてしまったことになる．

❖ 遺伝子操作も進化の一形態にすぎない

　これは植物を例に挙げたが，別にこういう例に限らず，いまや，動物だろうが植物だろうが菌類だろうが何でも可能である．はては，オリンピックで勝つだけの目的で身体能力を超人的にするために，高速で走れる他の哺乳動物，チーターや馬など，筋肉を巨大化するためにゴリラや熊などの遺伝子を人に組み込んだりしかねない．水泳の選手の指の間に水鳥のような水かきが発達していても誰も珍しがらぬ社会さえできかねない．このような組み込まれた遺伝子はそのままその人の子供にも遺伝するから，ついには水かきをもつ種族の人間集団ができることにもなる．分類学的には1族1種の生き物である人間はこのようにして分類学的にも多様化していくのかもしれない．しかも，地球の時間は無限にある．今の人間が禁止しても千年後の人間たちを規制することなどできようもない．パンドラの箱を開いたのだろうか？

　馬鹿馬鹿しい．私はそうだとは思わない．人間も自然界の中から生まれた物体にすぎない．自然界にとって人など特別な存在ではない．今までの自然界の進化の中では受け渡すことができなかった遺伝子同士だが，自然界が生み出した生き物の一つである人間が受け渡しているだけのことである．これも自然現象の一つなのである．38億年後の進化の過程の一つにすぎない．これで今までの自然界の組み合わせが壊れ，大変革が起きてもそんなことは進化の中では当たり前だった．大気が炭酸ガスから酸素に代わったのはものすごい変化だった．それまでの地球の自然現象からは考えられない事件だった．以前の世界は全て消滅し，新しい世界ができた．今回の現象はそれに比較すれば実に些細な話である．バイオの立場から見れば，ただの進化の一員である．これで全地球の生き物の大部分が滅びることになったとしても，恐竜の絶滅と似たようなもので，地球には無限の時間が

あるのである．また，生態系の全てを占拠する新しい生き物群が進化するだろう．指の間に水かきのできた人間から何が進化するのかわからないが，生物学の概念とはそういうものである．人がやっていることも自然の成りゆきにすぎない．人または人様の生き物が地球に登場するのは進化の必然（人が地球上に出現しなければ，きっと恐竜から知的生物が進化したに違いない．人間！がその姿を想定したものまでカナダのオタワの自然博物館に陳列されている）だとしたら，その変化（遺伝子操作）も進化の必然なのである．このような遺伝子の移り方も進化の極限では必ず登場することを意味する．もし宇宙の彼方のどこかの星で，地球と同じように生き物が発生し生息していたら，条件がよければ，必ずいつかは知的生物が登場し，やはり遺伝子操作を行っているに違いない．人間が生き物を変えているのではない！進化の必然にすぎない．人はその中の踊らされている一役者にすぎない．

　進化の原理に戻ろう．環境に適していない生き物は進化の過程で除かれていくのである．遺伝子をそれまでになかった方法で受け渡したところで，同じである．受け渡された組み合わせがうまくいくケースはたぶん非常に少ない．なぜなら自然界ではそういう発達をしなかったからである．よければ必ずそういうふうな発達をしたはずである．だから，ほとんどの遺伝子操作された生き物は人間が滅びれば，長くは生存不能だろうと思われる．現在の農作物のほとんど全部が遺伝子操作とは無関係に，古来より品種改良されており，野生の植物とは異なる「いびつ」な生き物である．これは交雑が可能な種類同士であるが，その中で遺伝子を組換えたのである．この場合は近縁種同士だから問題視もされていないが，原理的には遺伝子操作植物とあまり変わらない．そのため，人間が栽培しないかぎり生存できない植物種である．人間が滅びたら，同じようにたちまち野生の植物に駆逐され消滅してしまう生き物だと思われる．遺伝子操作植物も動物も同じ運命だろうと予想される．

　しかし，人為的な遺伝子操作の場合，あまりにも遠い関係だったのに導入した遺伝子が偶然にもうまい組み合わせだったということもまれにはあ

り得るかもしれない．そのときはこの生き物は大いに繁殖し生き延びていくだろう．それが改良を企てた人間にとって結局悪く作用するような生き物であっても，生き延びるに違いない．多分，人間と生死をかけた闘争をくり返しながら，それでも一部はしぶとく生き残るはずである．その中で必ず触れておかねばならないことは，まず，遺伝子操作は人間しか今のところできないし，人間は自分に都合がよいことしかやらない，ということである．だからこれはたぶん植物種だろう．だから生死をかけた闘争といっても，畑を荒らすものすごい繁殖力の植物を撲滅するという戦いなのだろう．このような植物は，当分の間は遺伝子操作により人口爆発に大いに寄与し，人間の数の増大を大いに助けるだろう．そして，結局は人間にとって都合の悪い環境への変化（人間はこれを環境破壊と呼んでいる）を促進するだろう．これは遺伝子操作の結果ではなく，遺伝子操作の結果，可能になる食糧の増産のために起きる人口の増大の結果であると私は思う．遺伝子操作の結果，畑の規模は増大させずに同じ面積で収穫高が上がれば，環境破壊は遅れるから，地球に優しい，などという主張さえ可能になるかもしれない．そして，人口はさらに増大し，人類の破滅への時間を短縮するに違いない．いずれにしても自然の生んだ所産にすぎない．

❖ クローン生物＝同じ遺伝子をもつ生物

　クローン生物って何なのだろうか？　説明しよう．クローンという言葉は，**「遺伝的に同じ」**という意味で使われている．クローン細胞は，1個の細胞から出発して分裂を重ねた同じ由来の細胞という意味であり，遺伝子クローンというのは，分子として取り出したある1個の遺伝子DNAを化学研究の目的に用いるために，できるだけたくさん同じ遺伝子を増やしたものという意味である．

　クローン生物とは，全ての遺伝子が全く同じだが，個体（個人）としては異なるという意味になる．一番わかりやすいのは，一卵性の双生児を思い出してもらえばよい．両者は全く同じ遺伝子からなっているクローンな

のである．一卵性の双生児のでき方を発生の過程で説明しよう．受精卵が第一卵割を完了したときになんらかの理由で，その二つがバラバラに分かれてしまい，その後何ごともなかったかのようにそれぞれの割球が別な個体として発生し生まれた状態である．したがって，この双生児の遺伝子は全く同じということになる．これがクローン生物である．

　クローン生物というのは，実は昔から植物（特に花のような鑑賞植物）の品種改良の世界では非常によく創られてきたもので，どこにでもある．例えば鉢植えで売買されているランのほとんどはクローン技術を用いて創られた（栽培された）個体である．植物は親の身体の中のどこから採った細胞でも，1個の細胞から（それが種になったかのように）元の親の身体と同じ成体を作ることができる．そこでランの一部の組織を切り出し，その中の細胞を試験管の中でドッと増やし，さらに増えた細胞集団をバラバラにして分け，一つ一つを違う試験管で培養し栽培する．すると親のランと同じ遺伝子組成なので，全く同じ個体ができ同じような花が咲く．これを売っているのである．要するにクローンとはそういうものなのである．

　ランならよいが，自分と同じ姿形の個体がたくさんいたら，自分が誰かわからなくなるような気分になるし，できない方がよいのだろう．ただ，誤解されているのは，自分と同じ姿形だが自分ではないということである．双生児の各々は違う人格で同じ人ではない．戸籍上も違うし，互いに相手に精神が乗り移れるわけでもない．ただ同じ設計図で作られたというだけの話である．同じ工場で同じ設計図に基づき作られた自動車同士が全く別のモノであることと同じである．クローン個体も全く同じで，全てできあがった個体は別なものである．自分の代わりにはならないし，自分が永久に生き続けていることにもならないのである．

❖ 一生増え続ける再生組織の細胞

　少し詳しく発生の面から見てみよう．人の身体は，受精卵で始まり，全ての臓器はその中から分化してできてくる．つまり，もともとはどの臓器

でも，一個の細胞から分裂して分化することができたわけである．しかもそれは細胞の中を見ると動物の場合は上記のクローンのごとく，元の親の個体と同じものを形成するには設計図である核を受精卵に放り込めばよかった．ただし受精卵の元の設計図は破壊して殺した後である．もう発生がずっと進んだ細胞の中に放り込んだときは全くダメであった．つまり動物では核以外の受精卵の部分（**細胞質**と呼んでいる）がクローンを作るためには絶対に必要であることがわかる．何にでも分化できる性質ということで，この特徴を**トチポテンシー**または**分化全能性**などと呼び習わしている．植物では一生保たれるこの性質が，動物ではなぜ失われるのだろうか？

　もう少し基礎の発生を見てみよう．人を例にとろう．人は成長期を過ぎて大人になると，全身のほとんどの細胞は分裂をやめて増えなくなってしまう．人は無限に死ぬまで成長を続けるわけではない．しかし，大人になっても，身体の中には死ぬまで分裂を続ける細胞組織も中にはある．これを分類すると，大人の身体は**再生組織**（皮膚，粘膜細胞，骨髄細胞，線維芽細胞など），**条件的再生組織**（肝臓など，ごく一部の臓器），**非再生組織**（脳神経など多くの臓器）の3つに分かれる．

　この中で，再生組織が「死ぬまで分裂を続ける細胞組織」にあたるわけである．比較的単純な構造をもつ組織が多い（逆に言うと，複雑な構造をもつ臓器は分裂を続けない組織ということになる）．皮膚も粘膜も物理的に擦れて傷がつきやすい組織である．どんどん代替わりが必要である．血液もどんどん骨髄細胞から作られる必要がある．線維芽細胞というのは傷ができたときに増えて傷をふさぐ細胞である．つまり，こういう組織の細胞には増えないとまずい性質があるからである．

　この分類を見てもわかる通り，一部の細胞の分裂能力は大人になっても保たれるが，そのほとんどが特定の細胞にしかなれないという程度には分化してしまっているのである．一度分化するともはや元に戻れず，そこから成体を形成することもできないのである．後述する胚性幹細胞だけはその性質を逸脱しているが，その性質を利用したのが，クローン動物なのである．

❖ 植物には分化全能性はあるが，動物にはない

　ではなぜ，高等植物はいつの時期でもどこの細胞でも分裂できるのか？曖昧な答えになるが，植物の方が細胞の分化程度が低いのだろう，というしかない．実際に，人では1個の受精卵からできたにもかかわらず60億種類以上の細胞に分かれて分化するが，植物では複雑なものでも20〜30種類ぐらいの細胞に分かれるだけである．1個の細胞の機能を見ると，植物は動物よりはるかに高度に進化して高い機能をもっているが，動物は個々の細胞の機能は限定されており見方によってバカの一つ覚えみたいな作業しかできず細胞間で機能を分業するように進化したようである．それがこの差を生んだのかもしれない．進化の考えから見ると，もともとこのような細胞の「分化の全能性」はどれにでもあったのだろう．それが高等動物でも特に進化したものでは，細かい分化の代償として失ってしまった機能なのかもしれない．同じ動物でも，下等な動物ではクローンを作ることは簡単にできる可能性が高いのである．進化の系統樹からみると，簡単にクローンができる種類がほとんどで，高等動物のような状態はむしろまれなのである．

　動物はエサを自分の体内でつくり出すこともできず，植物を殺しっぱらって生きねばならない宿命の犯罪者である．そのための機能ばかりが発達した生き物で，動き回りいかなる環境条件の変化にも適応して生きていかねばならないために，その方面の機能を飛躍的に発達させた．結果として個々の細胞が分業化し，他の生物のような分裂のためエサ作りのための全能的な能力を失った特殊な生き物なのだろう．人は自分が動物であるため，自分が中心で自分が全ての見本であるような錯覚に捕われるから，そんなバカな！と驚くことになるのだろう．

　人の双生児がクローンだと言ったので驚かれた人も多いだろう．ただ，研究の中で作りだされたクローンは，自然条件の中では絶対にできないようなものである．同じ議論をするのはおかしいということも言えるだろう．しかし原理的には全く同じなのである．人の場合は二つの個体に分かれる

程度が限度であるが，人工的にクローンを作りだす方法は，ほとんど無限に近い数でクローンを作りだすことができる．これが人に驚きを与えたのであろう．

❖ 再生医療による臓器移植の夢

1）再生医療とは

　モノの考え方としてはクローン生物と同じである．細胞工学・遺伝子工学で，全身個体を作るか部分的なもの（要するに臓器）を作るかという違いだけである．

　クローン生物は，医学というより農学的な使い道の方が強いが，**再生医療**の研究は臓器移植の研究や手術の延長線の一つとして始まった．**臓器移植**は，今や非常に効果的な治療法の一つになっている．しかし，この治療法が発達すればするほど，必ず直面する重大な問題がある．それは，もらう人がいれば，必ず臓器を進呈する人がいることである．そして，移植できる臓器は種類も数も限られているし，ドナー（臓器の提供者）も多くはない．よけいな臓器をもっている人間というのはいないので，一人の人間に1個しかない臓器を贈呈するためには自分が死ななければならない．ドナーの数より，常に患者の数の方が天文学的に多い状態である．

　できれば完全な人工の臓器，あるいは他人からの移植ではなく移植できるような臓器を細胞工学的に人工的に創る，などの方法も考えられるが，まだ，ない．そこで，考え出されたのが「再生医療」と呼ばれるものである．いただいた1個の臓器をそのまま移植せずに，取り出した状態で，試験管中で増やし，何人にも移植できるようにする，あるいは臓器といわなくてもその組織を補える一部の細胞を体外で増やしてそれを体内に戻して用いることができないか，ということになっている．最新の細胞生物学，細胞工学の技術を使って，取り出した臓器を試験管中で再生し増やすことができないか？ そうしたら，移植できる臓器の種類の限定がなくなり，何でも移植できるようになるかもしれない．例えば脳でさえもできるかもし

れない．そして臓器の数不足の問題は自動的に解決する．これを「再生医療，再生医学」と言っているわけである．もっとも，将来はいざ知らず，今のところ，再生医療は，この組織の中の一部の細胞を体外で増やし，身体に戻すという手法のことを言っている場合が多い．

2）幹細胞とES細胞（胚性幹細胞）

人の身体は，最初は細胞1個（受精卵）で始まり，どんどん分裂し，全ての臓器はその中から分化してできてくる．つまり，もともとはどの臓器でも，一個の細胞から分裂して分化することができたわけである．しかし，成長期を過ぎて大人になると，ほとんどの細胞は分裂をやめて増えなくなってしまう．人は無限に死ぬまで成長を続けるわけではない．しかし，先に述べたように，大人になっても，身体の中には死ぬまで分裂を続ける細胞組織も中にはある．

例えば，皮膚を思い出していただきたい．表面を削ると，どんどん下から若い皮膚ができて盛り上がってくる．要するに内側の皮膚の一番下（奥）に，皮膚の**幹細胞**組織があり，表面の方が削れると増殖し，外側に向かって増えていき，機能細胞に変わっていくわけである．つまり，外側とは，幹細胞（増殖する本家）から分化してできた，生理学的に本来の皮膚の役割を果たしている皮膚の機能細胞であるわけである．幹細胞は一様に同じ細胞（例えば皮膚の幹細胞は皮膚細胞のみ）を増やすだけで，他の細胞や組織にはなれない．強調するが，絶対に変わらない．変える方法も現在ない．ただし，例外はある．唯一，骨髄細胞には，血液だけでなく，血管や心筋などの細胞になる幹細胞がある．他の多くの臓器（例えば心臓など）は，肝臓のような条件的再生組織に属する一部の臓器を除き，もはや全く増殖していない．ただし，最近の研究によれば，今まで増殖していないと信じられてきた臓器にも，幹細胞組織が多少はあるのではないかと言われだしている．また，各臓器が傷がついたときの修復用の細胞もあり，これは必要に応じていつでも増殖できる．

さらにもう1つ，幹細胞の中には，驚くべき万能な細胞もある．マスコミによく登場する**ES細胞**なるものである．日本語で**胚性幹細胞**というも

のである．これは，受精卵を親の体内で正常に発生させずに取り出し，試験管中で増殖させたものである．将来全身になる予定だった細胞であるから，理屈上は，何にでも分化できるはずである．

そこで，このような細胞を取り出し，試験管中で増やし，また，もとの身体に戻してやれば，そこでダメになった組織の代わりができるのではないか？例えば，輸血のように，各々の幹細胞の取り出しが容易な皮膚や角膜なら，すぐできそうな印象である．脳硬塞で一部の脳組織が破壊されて後遺症に悩まされている患者の脳に，脳の幹細胞を試験管中で増やしてやり，直接脳に送り込んでやれば，組織が再生し，後遺症が治るかもしれない．同じ発想で，ES細胞を増やして，どこかの臓器が破壊された組織をもち後遺症に悩まされている患者に注入すれば，もう何でも治るのではないか，と思わせるものがある．そして，もし可能なら，試験管中で臓器それ自身を再生できないか？と思う．これが再生医療の原点である．

しかし，今のところ試験管中で十分に機能する臓器の塊を再生することは，幹細胞からは不可能である．皮膚の幹細胞からは皮膚の細胞しかできない．他の臓器も同様である．肝細胞を試験管中で増殖させても，肝臓はできない．単に細胞が増殖して，同じ細胞が試験管の表面に広がって紙状になるか，回転培養などを用いても一様にたまった不定形の塊ができるだけである．形にならない．ES細胞はいろいろな臓器に発生転用できる可能性を秘めているが，人の受精卵であるから，人の源を転用することになる（これは，源の個体には死を意味する）．倫理上極めて問題である，というより，そんな馬鹿げたことは不可能である．

3）iPS細胞

ところが最近に至って，ある種の遺伝子のいくつかを自分の身体から採取した細胞に入れると，それがたちまち万能のES細胞に代えられるという方法が発見された．**iPS細胞**である．皮膚のような通常の細胞にトチポテンシーを回復させる遺伝子を導入し（遺伝子操作），ES細胞のようなものを創り出すわけである．遺伝子工学的にはすでに成功した．最新の遺伝子工学・細胞工学の技術を用いれば，自分の身体の細胞などどこからでもす

ぐ取れるし必要な遺伝子の細胞の中への導入など簡単にできる．この人工的な万能細胞を造ることは人でも実験動物でも，どんな生物種でもできることがわかってきている．ネズミの細胞を用いた実験では，その人工万能細胞を子宮に移植すると完全なネズミの子供が生まれることもわかっている．つまり元のどこかの細胞（皮膚の細胞）が，受精卵に変わり最終的に成体になってしまったのである．きっと移植用のそれぞれの臓器も創れるに違いない．

少々個人的な意見を言わせてもらえれば，これほど遺伝子操作が不評な時代に，この操作だけはなぜか喝采されている．世の評価などいかにいい加減なものかわかる．

4）再生医療の安全性の問題

しかし，そのiPS細胞やES細胞といえども，何かの臓器に発生分化させることにはあまり成功していない．今のところ，たまたまできることはあってもほとんど偶然の産物に近い．一方，これらを普通に培養すれば，同じ細胞が一様にたまった不定形の塊ができるだけである．要するに紙状に広がった膜とか，不定形の塊とか，サスペンジョンになってバラバラに浮遊している幹細胞由来の細胞群を，何か医療に用いることができないか，という議論の段階である．

さて，問題点を述べよう．

一般の薬を開発するときは，身体の中に毒を入れるわけだから，薬の毒性試験は極めて厳しい．体の中に異物を入れる際の毒性問題や副作用問題は，必ず解決しておかねばならない絶対的な基本である．ところが，臓器移植というのは，人間の身体から身体へと受け渡すだけだから，移植する臓器の毒性試験というものは必要がない．再生医療は，臓器移植の延長線上にある医学であるから，毒性試験が不要な臓器移植と同じような領域に見えるが，さにあらず，いったん，試験管上で培養されると，臓器ではなくなり，幹細胞から派生した新たな細胞組織になる．これは，医学的に見ても，すでに身体の一部ではない．

分裂し派生するという，同じような現象は体内でもまれに観察される．

それは**癌**の発生である．体内では，新たな細胞が無秩序に増えてくる現象のほとんどが癌化（腫瘍化）である．試験管中で細胞を培養するときも，同じようなしくみに頼っていると考えられている．試験管中での細胞増殖は，この無秩序な突発的な増殖と極めてよく似ているからである．いろんな理屈はあるが，これが同じかどうかさえ，あまりよくわかっていない．細胞の分化と癌化は紙一重の差なのである．しかもバイオサイエンスとしても，あまりよくわかっていない．そのような細胞や組織を身体に移植するということは，最悪の場合，身体に癌細胞を移植されて戻されたことになるかもしれないわけである．

したがって，直接の移植ならともかく，試験管中で増殖させたら，毒性試験あるいは安全性試験が絶対に必要になる．発癌性がない限り使用に耐えない．しかし，薬品の試験の中で，最も時間と金がかかるのは，発癌性がないかどうかの試験である．商品としての細胞（薬の代わり）の発癌試験など，前人未到の領域で，これから方法論を確立しなければ，何もわからない状態である．何年かかるか，誰にもわからない．しかし，これがクリアされない限り，再生医療など，全く実用にならないことになる．混同してはならない．

14

癌はどうやって起きる？
どうやって治す？

　たいていの人が癌と聞いて最初に思うことは，恐ろしい病気である，でも周りにそういう患者はドンドン出て防ぎようもない，ドンドン亡くなっていく，自分だっていつか罹るかもしれない，恐い，という気持ちになる．癌も恐ろしい病気であることは間違いない．本章では，バイオの専門家の観点から未来の癌治療薬の可能性について書いてみよう．

❖ 固形癌に効く制癌剤はあるか？

　第1章でも説明したように，現存の**制癌剤**は猛毒である．これまでの制癌剤の探し方が猛毒を目安にしているから，見つかってくるものは猛毒である．しかしながらそういう極端な考え方は悪かったわけではなく，この方法はある程度の成果をあげた．かなり多数の制癌剤が発見され，そのうちのいくつかは実際に臨床医学の世界で用いられている．実際に患者の治療に使っているのである．特に白血病などの血液の癌の治療には大きな成果をあげている．これらの制癌剤を用いて，事実上，治癒したと言える患者も多い．しかし，これは主に血液性の癌の患者に多い．他の癌はどうなのだろうか？残念ながら，他の癌にはこれほどの成果があがっているとは言いがたい状況である．つまり，普通の固形癌（肺癌，胃癌，腸癌，肝癌など，ほとんどの癌を意味する）などには，著効を示す場合もあるが例外的で，全体としてはさほどの成果があがっていないのである．普通の固形癌の治療には，制癌剤よりも外科治療や放射線治療が今も大いに汎用され

ている現状を見れば，まだまだ，今の制癌剤が満足のいくものではないということを示している．実際にこのような固形癌の治癒効率は外科治療や放射線治療の方が高い．やはり，飲めば一発で治癒する癌特効薬の完成が待たれるところである．

なぜ，今の制癌剤は，固形癌にはさほどの成果があがっていないのか？というところから説明しよう．

❖ 固形癌の中には薬が浸透しにくい

癌にも多くの種類があり，血液性の癌と他の癌は一つ大きな違いがある．それは，血液の癌の場合は，もともと血液になる予定の細胞が癌になったので，その癌細胞は血液中の細胞のごとく各々がバラバラの浮遊細胞になりやすい．一方，他の癌，例えば胃癌，肺癌，腸癌などを見ればわかるが，たいていの癌の組織は発生した場所から癌の塊になってコブのようにドンドン大きくなる形で発達する．この違いは**細胞同士の接着・粘着**が関係している．癌が発生した場所の元の組織の細胞の性質を保っているのである．これもきっと細胞表層の**糖鎖**の違いが関係しているのであろう（→第15章参照）．胃の壁から出た胃癌の細胞は，やはり胃の細胞の性質を強くもっている．親から生まれた子供は，どんなに親と違うといってみてもしょせんそっくりなのである．だから由来の違う組織からの癌細胞同士は，同じ癌細胞といっても性質は似ても似つかないのである．この区別をしているのも，やはり元の細胞の区別をしていた糖鎖の違いなのだろう．実際には構造の変化した糖鎖が癌細胞の表層にあることがわかっているが，全体としてみれば，本質的なところではあまり変わっていないのである．

コブになった癌組織が大きく成長すると，その中の方は栄養も酸素も届

図1 固形癌と血管新生

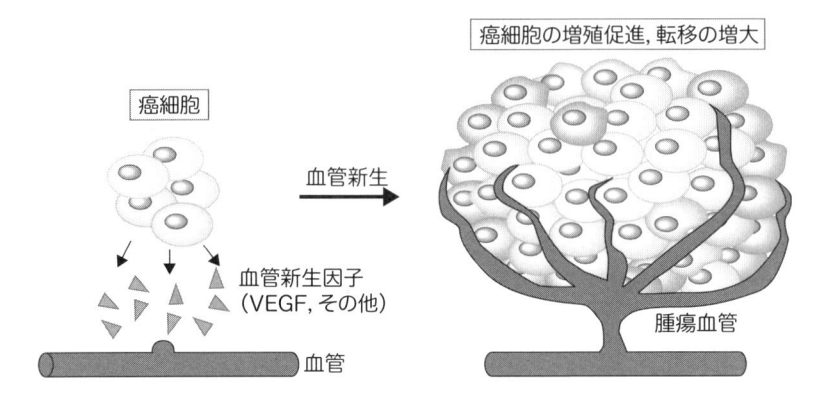

きにくくなる．そこで中の組織も生き延びられるようにするために，発達した癌組織は**毛細血管の新生**を促すようになる．とてつもなくたちが悪いことに「**血管よ，伸びろ，中に入ってこい！**」という物質を癌細胞自らが出すのである．そのため，血管はその命令を信じて，癌の塊の中に向かってドンドン毛細血管を伸ばしていくようになるのである（図1）．その結果，辛うじて中の方の癌細胞も生存できるようになる．なんで，辛うじてかというと，癌の増殖が速すぎる場合が多いからである．だから，**血管新生**が間に合わず大きく成長した癌の塊は，調べてみると，中の方は壊死しているものもしばしば観察される．ドンドン外に向かって成長しているが，成長が早すぎると中の方はドンドン壊死しているのである（蛇足ながら，この細胞の死骸から流れ出る成分は身体の健康に悪いものが多い．そして実際に全身に流れている）．これは逆に言うと，外から何かを与えても癌の塊の中にはなかなか浸透しにくいということにもなる．

　実際に制癌剤も同様である．なかなか癌組織の中には浸透しないので，癌が薬の影響から逃れやすいのである．薬が届かず生き残るものが少しでもあれば，薬が切れると，再び時間とともに増えだし，ついには再発するわけである．ところが血液の癌のように血液中に浮かんでバラバラになっ

ていると，薬は癌細胞に極めて簡単に接近でき，殺すことができるようになる．述べたように現在の制癌剤は無差別に細胞を殺す（増殖している細胞により強く効くのが特徴）から，猛毒である．なるべく用がすんだら身体の中からなくなった方がよい．ところが塊になって効きにくいと，ドンドンよけいに薬を加えてやるほかには方法がなくなる．すると副作用としてその猛毒性が他の正常な組織に強く効き出すことになる．ついにはその副作用に負けて投与を中止せざるを得なくなるという図式になっている．これが血液性の癌以外の治療にはさほど成果をあげていない大きな理由の1つである．

❖ 副作用のない制癌剤探しの方向性

この結果から考えられる理想的な制癌剤は2つの方向が考えられる．1つは，癌細胞だけ殺し他の正常な細胞には効かないという選択性の高い薬を見つけるか，2つめとして，増殖性の細胞なら無差別に殺す薬（今のものはこういう制癌剤ばかりである）でも癌細胞だけに集まるようにするシグナルをつけておき，癌しか殺さないようにするか，である．

1）癌免疫反応

最初の方の可能性を考察してみよう．こんなものができるのかしら？もしできれば，これぞ理想の癌特効薬である．この場合に考えられることは，癌細胞には普遍的にある化学反応で他の正常細胞はどの正常細胞でもその化学反応がない，という化学反応を見つけることだろう．この面で今までに一番よく語られたのは，**癌免疫反応**というものである．癌細胞だって身体から見れば異物だから，かの有名な誰でも知っている身体に備わる防御機構，免疫を利用すればよい，という考え方である．癌細胞特有の抗原があるに違いないから，それを認識する抗体をつくればよいことになる．これは何十年にもわたって世界の秀才たちによって大いに研究された．いまだに癌が治らないので，われわれは世間の人たちからお叱りを受けることもあるが，別にわれわれ科学者だってそのくらいのことは誰でも感じてい

ることで，わからずに手をつけずに放っておいたわけではない．癌は発見されてから自然治癒する例もわずかながらあるから，これぞ免疫による防御に違いないと思われてきたからである．結論から言おう．現在の免疫学者の意見では，似たような現象はあるかもしれないが，癌細胞だけを認識して他は絶対に認識しない特定のものはないのではないかというのが結論のようである．つまり，癌治療のために身体の免疫反応を高めるのは重要だが，これだけを医学的に高めて治療する方法はあまり今のところ有効ではないということを意味する．

2）癌細胞と正常細胞の細胞膜の表層の成分の違いを利用する方法

では他の反応で癌にしかないものはないのか？世界中で今追い求められている．今はまだ見つかるかもしれないし見つからないかもしれない，という段階である．この本が出た後に見つかるかもしれないが，まだ，ない．いろいろなものが，これだ！と報告されては泡のごとく消えていくのが過去50年間の例だった．第16章で述べる**テロメラーゼ**という酵素もそういう成分の1つだった．

これに癌細胞の表層を認識する成分をつけてやって癌細胞だけにしかくっつかないようにしてやったらどうかという方法である（**図2**）．話だけはまことに理想的である．しかし，今はまだ，そこに運ぶ成分が何か皆目わからない状態である．空想にすぎない．癌細胞を認識する免疫反応はないと書いたが，傾向としてはそこを認識するという抗体はあり得る（ただ，癌患者の数だけの種類がある．そのくらい癌細胞は人によって千差万別に異なっている）．この抗体に薬をくっつければよい，ということにはなる．実際にやってみると動物実験段階では著効を示す場合もある．しかし，人になると上記のごとく患者の数だけ種類があるから，抗体をつくり出すのが大変であまり進んでいない．時間がかかりすぎて目的の抗体ができる頃にはその患者がすでに亡くなった後になることが多い．やはりこれは細胞膜の表層の違い（たぶん，糖鎖．→次章を参照）の研究をさらに積極的に進めるべきだろう．そういうものがあり得る可能性がある．その糖鎖を見つけ出す薬それ自身は細胞（この場合は，癌細胞）を殺すわけではない．そ

図2 細胞膜の表層の違いを認識するシグナルを制癌剤にくっつける

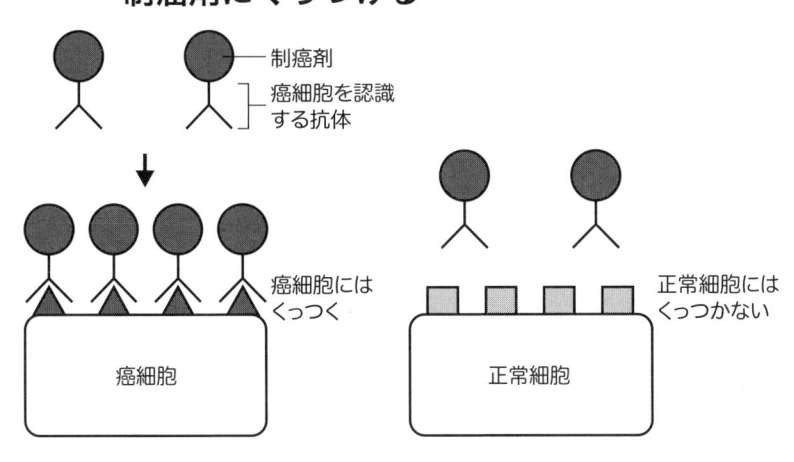

― 制癌剤
癌細胞を認識する抗体

癌細胞にはくっつく
癌細胞

正常細胞にはくっつかない
正常細胞

こまで案内するだけである．だからこの案内人を無差別殺人型の制癌剤と化学的にくっつければよいことになる．今後の発展を大いに期待しよう．私の予感では，できると思う．

3）癌細胞を殺すのではなく成長を遅らせる

猛毒の薬を使う以外に可能性はないのか？この猛毒発想は，ペニシリンなどの抗生物質探しの発想からきている．つまり，単細胞の生き物殺しの発想である．癌細胞は単細胞ではなく塊になるし，もともとの細胞が多細胞生物の細胞である．つまり，胃癌の細胞は極めて胃の細胞と性質が似ている．先ほども述べたように，組織の中の細胞は周りの細胞の影響を強く受ける．全体の調和を利用した細胞毒はあり得ないのか？癌細胞で顕著になっているいろいろな化学反応（他の細胞でも存在する反応であるが，癌細胞では昂進している反応）を同時にスムーズに抑えるのである．殺さなくてもスピードが落ちると周りとの関係から閉め出される可能性がある．進化の原理と同じように，勢いを失ったものはゆっくりと排斥されていく

のである．私はこれを勝手に「**ホルモン様総合ブレーキのアイデア**」と呼ぶことにしている．実際に体内の生理反応を司るホルモンはこのようないろいろな反応を同時に抑えたり昂進したりしている．これまた理想論でそんなものはあるのか！ということになる．これは私の意見だが，あると思う．「ホルモン様総合ブレーキのアイデア」というのは私が提唱した制癌剤の発想である．自信がなくてこんなことは言わない．

理想とする制癌剤が開発されるまでには今しばらく時間を必要とするだろうが，癌細胞への案内人が無差別殺人型の制癌剤に化学的にくっついたもの，あるいはホルモン様総合ブレーキのアイデアを生かしたもの，などを期待して待とうではないか．

❖ 発癌源の代表格，紫外線

癌とはいかなるものか？ どのようにして制圧できるか？ その患者をつぶさに見ると，身体の中に突如恐ろしい生物が出現し，それが徐々に全身にはびこり，最後には寄生している本体の人まで殺してしまう病気である．

なぜこんな新生物ができるのか？ 世界中の癌学者の百年にもわたる詳しい観察から，人が何かに触れ続けると，新生物つまり癌が生まれてくるのである，ということがわかった．こういう触れてはいけないものを**発癌物質**とか**発癌源**と呼ぶようになった．世界はまず，これを使って癌ができるプロセスの研究を行い，最終的に癌を治す方法を探ろうとした．発癌源とは何か？ たくさん種類がある．その中でも，私たちが日常的に触れる頻度の最も高い発癌源は，**紫外線**である．話はそこから始めよう．

紫外線とは？ 太陽から降り注ぐ光の一種である．人が紫外線に当たると皮膚の色素が濃くなる．いわゆる日焼けの元である．日焼けは健康の代名詞，運動選手の勲章でもある．その姿を手っ取り早く簡単に手に入れるために町には日焼けサロンなるものがあったりする．驚くほかない．実は紫外線は世にもまれなくらいに強力な発癌源であり，皮膚癌の元である．癌だけじゃなく直接細胞を殺すことができる殺人光線でもある．

この紫外線を避けるためのセーフティーシステムがいろいろ発達進化したおかげで生き物は生存できるのである．38億年の生命の進化は，ある意味では紫外線から身を守るための進化だったと言っても過言ではない．

紫外線から生命を守るためのセーフティーシステム

① オゾン層

　大気中への酸素の大量放出により成層圏にオゾン層を創った．結果として太陽から降り注ぐ殺人光線（桁外れの量の紫外線）を吸収反射して，殺人できないくらいに減らすことができた

② 日焼け（メラニン色素の生成）

　皮膚が黒く日焼けするのは，紫外線が身体の中深く浸透するのを防ぐための身体の防御反応である（実際，色素のない白人は，われわれ日本人より桁外れに高い頻度で皮膚癌になりやすい）

③ 紫外線損傷からの修復機能

　さらにわれわれの身体の中には，紫外線で損傷された体内成分を修復する能力がある（後述）

この3つがある限り，今のところ健康な人にとって，危険性はそんなにないのである．

でも一定の割合で，皮膚癌になる人がいるのも事実である．この癌になるかならないかは，個人差がある．①と②は，間接的な防御システムであり，個人差の根源は主として③にある．

第14章　癌はどうやって起きる？どうやって治す？

われわれ日本人に多い消化器の癌や肺癌，子宮癌，肝臓癌などはどうなのか？このような癌の発生に，紫外線はあまり関係ない．しかし，③の機構は，実は全ての癌の発生と関係していることが，紫外線による研究からわかってきた．③の機構は，元来は紫外線の悪さを防御するために進化した機構と思われるが，次第に他の損傷の修復にも転用され使われるようになった．

　発癌は，まず，ある体内成分が損傷を受けることから始まっている．私たちの周りには，紫外線と同じように，その体内成分に損傷を与えることができるものは多い．こういうものは**発癌物質**と呼ばれている．③の機構は，そのような損傷を同じように平等に修復する．癌になるかならないかは，この機構の修復能と密接に関係している．以下，**紫外線損傷と修復反応**から説明しよう．

❖ 癌の元になる体内の損傷

　紫外線に超感受性な体内の標的とは何か．特にDNA，RNA，タンパク質などは，紫外線で簡単に変性する．紫外線に当たると構造が歪に変化し，中でも「DNA＝遺伝子」であるDNAは，遺伝子が意味をなさなくなる．RNAやタンパク質も紫外線で変性するが，すぐに代わりが合成され補充されるために，DNAへの影響ほどには深刻ではない．DNAだけは変性すると代わりがなく補充できない．つまり，**紫外線の標的はDNAである**．紫外線はDNA中に塩基のコブを作ってしまう（例えば，**図3**のチミン二量体を参照）．

　でもDNA損傷は，上記の紫外線による変性の場合とは少し異なっている．DNAが切断されたり，他の塩基が無秩序にくっついたりする場合が多い．紫外線よりもっと波長の短い光，X線やγ線のような電磁波型放射線，陽子中性子などの粒子線型放射線もまた強力な殺人光線であり発癌の元であるが，その標的もまたDNAである．このような放射線は，紫外線より透過力が強いので体内の奥深くの細胞のDNAも直接切断してしまう．つま

図3 紫外線によるDNAの構造の変化

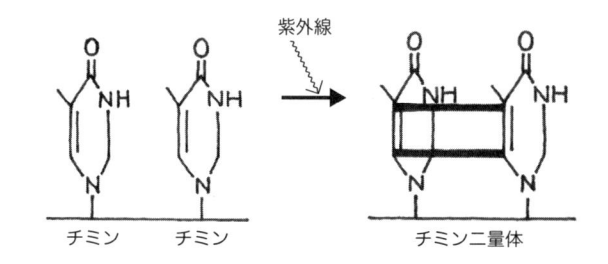

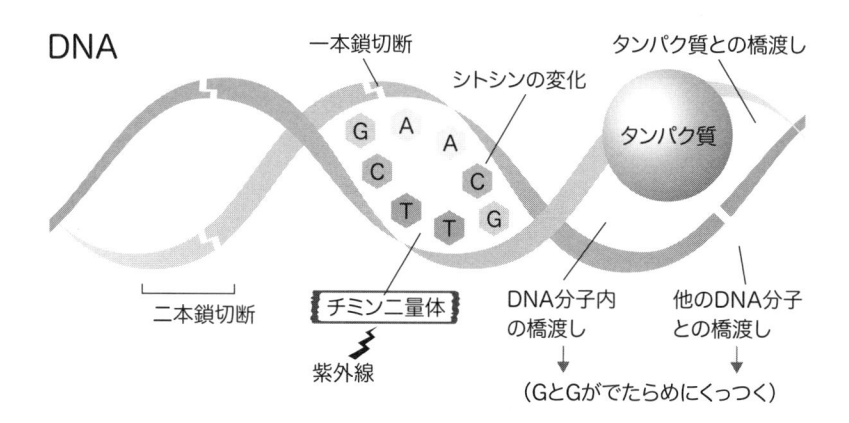

チミン　チミン　　　　チミン二量体

DNA

一本鎖切断
シトシンの変化
タンパク質との橋渡し
タンパク質
チミン二量体
紫外線
二本鎖切断
DNA分子内の橋渡し
他のDNA分子との橋渡し
（GとGがでたらめにくっつく）

り，癌につながる可能性のある**DNA損傷は，紫外線型，放射線型，化学物質型に分類される**（→第4章参照）．多くの化学物質型の傷は，紫外線型または放射線型に極めてよく似た構造をしている．

　では他の発癌物質（主として化学物質）でも同じことが起きるのか？全く同じで，標的はDNAである．結論として言えば，やはり，癌の元になる体内の損傷とは，DNAの上に生じた傷である．生じるDNAの傷は極めて単純で，その種類もそれほど多くない．ではDNAに傷ができると癌になるのか？否，ほとんど癌にならない．癌になる過程の必要条件にすぎない．

　DNAにできた傷を修復する機構については第4章で解説したが，突然変

異はDNA損傷の暗回復修理の失敗から起きる．

では**突然変異**が発癌の原因なのであろうか？否，突然変異の発生もまた，発癌の直接の原因にはならない．突然変異は，単に発癌のための必要条件なのである．

❖ 突然変異と発癌

突然変異とは，親から子に伝わる性質が，それまで先祖代々連綿と続いていたのに，ある個体だけ突然，表現型（つまり見た目）が今までの状態（正常な状態）から変わってしまった状態をいう．この新しい表現型は自分だけではなく，その子供にも遺伝し子々孫々に至るまで続く，という状態のことを指す．

その観点の俗語版で「あの一家の親兄弟親族，みな，癌で死んだ．あれは遺伝だ！」というふうにもよく使われる．癌は遺伝しないし，患者の問題であり，親から子に伝わる遺伝現象の問題ではない．じゃあ，癌と何の関係があるのか？遺伝とは，何も見かけの姿だけでなく，あらゆる形質を支配している．細胞分裂も免疫反応も全て関係した遺伝子群の支配の下にある．癌というのは，癌細胞が突如できて，これが無限増殖をして体中にはびこり悪さをする，そして，身体が死なない限り増殖し続けはびこることを永久に止めることはないのである．つまり細胞分裂のメカニズムの狂いと密接に関係している．もちろん身体全体の調和を守るために，突如登場した癌細胞を排斥し殺すメカニズムもある（主として**免疫反応**である）．このような現象を支配する遺伝子群に突然変異が発生すると正常な機能が働かなくなり，細胞分裂も免疫反応も支障をきたすのである．

このような遺伝子は多数ある．**どの遺伝子に突然変異が入ったら発癌の原因になるのか？**少し細かくなるが6つに分類されている．

a）DNA複製の精度と損傷DNAの修復に関わる遺伝子群
b）増殖シグナルおよび伝達に関わる遺伝子群

> c) 遺伝子の転写制御の調節に関わる遺伝子群
> d) 細胞周期の調節に関わる遺伝子群
> e) 癌細胞の転移に関わる機能関連（2次的）の遺伝子群
> f) 癌を退治する身体の免疫機構を支配する遺伝子群

　最新の遺伝子工学を用いればすぐにわかることだが，一般的にたいていの健康な大人は，これらの遺伝子のどれかに3〜4個程度の突然変異は入っている．特に珍しいことではなく，健康に何の影響もない．ところがまずa)〜c) の遺伝子群の組み合わせ（どれでもよい）の中に加齢と共にドンドンと多数のランダムな突然変異が入る（**第1群変異**と呼ぶ）．さらに癌抑制遺伝子などを含む遺伝子群d)〜f) に突然変異がドンドン入る（**第2群変異**）．ここまでいった状態を**前癌状態**と呼んでいる．本人は至って健康である．とにかく，将来の発癌のためには突然変異が遺伝子群のあちこちたくさん蓄積していくことが重要なわけである．こういうのを，前は**発癌の多段階突然変異説**とか，さらに古くは**加算説**と呼んだ．

　そりゃ大変なことだ，修復ミスであちこちに突然変異が起きれば，すぐにも癌になってしまうのか，というと，そうではない．身体は非常に丈夫にできており，これらの遺伝子群にいくら突然変異がたまっても癌にはならない．いかに多数の遺伝子に変異が蓄積しようと，発癌の前段階にはなっても，それだけでは決して癌にはならない．中高年になっておれば，みなさん誰でもがどこかに前癌状態の細胞（**潜在的腫瘍細胞**）を所有している．突然変異などそこら中でドッと起きているのである．ここまでを**イニシエーション**と呼んでいる．

　では，どうして癌ができるのか？ この前癌状態の細胞に何かが加わると癌になる．このプロセスを，**プロモーション**と呼んでいる．このプロモーションを起こさせる化学物質も多数見つかっている．このようなプロモーション物質は，それ自身はあまり毒ではないし，DNAに傷もつけない．突然変異も起こさない．それだけでは発癌性はない．しかし発癌のキーになる（間接的には強力な発癌物質）．プロモーション（プロモーター作用）は，

炎症を起こすプロセスと似ているようであるが，正確にはどのようなことが起きて癌に進行するのか，あまり定かではない（研究は進んできているが，まだ断言的に開陳できる話ではない）．現在のところ，プロモーター作用とされていたものが，複雑な細胞内シグナル伝達と遺伝子発現制御機構であることが明らかとなっている程度である．細胞分裂の暴発は，このプロセスの後に起きる．突如，細胞が元の性質を失い，無限増殖に入る．増えた塊からドンドン活きた細胞が剥がれ，血流に乗って全身に広がる．

そして，それだけではとどまらない．癌には悪性度がある．悪性度が高くなればなるほど，癌細胞は増殖速度が速くなり，転移も早い段階から起き，放射線や薬への感受性がドンドン悪くなっていく．これを遺伝子から見ると，悪性度が高いほど，a）～f）の遺伝子群の突然変異頻度がさらに高くなっていく．無限増殖の過程でドンドン突然変異がたまりだし，癌は時間が経てば経つほど悪性度が高くなっていく．そして，その多数の突然変異は各人各様であちこちランダムに発生しているから，症状は千差万別になる．制癌剤や放射線の効き方も千差万別，初期段階で手術したのにすでに転移があったり，かなり手遅れ気味だったのに手術で助かったりするのも，この悪性度の個人差のためである．

要するに，極めて複雑である．簡単に突然変異と癌も論じるわけにはいかないのである．プロモーションはむしろ細胞の分化に大いに関係してくる．

発癌は何十ものいろいろな過程が複雑に絡んでいるが，少なくとも，DNAにできた傷の修理の間違いが，最終的な発癌に結びついていることになる（図4）．

❖ 癌を治すにはどう考えるべきか（現状）

さあ，本題に入ろう．癌がいかに起きるかという話をいくら聞いても，治す方法の可能性がわからぬ限り，将来に希望ももてぬし，ただ，恐怖を煽っているだけのことである．

図4 DNA修復の失敗による癌化

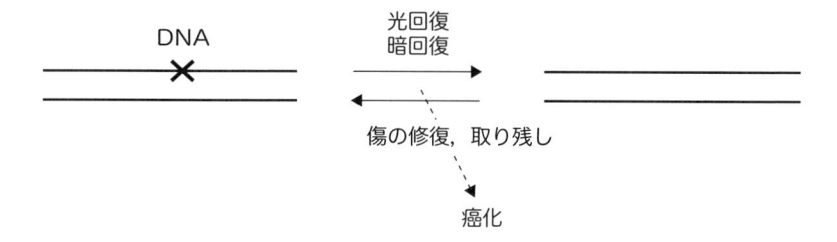

```
         DNA          光回復
                      暗回復
━━━━━━━×━━━━━━━   ←――――→   ━━━━━━━━━━━━━━
                      傷の修復，取り残し
                           ┊
                          癌化
```

1）現在の癌治療方法

ご承知のように，癌治療には，

> A）外科による癌の切除
> B）放射線照射によって癌を殺す
> C）制癌剤を用いて癌を叩く

という3通りの方法が汎用されている．A）とB）は，癌が比較的初期段階のときに，癌の根治療法として用いられている．癌からの生還という場合はたいていこれである．問題は，癌がまだ初期段階でなければならないことである．癌の転移が広がっている場合は適用できない．日本では，この根治療法が適用できる癌者は患者総数の約半数である．転移が広がりA）とB）の方法では手遅れと判断された患者への残された方法はC）である．C）の薬だけで癌を完全に退治することができれば一番よいのだが，残念ながら現存の制癌剤は副作用が強く，薬だけで根治させることは困難である．

2）将来の展望

誰もが期待することは，C）の方法が大いに発展し，最終的には薬物のみで末期癌の治療が可能になる，ということである．20世紀前半に起きた，伝染病に対する「ペニシリンの奇跡」よ，今一度！

❖ 制癌剤研究の問題点

要するに副作用のない癌特効薬はないのか！　できぬのか！

まだ，ない！

では，制癌剤はいかに探されているのか？　癌細胞と正常細胞を並べて，癌細胞の増殖に選択的に毒になる化合物を探せばよい．大変にわかりやすい話である．百年前からそう言われ，世界中が探してきた．そして，今も全世界の癌研究所も薬会社もバイオ研究機関も同じ考え方で探している．では見つからないのか？　否，膨大な数で見つかっている．現在使われている制癌剤もその方法で見つかったものが大部分である．治らないじゃないか！　なぜか？

大きく分けて二つの理由がある．

1）癌細胞の増殖を止めると正常細胞の増殖まで止めてしまう

人の正常細胞は1種類ではない．約60億種類ある．増殖できない細胞もある．癌細胞並みに増殖している正常細胞もある．癌細胞の元が胃の細胞なら，癌細胞も極めて胃の細胞とそっくりである．したがって，癌細胞も約60億種類あることになる．60億種類の癌細胞の増殖に効いて，60億種類のどの正常細胞にも安全であるということを調べる方法がない．だから代表的な扱いやすい癌細胞の増殖を止める化合物を探す．それを身体に投与すると，必ずどこかの正常細胞に猛毒になるのである．モグラたたきの極限状態と言えばよい．また，これらの化合物は癌細胞の増殖と正常細胞の増殖のメカニズムを見分けているわけでもない（癌の方が増殖が早いから，多少，癌側によく効くだけのことである）．ただ増殖の速い細胞を，棍棒でぶん殴って殺すようにほとんど無差別・しらみ潰しに潰しているのである．癌も身体も死んでしまいますよ，これじゃ．

2）抗生物質を探すのと同じ発想で制癌剤を探してきた

もう一つは，ペニシリンに始まる抗生物質の成功から来る誤解である．抗生物質は，バイ菌には猛毒だが人には無毒な成分である．「癌には猛毒で人には無毒な成分」という発想はここから来ている（→第1章を参照）．

遺伝学的に見ると，バイ菌と人の細胞は，生物進化の距離が非常に遠い（15～20億年昔に分かれた）．両者の遺伝子構成（<u>ゲノム</u>という）が非常に違うのは，38億年の進化の歴史で，先祖が分かれた時期の差である．近縁であればあるほどゲノムは似てくる．ゲノムが違えば違うほど，身体の中のタンパク質の全てが大きく違ってくる．薬がくっつく相手はタンパク質のどれかである．くっつくと細胞は死ぬ．タンパク質の違いが大きければ大きいほど，薬は片方には猛毒でも片方には無毒になる．近いと両者同程度の毒になる．つまり薬が毒か無毒かの差は，殺す相手が進化上近縁か遠縁かで決まるのである．人の中にできた癌細胞のゲノムは，その人のゲノムと同じである．一部の遺伝子群に突然変異がたまっているだけである．遺伝学的には，近縁どころか同じものである．抗生物質的な発想では，薬が癌に効けば身体にも効いてしまうのである．

　探し方の概念そのものに問題があるとしか言いようがない．以下，私の考えを述べよう（一般論ではない）．

❖ 癌を治すにはどう考えるべきか（私案）

　私は遺伝学者である，癌科学者ではない．即物的な癌退治ではなく遺伝学的に考えてみよう．ゲノムがそっくりなら両者を見分ける方法も遺伝学的に考えなければならない．ゲノムがそっくりなら単純に大きな差が出ることはない．大して差がないのにデリカシーの欠けた制癌剤の絨毯爆撃では無差別殺人から出られない．

　ゲノムが全く同じ一卵性双生児をじっと眺めてみよう．同じに見えるが母親は間違えることはない．違いがあるのである．一つ一つの差は極めて小さいが，違いはたくさんあり，全体としてみると簡単に識別されるのである．

　癌は，その周りの組織の細胞とゲノムは同じだが，医者が見ればすぐにわかる．この差から，癌に集まる物質を探すことができるかもしれない．ただ，細胞膜の表面の生化学・遺伝子工学・糖鎖工学的研究は，現在技術

上の致命的な難点に突き当たっており，あまり進んでいない．視点を変えて，違う方向からアプローチする必要がある．

　実際にやってみた．シャーレの上に培養した癌細胞は全く殺さないが，動物の身体の中に移植した人の癌には効くものを探してみたのである．毒が弱すぎてシャーレ上の癌細胞には効かないが，身体の中に投与されたときのみ，その物質が全身からドーッと癌組織だけに集まってしまい，そこだけ濃度が非常に高くなり毒になってしまうものがあるかどうか見たのである．やってみたら，かなりの数でドンドン見つかった．通常の制癌剤のスクリーニングでは捨てられる範疇のものである．

　なぜ，これらの天然物が癌に集まったのか？細胞膜の性質の違いを識別している可能性が高い．少なくとも調べた物質はそうであった．細胞の外側が違うのである．

　これは癌を識別しているわけで，一卵性双生児を見分ける母親のごとく，このような差をあらゆる角度から引き出すことが，まず必要である．通常の制癌剤に比して，毒は相対的に弱くても癌だけに集まっているのなら，他の正常組織への毒はさらに低いはずである．その物質にもっと強い細胞毒をくっつけて癌に運ばすことも考えられる．現在，いくつかの制癌剤で試みている．

　癌細胞を殺すという意味では放射線照射も同じである．癌にその物質が集まり癌がその毒で少し弱っている状態のところに放射線を照射すれば，周りの組織よりはるかに癌組織だけがダメージを受けるに違いない．実際にやってみた．その結果は劇的な効果を示した．放射線は癌細胞にかなり選択的に効くが，正常細胞にも効き，放射線には放射線特有の害がある．併用すると，放射線の照射量も減らせ，薬の行かない周りの組織への影響を劇的に減らすことにも成功した．

　癌に集まるのなら，それを癌の造影剤として改造すれば，正確に癌のみに照準して照射も可能である．

　このように一つ一つのわずかな差を利用して，全身的にいろいろな方向から同時に攻めるのである．それぞれ単独の攻撃力は弱くても，差の片方

の標的は常に癌であるから，集中的に癌は叩かれてしまう．一方，それぞれの攻撃法によって出る副作用は全く異なっており，悪さを分散できる．身体への毒性は，どの場合もスレッシュホールドがあり，一定の弱い副作用以下になると何事もなく百％回復する．

　この発想は私の研究室でかなり成功しつつあるが，まず，病理学的に扁平上皮癌や腺癌に集まる特異的な薬の開発を優先している．このような癌には現存の制癌剤が効かず，この癌の患者数が最も多いからである．今後，白血病などの造血器癌に集まる薬や，非腺癌などに集まる薬，悪性肉腫などに集まる薬など，将来への大いなる展望がある．

　このような発想は単純なものであるが，国際的にはまだ極めて少数派に属する．また，これと似たような主張をしている専門家もいないわけではないが，たいてい言っているだけで，自ら癌に集まる物質を探している人は，私の知る範囲では誰もいない．そして，手っ取り早いという理由が最大と思うが，今も癌細胞を一撃必殺で殺す古典的な猛毒の制癌剤を探す方法が主流になっている．

　人の身体は数十兆個の細胞からなり，その細胞は約60億種類に分けられる．しかし受精卵のときは1個の細胞だった．成長の過程でいろいろな細胞が分化してくる．その際に，細胞膜の表面が少しずつ違ってくるのである．外壁が違ってくるのである．身体にはいろいろな外壁用の素材が準備されているが，状況に応じて組み合わせて使う素材がそれぞれ異なるのである．癌細胞の表面も大きく他の細胞と異なる（素材はすでに準備されている範疇に入るが，癌独特の組み合わせの外壁が創られてしまう）．ゲノムが同じでも素材の組み立て方が異なれば，できあがった表面も違ってくる．できた表面が違うとくっつく相手も違うのである．癌を殺さなくても癌細胞の表面を見分けてくっつく成分をまず見つければよいのである．ここに書いた「私案」は，その打開のために私自身が試みた結果である．1日も早く人類を癌の恐怖から解放したいものである．

15

常識外しの薬の見つけ方

成人病（**生活習慣病**）というものが人間の死因の最上位に上がってからすでに久しい．癌，動脈硬化とそれに伴う高血圧・脳障害・心臓病，アルツハイマー，糖尿病，リウマチ，喘息などが常に話題になっている．この章ではその薬探しに関する現在の科学者の常識とそれに対する私の基礎の分子生物学の立場からの疑問を述べよう．

❖ 実験動物を使った薬探し

まず**癌**から語ろう．今問題になっている生活習慣病，成人病の中でも，これが最も語りやすい．癌とは，細胞分裂が止まらなくなって無制限に増えて身体の中を傍若無人に荒し回る生き物だが，自分のからだが生んだとはいえ，明らかにもはや自分とは別物である．単細胞の場合は分裂することは子孫を創ることで遺伝そのものである．その単細胞の子孫が集まり集合体を創り，それで自分のからだができあがっている多細胞生物の中に，巣くってしまったのが癌とも言える．だから同じ成人病といっても動脈硬化よりもはるかに簡単に研究がしやすいのである．

異物だから殺せばよいのである．外科手術で除いても放射線や薬で殺しても同じことである．癌細胞を選択的に殺す薬を探すことになる．しかし今までの結果は，癌を殺すけれども人も殺しかねない薬ばかりになってしまっている．

薬探しは，**選択毒性**というのがキーワードである．要するに片方には毒

だがもう一方には何ともないという性質をもつものを探すだけの話である．そのためにはその病気をもつ実験動物や培養癌細胞を作り，その病気だけが治る薬を見つければよいだけの話である．わかりやすくいえば，頭痛がする，ああ，なんとかならないか！ 道端に生えていた雑草の汁を額に塗ってみた．そしたら，さーっと痛みが退いた．そこで動物実験で代用しようということになる．この頭痛が年中している動物を創る．そこへ適当にいろいろな物質を与えてみる．ある物質が与えられたときだけは，すっきりとして元気がでた！ アッ，これだ，頭痛薬だ！ ということになる．癌の薬探しも同じである．しかし，頭痛なら自分でも使用前使用後を簡単に体感できるが，身体の中深く起きる問題，長い長い時間をかけて起きる問題（動脈硬化をお考えあれ），脳がボケる問題など，人にしかない病気の場合，実験動物や細胞をいかにして準備するのか？ また，述べたように人の癌細胞は千差万別で，ネズミで作った癌と同じという保障はない．

❖ ターゲットスクリーニング（標的探索法）

そこで，まず病気の原因を化学的に突き止めるわけである．癌や動脈硬化の原因としてこういう化学反応が起き，片寄っていくからおかしくなるとか，普段あまり起こらない特殊な現象が亢進してくるとか，という現象を探す．そして見つけたら，その化学反応を司っているタンパク質を見つけだす．見つかってもたいていは微量だから，このタンパク質の遺伝子を取り遺伝子操作を行い大量生産する．そして，このタンパク質だけに選択的に作用する物質を探そうというわけである．こういうのを**ターゲットスクリーニング**（**標的探索法**）などと呼ぶ（**図1**）．この方法の利点は，難しい実験動物を作らなくてもよいし，効果を調べるときにはわずかの物質量ですむことである．薬というのは動物に投与するときはその動物の体重に合わせて量を決める．ネズミは軽くても20〜50 g（マウス）ぐらいはあるから，かなりの量がいる（ラットなら100〜200 g）．テストのためには，マウス1匹につき0.1〜1 mg程度は必要である．そして，ネズミは1匹で

図1 ターゲットスクリーニング（標的探索法）

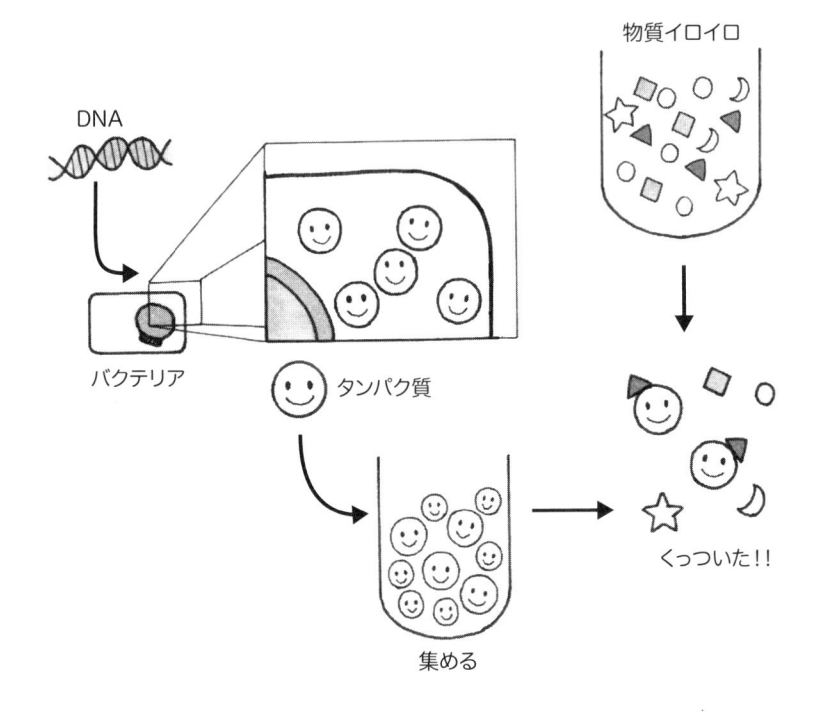

DNA
バクテリア
タンパク質
集める
物質イロイロ
くっついた!!

は研究にはならない．一方，例えば植物の葉っぱから効くものが見つかったとしよう．1 kg〜1 tの葉っぱから取れる化合物の量はせいぜい1 mg以下の微量である．10 gいると言われれば，いったいどれだけの同じ葉っぱを集めればよいのか．ところが，上記の標的探索なら，全ての実験が0.1 mg以下で完了できる．実験動物を用いる場合だと結果がわかるまでに1〜2か月を要するものも多いが，これだと1日でわかるものも多い．

さらにまた，すでに効果がわかり研究されている新薬も，この方法の中に組み込むとたちまち標的分子がわかり，次の研究が進めやすい．つまり薬開発が促進される．

❖ 身体の中のバランス型ブレーキ物質

　したがって，今はこの方法を用いて広範な研究がなされつつある．その結果，奇妙な現象があることが新たにわかりつつある．薬とは選択毒だから，主なる細胞の中の化学反応の標的は1つである，と思われてきた．実際に抗生物質はバクテリアの細胞の中のある標的に集中的に効き，バクテリアの細胞を殺してしまう．細胞を殺すには，あるものだけに集中的に効いた方が便利である．ところが標的探索の方法で調べてみると，意外にも人の身体の中に用いる薬の多くは標的がいくつもあるものが多い，ということがわかってきた．

　あるとき，私は高等生物のDNAポリメラーゼの基礎研究をしていて困ったことが起きた．この酵素の遺伝子を欠損させた生き物を創り，もしこの酵素がなかったら生き物はどうなるか，ということを調べたかったのである．でもDNAが合成できなければ増えることができないから身体もできない．はじめからこういう実験は不可能なわけである．そこで，この標的探索法を用いてDNAポリメラーゼに選択的にくっつき阻害する物質を探し，その物質を身体に与えて変化を見ようと思った．まず，物質探しである．定法に従い，抗生物質を生み出す生き物（放線菌という微生物）の生産物をやみくもにテストした．薬の源の一つとしてこういう微生物の発酵産物というのは，極めて重要と20世紀を通じて考えられてきたからである．いくつもの日本の薬品会社に頼んで，それこそ恐ろしい数の生産物をテストした．情けなや！ 全く見つからなかった．もうやけくそで，道端に生えている雑草やキノコ，拾ってきた海藻，研究室で食した果物の皮まですりつぶしてテストした．そうしたら，驚くなかれ，たちまち大量に見つかった．その化学構造を決定してみれば，なるほど微生物からは見つからないわけである，すべて高等生物の代謝経路にしかない代謝産物で，高等生物ではごくありふれた化学成分であった．この成分はDNAポリメラーゼを正確に選択的に阻害したが，あくまでも高等生物からのDNAポリメラーゼだけであった．バクテリアもDNAポリメラーゼはもっている．しかし，見つけた

成分全てがバクテリアのDNAポリメラーゼには全く無効なのである（物によっては動物のDNAポリメラーゼにしか効かず，植物のDNAポリメラーゼには全く無効な物もあった）．つまり，人には効くがバクテリアには全く効かないのである．バクテリアが泣いて喜び，人には毒なんて薬，薬屋さんが探すわけがない．

　ところがこの成分は，調べてみると，DNAポリメラーゼだけでなく，いくつかの違う酵素にも効くことがわかった．もちろん無差別に何でも効くのではなく，特殊な酵素群ばかりである．奇妙なことに，DNAを合成する過程の酵素いくつかと，細胞膜を構成する糖鎖タンパク質だけである．わかってきたことは，抗生物質のような細胞を殺す毒質ではなく，身体の中の生理的なバランスを保ちながら細胞の増殖を制御する物質らしいということである．発生分化，形態形成のような多細胞生物の組織間を通じた連絡の必要な現象においては，制御因子が細胞膜を自由に通過し浸透して広がる必要がある．そのような物質かもしれない．もしそのような推測が可能なら，このような成分は，ホルモンの作用機序との類似性を考える必要があるかもしれない．

　これらの成分の中でいくつかは，奇妙なことに，標的探索で見つかった物質だからタンパク質に直接的に効くし，これらの動物実験でも著効を示したが，なぜか試験管中で増える培養細胞（たいていは癌細胞）にはほとんど効かないことである．つまり，細胞は殺さないのである．しかし動物の身体の中では癌細胞を殺したのである．

　普通に考えれば細胞が増殖する際には，身体にやさしくバランスを取るこのような物質によって制御されて発生すると考えると，こういうことは考えにくい．癌細胞を試験管中で殺せなければ，身体の中の癌細胞も殺せない，はずである．このようなバランス型の物質も種類によっては，既存の常識に反して医薬品としての価値があるのかもしれない．標的探索で見つかる薬のいくつかがいろいろな標的に効くというのもそういう現象を反映している可能性がある．これが第14章で述べた「**ホルモン様総合ブレーキのアイデア**」である．抗生物質の概念は，あくまでも進化の中では遠い

遠い関係の種間では役に立つが，身体の中の癌には役に立たない．でもこのような生理学的なバランスを作るブレーキ物質が身体の中に普遍的に存在するなら，今後の標的探索の方向さえ示していることになる．理屈から言っても当然だが，こういうものは近縁の種類の生き物ほど，人にとって役に立つものをもっていることになる．

　では，動脈硬化，アルツハイマーなどはどうなのだろうか？　この方面はさすがに抗生物質，放線菌，微生物発酵産物には捕われていないようである．もともとはるかに遠い世界だったせいもある．むしろ，このような薬の源の一つに注目した方が新鮮であるかもしれないくらいである．しかし，このような病気は，あくまでも生理学的な体内のバランスから考えなければならない症状である．これらの成人病は上記の癌よりはるかに生理的なバランス反応に依存しているはずである．そして，癌でさえ生理バランス現象の元にあるのなら，これらは全くその制御下にあるはずである．このような病気をもつ実験動物をつくり出すのは大変な作業である．もちろんそういう研究も進められている．しかし，この場合も標的探索法というのは大いに役立ちそうである．その中から出てくる物質の中で，いろいろな酵素に効く成分に注目すれば，生理的なバランスを整える物質があるに違いない．

❖ 進化や発生から見た薬と身体

　内胚葉，中胚葉，外胚葉が形成されたのち，内胚葉由来の臓器，外胚葉由来の臓器，中胚葉由来の臓器ができる．このとき，各胚葉から由来した臓器は進化の系統を反映しており，臓器間の薬に対する感受性の差は，種間の感受性の差よりも大きい．さて，この観点から，癌などの成人病の薬の開発を考えてみよう．従来はこのような観点で薬の開発を考える人は皆無に近かった．

　抗生物質の話を思い出してみよう．バクテリアと人間という進化系統分類から見ると非常に遠い関係で，バクテリアだけに猛毒なので薬になった

わけである．しかし近い動物同士では両方に毒になることが多い．

　魚毒性物質というものが売られている．魚と人は同じ脊椎動物なので，かなり近い．進化系統樹で見れば，近いというよりほとんど同じである．なのに魚だけを退治できるのである．用途は，例えば，ある池に新たに魚を放流したいとき，それまでに棲んでいたと思われる肺魚などを退治するためなどに用いられている．さもないと放流しても獰猛な肉食の肺魚に食われてしまうからである．こりゃすごいと言うほかない．しかし，その魚毒は放流する魚にとっては無毒なのかと言えばそうではない，やはり毒なのである．しかし，水に溶かすと極めて壊れやすい物質で，数日すれば完全に壊れて池の中から消え去る．そのあと，薬で先住魚が滅び去った後に，新たに魚を放流するのである．これは薬の化学的特性と環境を利用しただけで，選択毒性を利用したものではない．やはり選択毒性のためには，非常に遠い種間相違がないと役に立たない．しかし，同じ個体の中の臓器同士は，その遠い種間の相違を多少は反映している可能性がある．この点から今の制癌剤を考えてみよう．

　今の制癌剤は，増殖している細胞にはかなり効く細胞毒であるから，別に癌細胞に限らず増殖している細胞には無差別に効く傾向にある．身体の中にはいつも増殖している細胞もあるのである．例えばリンパ球や皮膚や粘膜は常に増えることにより次々と若い細胞を創っている．そして，古くなったものはドンドン身体から脱落していく．それを止めたら，皮膚は剥がれて中身がむき出しになり，リンパ球ができなくなれば身体の防御反応の免疫のメカニズムは失われ，粘膜がなくなれば口内炎の極限のようなひどい状態になる．

　この無差別攻撃が副作用の源だから，これらの制癌剤のうちせめて各胚葉にそれぞれに片寄って選択性があるものを見つければ，少しはこのような副作用が軽減できるかもしれない．その毒性は癌以外には同じ胚葉から由来した臓器の増殖細胞だけにしか副作用的な毒性は現れないことになる．これでも副作用としての毒性は完全には回避できないことになるが，しかし，無差別に作用するよりはましである．例えば，肺癌の場合，肺は第10

章で述べたように内胚葉由来の器官であるから，その癌細胞も内胚葉由来の組織ということになる．癌の増殖を阻止する薬は，内胚葉に特異的に作用するか分布する細胞毒であればよい．副作用は，内胚葉由来ではない骨髄や免疫系，皮膚・粘膜に現れる可能性はずっと下がることになる．

これらの胚葉の違いは何で分けられているのだろうか？

❖ 糖鎖は細胞膜のマジックテープである

　まず，単細胞と多細胞の一番大きな違いは，細胞が分裂した後，バラバラとたちまちにして別れ別れになるのが単細胞，いつまでも未練がましくズルズルと分裂した後の隣同士が離れずにくっついているのが多細胞，ということである．何が隣同士をくっつけているのか？細胞膜の表面の違いによって，細胞膜同士が接着しているらしい．ベタベタと粘着しているわけである．ノリである．だから，単細胞生物には粘着させるノリがなく，多細胞生物の細胞の膜上にはノリがベタベタとついている．

　ノリがどっさりついている部分同士が最もつきやすくなるから，細胞の集まりもただの不定形の塊だけではなく，ある方向性をもって形を作ることができる．受精卵が卵割をくり返すと，やがて胞胚になる（→第10章　**図2**参照）．周りの皮が細胞の集団である．細胞の左右の面にノリが多いに違いない．さらに嚢（のう）胚に進み，やがて外胚葉組織，中胚葉組織，内胚葉組織に分かれていく．

　この外，中，内胚葉組織に分かれた初期の胚をうまく処理して，全ての細胞をバラバラにする．発生の最初の頃は細胞をくっつけているノリも，さほど強固ではなく剥がれやすいのである．発生に伴って身体の形が親に近づけば近づくほど，徐々に徐々に互いに剥がれにくくなっていくのである．さて，初期の胚の細胞たちをバラバラにした．そのまま生かしておく．互いの接触をよくするために，ゆっくりとその細胞の集団の入った液を振ってやる．すると再び細胞同士がくっつき出すのである．際立った特徴が出る．外胚葉組織由来の細胞は由来の同じ細胞同士が集まり塊となる．つま

り，外胚葉細胞ばかりの集団になってしまう．他は排斥されるのである．同じことが他の胚葉細胞にも言え，中胚葉組織由来の細胞はその細胞同士，内胚葉組織由来の細胞はその細胞同士集まったのである．この頃の細胞の表面にあるノリは，外胚葉，中胚葉，内胚葉の間で違いがあることになる．ノリも発生の過程でドンドン違うものがつくり出されているのである．こうして最終的には人の場合は数十億種類の細胞に分かれるから，きっとノリの種類も数十億種類あるに違いない．

　いったい，このノリとはどんな成分なのだろうか？　なにせ，人だけでも数十億種類の違うノリがいるのである．これを遺伝子DNAの設計図で覚えておくとすると，数十億種類の遺伝子がいることになる．結論から先に言うと，ノリの役割を果たしている成分は**糖鎖**である．糖が数個から十数個つながったものは**オリゴ糖**とも呼ぶ．糖というのはもっと長くつながるとセルロースになったりデンプンになったり，非常にいろいろなものになれる特徴をもっている．木の繊維も食物繊維もすべて化学的には糖が何個もつながったものである．この糖鎖というものは形や長さに依存して，マジックテープのように他と絡まって引っつくことができる．この糖鎖のいろいろな種類が，細胞膜の表面にいっぱいあることがわかっている．その種類は全く天文学的な数である．この糖鎖は細胞膜の膜タンパク質の上にくっついて根を張っているのである（**図2**）．糖鎖の合成はいろいろな過程の組み合わせによっていろいろな種類がつくり出される．糖の種類はそれほど多くはないが，2個つくか3個つくか10個つくか，どんな種類の糖の並びか，それは直鎖状か，側鎖が出た植物の根状，などによって，非常にたくさんの種類をつくり出すことができる．マジックテープの役割をなすもの同士はそれぞれの親和性をもっており，糖鎖の形や種類に依存している．これだといくらでもバリエーションを創りだせることになる．これらの糖鎖をくっつけておく膜のタンパク質も同じようなバリエーションで分けられるのかもしれない．するとこの方の遺伝子の数もたいしていらないことになる．

図2 細胞膜上の糖タンパク質

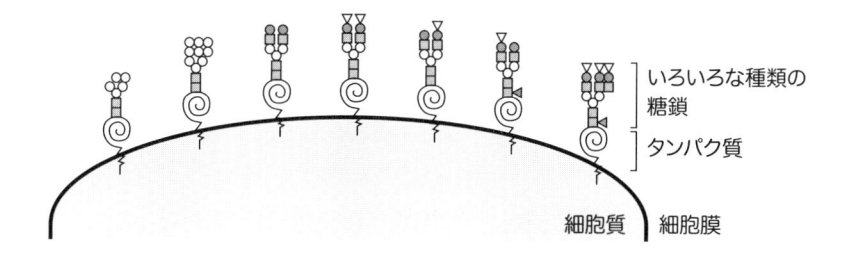

いろいろな種類の糖鎖
タンパク質
細胞質　細胞膜

❖ 糖鎖を応用した薬探し

　糖鎖をいろいろな薬の研究に取り入れて考えると役立つかもしれない．今ここに喘息の薬があるとする．喘息は気管支の組織細胞が非常に過敏になっており，制御がきかず閉じたりすることが問題なわけである．意志に反して呼吸困難に陥ることもあるわけである．これを治療する喘息薬を調べると，試験管中で増殖している培養細胞の増殖を阻止する．ただし，その細胞を殺すのではなく，分裂を阻止するだけで，細胞の周りから薬を取り除いてやるとまた分裂を開始する．こういう培養細胞はたいてい人の身体の中にできた癌細胞に由来しており，喘息薬の分裂阻止能力は制癌剤並みであることが多いから，つい，癌を抑えていると勘違いしがちである．しかし，大いなる違いは，止めるだけで細胞を殺さないのである．人の場合は薬を飲んでも数時間立てば，小便となって出ていくから，薬がなくなれば再び増殖していくことになるから制癌剤にはならない．

　この喘息薬の特徴は，気管支の細胞に大いに効くことである．これは細胞の表面の何かに関係しているらしいことが多い．なにせ細胞の違いを決めているのは上の理屈からいえば細胞の表層である．その表面構造を特徴づけている糖鎖の構造がわかれば，マジックテープになる可能性さえあるのだから，薬の化学構造の中にも似たような糖をつければ，そこだけに集まるかもしれない．この発想を用いれば，癌細胞だって同様になるし，い

ろいろな薬が目的の臓器だけに届き，他の臓器には行かなくなるようにすることさえ可能になるかもしれない．

　さて，細胞の表面には目的の糖鎖は何分子くらいあるのだろうか？実は細胞の表面には糖鎖は1種類ではなく，いろいろな種類が多数存在している．おそらく1つ1つがいろいろ異なる役割をしているのだろう．このうちの一つを取り出すとする．1個の細胞の表面には，多いものでは数億個，少ないものでは数千個から数十万個程度であると思われる．

　このような（糖鎖）構造物は，それぞれが細胞の外側の表面にあるタンパク質とくっついている．そのため，こういう物質を**細胞表層にある糖タンパク質**または**糖鎖のついた膜タンパク質**と呼ぶことが多い．糖鎖にはものすごくたくさんの種類があり，それにより相手を選ぶことができる．癌化すると，癌特有の糖鎖が表面にできて御近所の細胞を押し退けてドンドン増えて，さらには接着が弱くなってバラバラと外れてきて血管に漏れだし血球とともに全身に押し流されてそこら中に広がっていく（**癌の転移**）．これも接着剤の役割を果たしていた糖鎖の一部の変化によるものである．では内胚葉から由来した癌細胞は元の胚葉の性質を失ってしまったのだろうか？いや，失うことはほとんどない．癌細胞でも元の胚葉の特徴を保っている．決して中胚葉や外胚葉の性質には変わらない．だから，内胚葉だけに影響のある細胞毒をスクリーニングすればよいことになる．胚葉の表層のみを認識する化学物質に現存の制癌剤をつけてやるだけでもよいかもしれない．胚葉の違いは種間の相違よりも大きいことがバイオの立場からは想定されるから，見つかる可能性は高い．

　では，もっと成長した（発生した）臓器の違いは何でできているのか？成長とともに細胞はさらに細かく分化していき，さらに複雑なわずかに違う糖鎖つきの膜タンパク質を発達させ，その違いによって互いの違いをより細かく識別し，同じものか近いもの同士が接着し臓器を形成していく．だから最終的には，この違いを認識するような細胞毒を見つければよいことになるが，成長すればするほど，進化の系統樹の面から見れば，非常に近縁になっていくことを意味し，たぶん，糖鎖の構造も違いがあっても大

変によく似たもの同士になっていくのだろうと思う．成長とともに臓器間の細胞表層の違いは格段に見つけにくくなるに違いない．

　現在制癌剤として汎用されている細胞毒は，このような選択性をもつものは皆無である．基本的にそのような観点からスクリーニングされたものではないせいである．この本の最初の方で述べたように，試験管中で培養が可能な癌細胞を殺す薬という目安によって探されてきている．このような薬の大半は，細胞分裂を阻害する性質を示し，それはたいていの場合，DNAの合成を止めるかDNAまたは染色体を直接破壊するものである．癌細胞は成人の他の正常組織の細胞に比して激しく増殖しているものが多いから，けっこう癌細胞に有効なのである．しかし，癌細胞以外にも増殖している成人の組織細胞もある．皮膚や粘膜の細胞や骨髄の細胞などである．だから，人の身体に投与すると，確かに癌細胞の増殖は強力に阻止するが，そのかわり，癌ではない増殖組織の細胞もやられてしまうことになる．そこで，制癌剤探しの方法の発想の転換の一つとして，まず癌細胞を叩こうとせず，先に胚葉のうちの一つに強く影響の出る薬候補探しをやり，次にその中から，その胚葉由来の癌細胞の増殖の阻止効果の多い薬を選びだすという，2段階方式にしたらどうだろうか．きっとその薬は，表層にある糖鎖の違いをある程度認識する性質をもっているに違いない．これをきっかけに，表層の糖の構造の研究を広げれば，最終的には臓器の違いまで認識できる薬の開発も可能かもしれない．

❖ 糖鎖工学研究の難点と打開策

　それなら，最初からそれぞれの細胞の表層の糖の構造を研究すればよいことになる．しかしそうはいかない事情があるのである．1個の細胞の表面にある糖鎖分子というのは非常に多種類あり，いろいろな役割を担った糖鎖分子が分業して存在している．重要な役を担っているものほどその傾向が強い．ところがこの化学構造を研究しようとすると，大量に集めないと今の測定器ではどんなものなのか決められないのである．

この場合は完全な化学の作業なので，必ずモル比で計算することになる．化学ではアボガドロ数（→第 2 章参照）というのがある．1 モルの砂糖なら，その中には 6×10^{23} 個の砂糖の分子があることになる．10 の 23 乗なんて言葉もないほどの天文学的な数である．もし，1 個の細胞の表面に 10^3 の分子しかない糖鎖を化学実験するための量を集めようとすると，10^{23} 個分子割ることの 10^3 個分子になるから，少なくとも 10^{20} 個の細胞がいることになる．100 兆～ 10,000 兆個とすると 100 kg ～ 10 t になる．上の理屈を実現するために，人間の気管支の組織細胞を数十キロ，数十トン集めるにはどうしたらよいのか？もし人なら，同じ細胞は平均で 1 万個（0.00000001 g）程度だから，体重 50 kg の人が 100 億人～ 1 兆人必要ということになる．不可能である（化学だから，この「同じ」というのが大きな味噌で，また，大きな障害になっている）．もしこれを行えば，現在の技術水準では，細胞の培養だけで数億円から数十億円の費用がかかることになる．そしてこんなにたくさんの細胞を集める方法がないし，それから同じ糖鎖を分け集めることなど量が多すぎて工場を造っても全く不可能である．遺伝子工学の最先端技術を用いても手も足もでない状態である．だから，実は微量の重要な糖鎖は今のところほとんどがわかっていないのである．この分野，バイオの世界で「**糖鎖工学**」なる立派な言葉が与えられているがまだ赤ん坊の学問にすぎない．

　この分野を大幅に推し進めるための現時点で可能な方法は，先にその糖鎖の違いを認識する薬を見つけ，その薬がくっつく糖鎖を取り出し研究することである．見つけ，などとカッコよいことを言ったが，その方法は今までの薬探しと同じく，やみくもに犬も歩けば棒に当たるという発想で探しまくるのである．その意味でも胚葉の違いをスクリーニングの標的にするのは悪くない．胚葉の違いを認識するためには，表面の糖鎖の違いを認識しないとわからない可能性が高いからである．そして，たまたま見つかってきたら（こんなことあり得るのかと思うが，ご心配なく．過去の薬探しはすべてそうだったのである．それでも見つかってきた），なぜ，糖鎖の違いを認識するのか化学的に精密に研究する．そこから導き出される法則や

理論を用いて，新たに理論的にコンピュータ上で，糖鎖構造の違いに応じた形でくっつき阻害する化学物質を設計するのである（通常，このような方法を**分子創薬**と言っている）．またこの物質が細胞の表層を認識するだけで，細胞を殺さなかったら薬にならない気がするが，御心配には及ばない．この物質と従来からある細胞毒を化学的にくっつけてやればよいことになる．ただ，このアイデアの一番の障害は，薬探しをする際の標的の細胞をたくさん集める方法である．各胚葉の細胞（または組織）を常に大量に別々に集めてこなければならない．さもないとテストができない．カエルの卵だって年に1回しかできないし，こりゃ大変である．発生の専門家に考えていただくほかない．

❖ 毛細血管の新生を応用した癌治療

　発生中の細胞の分化や集合について書いてきた．この中で医薬品開発のためのバイオの応用という観点から，役に立つかもしれない話題を提供してみよう．**毛細血管の新生**などである．

　多細胞の動物は発生とともに多細胞になっていくが，これは3次元的には細胞の塊になっていくことになる．どの細胞も呼吸しているから酸素が必要である．塊の中の方の細胞は周りの細胞に邪魔されて空気（または酸素に満ち溢れた新鮮な水）と直接には接触できなくなる．このまま放っておくと，窒息することになる．実際にそういう条件を実験で作ってやると，中の方の細胞は死んでしまったりする．これを防ぐためにどのように進化したかというと，血管が発達し，毛細血管が隅々にまで酸素を運んでくれる．分業が極限まで進んでいくと，身体の中でもそういう分業を行う細胞がたくさん出てくるのである．その細胞が生きるための命綱の「酸素を送るパイプ」が血管なのである．標準的な大きさの一人の大人の身体の中にある毛細血管をつないで延長すると，その長さは地球を二周半もする長さになるという試算もある．結果として血管のおかげで，身体の中の全ての細胞が調和して不平を言うこともなく，共存して生きている．これは発生

の設計図に基づき臓器が作られる際に，血管もまた精密に作られるようになっているおかげである．両者の発生は，車の両輪のごとく調和している．

では，血管の発生はいつも完成された設計図通りかというと，少し違う面があるのである．設計図で決まっているだけなら，発生中に仕事を終えたら，もう何もしなくてもよいことになる．実際に神経や多くの臓器はそうなっている．せいぜい怪我をしてキズがついたときにその部分を修復することぐらいが残された仕事になる．だが，血管はそういうわけにもいかない事情がある．人間は成長が終了してからも，太ったり痩せたりするが，この場合も身体の一部が増えたり減ったりしているわけである．減るのならともかく，増えた場合は，これはやはりどこかの部分に肉の塊が余計にできたことになる．この余計な塊の中も酸素不足になるのは同じである．この際にも，毛細血管は増えてその中に伸びて発達していくのである．発達しないと酸素不足で太った部分の組織は内側から死んで腐ったりすることになる．その部分用の毛細血管が新たにドンドン創られねばならない．この状態は，発生の際に毛細血管が伸びていく条件と同じである．血管の壁の細胞が前に向かってドンドン伸長するように増殖しているのである．これはなぜなのだろうか？　実は細胞の集まった塊ができると，中の方の細胞は苦しいのか，血管よ，伸びろ，伸びてくれ，早く助けにきてくれ！とSOSのシグナルを出すのである．するとレスキュー隊のごとく，身体が反応してトンネル掘りのごとくその部分に向かって突き進む血管を新生させるようにするのである．血管が新生する場所も，その塊の周りから塊の中へいく部分だけになる．場所まで指定するのである．

　この場合も，細胞膜の表面の糖鎖の構造や種類が大いに関係しているようである．助けを呼んでいる塊の周りの血管が優先的に反応して，かつ，自分の血管はそのままにしてその一部から塊に潜り込むような脇道の土管を作るように工事を開始する．その際には，新たに作られる壁の細胞と自分の壁の細胞との区別がないと，物資の行き場が混乱することになる．そこで，新たに作られる血管の壁の細胞の表面と，元からある血管の壁の細胞の表面とが違うように作られているのである．これもたぶん，それぞれ

図3 血管新生のメカニズム

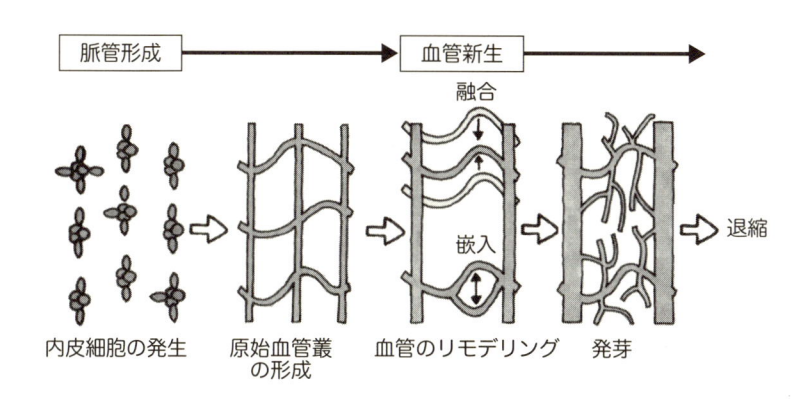

脈管形成 → 血管新生

融合
嵌入
退縮

内皮細胞の発生　原始血管叢の形成　血管のリモデリング　発芽

毛細血管の管腔形成

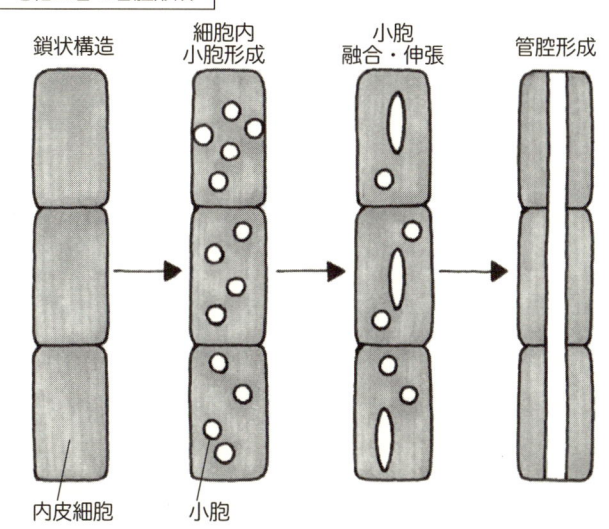

鎖状構造　細胞内小胞形成　小胞融合・伸張　管腔形成

内皮細胞　小胞

図4 毛細血管新生因子(VEGF)

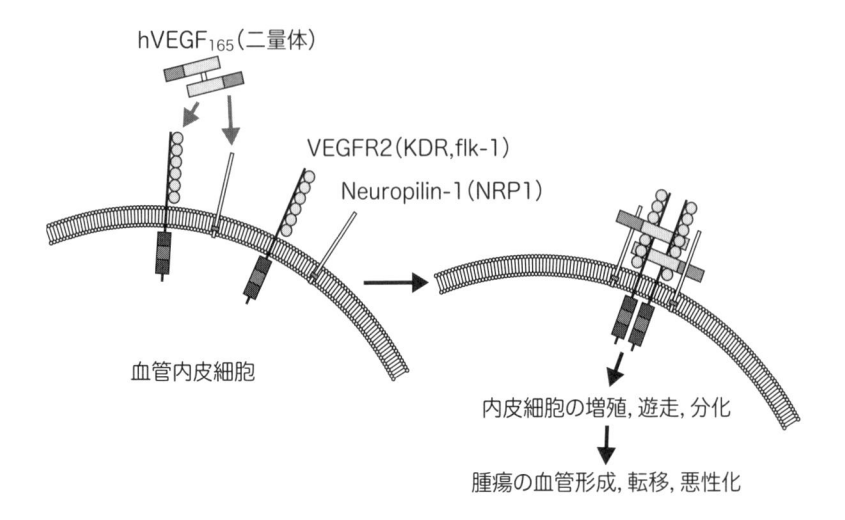

VEGFは二量体を形成し，血管内皮細胞に発現しているVEGFRがNRPなどの受容体に結合する．この結合がシグナルとなり，内皮細胞の増殖，逃走，分化などが起こり，結果的に腫瘍の血管形成，転移，悪性化が進む

の細胞膜の表層の糖鎖の違いにより区別しているらしい．もちろん，壁ができあがり，しばらくしてどっしりと落ち着いた血管になったら，その表層の糖鎖も，元からある血管壁の表面と同じになる．このように，新生血管上皮には多少の違いがあるのである．膜の表面の話だから，細胞間の接着や粘着の能力も変化するに違いない．

 さて，本題に入ろう．細胞の集団の塊ということを連呼しているが，成長してしまった大人にとって，太って脂肪のたまりきった組織の塊以外にそんなものはあるのだろうか？ ということになる．典型的なものが人類の恐ろしい敵，あらゆる臓器にできる**固形癌**である．不定形の塊の代表のようなものである．しかも放っておけばドンドン成長し巨大化する．そしてSOS様のホルモンを出すのである．するとその癌をもっている人間は，そ

図5 VEGFファミリー

VEGF	受容体	遺伝子欠損マウスの表現型
VEGFA	VEGFR1,2	ホモ/ヘテロ欠損：脈管形成不全および心血管系の発展異常のために胎生期に死亡
VEGFB	VEGFR1	胎生期の脈管形成障害や発達異常なし
VEGFC	VEGFR2,3	ホモ欠損：胎生期に死亡 ヘテロ欠損：出生後にリンパ管の発達異常
VEGFD	VEGFR2,3	
VEGFE	VEGFR2	
PlGF1	VEGFR1	胎生期の脈管形成障害や発達異常なし
PlGF2	VEGFR1	胎生期の脈管形成障害や発達異常なし

＊PlGF：胎盤増殖因子（placental growth factor）

VEGFR1：特定の一部の内皮細胞に発現．血管新生に関与，単球走化作用などに関与
VEGFR2：ほとんど全ての内皮細胞表面に発現．VEGFAの大部分と結合，血管新生，脈管形成関与
VEGFR3：特定の一部の内皮細胞に発現．リンパ管新生に関与

Alternative splicing（VEGFA）
アミノ酸数　　121：$VEGF_{121}$
　　　　　　　165：$VEGF_{165}$
　　　　　　　189：$VEGF_{189}$
　　　　　　　206：$VEGF_{206}$

※Alternative splicingとは，遺伝子のスプライシング場所の違いにより，複数の異なるタンパク質ができること

の癌の塊を助けるためにレスキュー隊を派遣し，毛細血管の新生の工事を慌ただしく開始するのである（→第14章参照）．

それを逆に利用して癌をやっつけてやろうではないか．SOS様の物質とは何か？ 血管新生のメカニズムがわかりつつあるが（**図3**），そのなかでも**VEGF**というタンパク質（**図4**，**図5**）が注目された．このタンパク質は**血管新生因子**とも呼ばれる．このタンパク質は普段乳幼児などでは普通にたくさん創られている成分であるが，大人になるとあまり創られなくな

る．しかし，癌が発生し成長していくと，その塊は膨大な量のVEGFを創るようになる．とにかく血管が必要なためである．ではVEGFの抗体を創りやっつけてやろうではないか，という発想で創られた薬はすでに臨床で使われている．代表的なものは**アバスチン**という名がついている．**抗体医薬**の例である．だがこれは2つの理由から思ったような成果はあがらなかった．VEGFは癌だけが創っているわけではないので，他のあちこちのVEGF必要な正常箇所でも働くため副作用が許容可能なレベルではないこと，もうひとつは，抗体もタンパク質なのでその抗体（抗体の抗体）が，すぐできて無効になってしまうのである．

　さらに違う観点も述べておこう．これは血管の壁の細胞の話である．血管壁というのはいろいろな病気と密接に関係している．例えば，動脈硬化，心臓病，動静脈瘤など成人病の代表的なものが多い．血管さえ丈夫で若々しければ，長生きが可能な気さえしてくる．新生する毛細血管の上皮の性質が他の血管壁の性質とは異なることを見分けられるのなら，このような永年の生活習慣で変化した（変性した？）血管壁の細胞の表層の研究をすれば，このような病気の治療法も，対症療法ではなく根本的な治療法が開発できるのではないか？そう思わせるものがある．

16

老化と寿命
〜人は何歳まで生きられるか？〜

　さあ，タブーの話，不老不死の話を語ってみよう．宇宙は137億年前にでき，地球は46億年前にできたとすると，138億年前には宇宙はなく47億年前には地上はなかったことになる．そして，約80億年後には地球は膨張した太陽に飲み込まれることになるのだそうである．つまり，宇宙はいつまでも今の状態が続くかと思うと宇宙物理学者の話ではそうでもないらしい．有限なのだそうである．すると地球も宇宙もなくなってしまうのなら人間の不老不死もあり得ないことになる．地上がなくなれば，食物は失われ，住むところが失われ，空気も失われてしまう．太陽に飲み込まれれば数千度の温度で焼かれることになる．生きることなんてできない．人の不老不死はあり得ないのである．でも80億年後ではなく，せめて1万年や100万年ぐらいは生き続けられないのか，というのが秦の始皇帝の希望だったかもしれない．いや，せめて千年はダメか？百年でもいい，何とかならぬか？百年くらいなら，たまにそういう人もいるではないか！人の希望とはそういうものだろう．この観点で老化と寿命の話をしてみよう．

❖ 平均寿命はどこまで延ばせるか？

　現在の日本の平均寿命は女性は約86歳，男性は約79歳である．この寿命を決めている最大の要素は，幼児死亡率と成人病（生活習慣病）による死亡である．幼児の死亡は今では非常に改善されており，これ以上の改善はあまり期待できない水準になっている．だから，成人病による死亡率を

下げれば，どんどん平均寿命は延びていくことになる．実際に20世紀の医学はそういう進歩をもたらしてきた．19世紀末の平均寿命と比較すれば，日本の場合，今はおそらく倍以上の寿命になっているに違いない．ではこのままいけばついには平均寿命は百歳を突破し，老衰に対する医学が発達すれば千年だって夢ではないのではないかと気がしてくる．20世紀のペースを維持できれば，22世紀には少なくとも200歳は達成しているかもしれない？　私の意見では，これはまずあり得ない．

❖ 老化を防ぐ方法はあるか？

　現在の成人病による死因は，老衰という現象を除けば，基本的に癌と心臓病を含む血管系の疾患，それに脳神経の疾患や老化による痴呆が中心である．癌特効薬，心臓病・動脈硬化改善薬あるいはアルツハイマー特効薬が完成すれば，大幅に寿命が延びることは事実である．癌だけでも完全治癒が可能になれば，15年程度の寿命延長が予期されるから，これはすごいことである．それだけで女性の平均寿命は100歳を突破することになる．でも100歳を越えるとこういう病気にならなくても徐々に老衰という現象に突き当たるので，無限に延びるということはあり得ない．

　老化を防ぐ方法はないのか？　多少はなくはないだろう．でも遅らせることができるだけの話である．老朽化した建物を長持ちさせるために早くからよく手入れし，古くなれば修理をくり返し，老朽化対策をとれば多少は長持ちさせることはできる．それと同じである．ギネスブックの記録によれば，120歳程度が世界最高齢であるようである．この人たちはこの年齢になるまで成人病にもならず生きてきたわけだが，そして死ぬ際にも老衰死がほとんどで他の成人病で死ぬケースは極めて少ない．本来の人間のもつ限界的な寿命年齢を表しているのかもしれない．たとえ，老化を遅らせる方法が発達し，その対策が国家的見地でとられてもこの年齢をはるかに超えて延びていくことはないだろうと思う．ただ，建物でも世界最古の木造建築でもある法隆寺は，1,400年の間，崩れもせず壊れもせずそびえてい

る．木造建築の寿命の平均を思えば，何倍もの時間を生きている．もし人の寿命にも適用ができるのなら，200歳くらい生きることは簡単なことなのかもしれない．老化を遅らせる科学についてはここで予言することは止めておこう．間違える確率が高いかもしれないからである．

❖ 染色体の寿命を決めるもの─テロメア

　突如，話をいかにも科学的にしよう．この寿命を決めているものは物質的に何なのだろうか？ ごちゃごちゃと分子生物学を語るとうんざりされるだろうから，現在わかっている範囲の結論をかいつまんでお教えしよう．

　まず第一に，真核生物の（あくまで真核生物だけですよ，原核生物の場合はそうではない）分裂して増える細胞は，特殊な例外を除き，必ず寿命をもっているのである．驚くことに細胞自身1個1個が寿命をもっているのである．これを発見した学者は，びっくりし大発見を大いに喜んだろうけれども，それとともにがっかりしたに違いない．自分が無限に生き続けることは絶対にないということを発見し証明してしまったからである．

　細胞に寿命があるというのはどういうことかというと，この本のあちこちで述べてきた**染色体DNA**というものが細胞分裂に際して必ず**倍加**するわけだが，**一回倍加（複製）すると，そのたびにそのDNAの端が短くなっていくのである**．これは構造的な宿命で絶対的に避けられなくなっている（なぜかは，専門書を読まれたい）．短くなっても最初は問題がない．十分に予備のDNAがあるからである．しかし，ものには必ず終わりがあるのが道理である．いつかはその貯蓄されている余剰もつきる．最後の余剰を使い果たしたら，そのときは染色体は壊れてバラバラになってしまい，細胞は生きられなくなって死ぬのである．文字通り寿命がついたわけである．この理由は端が削られて減っていくというのが重要で，染色体の「端」または**テロメア**（→第5章参照）がキーワードである．真核生物の染色体は棒状で必ず両端があるからである（**図1**）．一方，原核生物の染色体は1個でかつリング状になっている（**図1**）．つまり，輪ゴムのごとく端がない．だか

第16章 老化と寿命　**269**

図1 真核生物の染色体の端（テロメア）と原核生物の染色体（リング状）

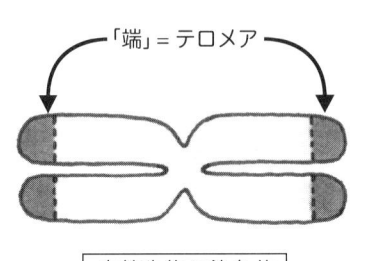

「端」＝テロメア

真核生物の染色体

「端」がない…

原核生物の染色体

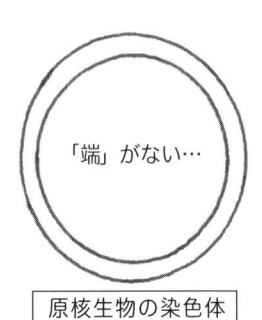

ら短くなれないのである．だからバクテリアは寿命がつきることもなく無限に増殖していくのである．進化と共にテロメアを獲得して便利になったが，その代わり，限りある寿命もできてしまったのである．

でもこれでは話が少し変になる．受精卵だって親から来ているので，親の身体で分裂をくり返しており，この説に従えば，テロメアはドンドン短くなっているはずである．もうそこで寿命がつきているに違いない．でも，つきない！

❖ テロメアを引き延ばすテロメラーゼ

ではなぜ，真核生物は全部寿命がつきて滅びてしまわないのか？ 特殊な例外があるのである．まず，身体の中にできる癌細胞は寿命がつきることなく無限に増殖することができる．変ではないか，不公平ではないか，病気の細胞が宿主を殺せば生きられないのにおかしい！ ごもっともである．このテロメアDNAが短くなると，そのDNAを合成し長くして引き延ばす酵素があるのである．テロメアのDNAの余剰の貯蓄を殖やすメカニズムがあるのである．この酵素を**テロメラーゼ**と呼んでいる．この酵素は子供を

作るための精子や卵子，それに受精卵にはいっぱいあるのである．本来は癌のためではなく，そのために発達したメカニズムのようである．だから，真核生物は今も滅びずに続いているのである．ところが成人して，もはや，一部の細胞以外は増える必要のなくなった親では，この酵素が働かなくなってしまっているのである（一部の細胞では働いているところも少しはある．例えば，次の世代を創るための生殖細胞の中は非常に活発である）．理由はいろいろあるが，とにかく働くと不都合なことが多いので，働かないようにしているのだろう．

ところがである．身体にできた癌細胞はこの能力を復活させ，悪魔のように増え続けることができるのである．このテロメラーゼをうまく使えば不老不死になるのかな？と思う人もいる．でも，そんなに簡単にいく話ではないので，ぐじゃぐじゃ延々と語ることになり自分でも何のこっちゃらわからないアホらしい結論になる．一つヒントを与えると，誰にでもできる癌細胞は無限増殖が可能である．テロメアの短縮もないのである．テロメラーゼもたっぷりもっている．

　この**テロメアの短縮という現象は，実際の寿命を反映している可能性が低い**ことをさらに別の話から示そう．何度も言ってきているように，細胞は身体の一部から取り出し試験管の中で簡単に培養できる．そして継代していくと上記のようにテロメア短縮により寿命が尽きるわけである．この寿命が尽きる継代の回数は，たいていの哺乳動物の細胞で同じである．イヌからとってきた細胞でもネコからでもネズミからでもほぼ同じである．変じゃないか！イヌやネコの寿命はだいたい15年くらいである．ネズミにいたってはせいぜい半年から1年である．しかし，**試験管中の細胞の寿命は同じ**なのである．継代回数はおろか，1回の細胞分裂に要する時間もあまり変わらない．確かに細胞には寿命があるが，人やイヌやネコやネズミの寿命を決定している要素は，染色体の端テロメアの短縮だけが直接の原因ではないことは明らかである．

❖ 寿命を決めるもう1つの要素—活性酸素

さて，次に2つ目の寿命を決定している要素の話である．**活性酸素**というものがある．これはわかりやすく言うと，同じ酸素でも，むやみやたらに他の分子にくっつきやすく，くっつくとただちに相手を酸化してしまう（つまり，木であろうと草であろうと身体の中の何であろうといかなる相手でも，すぐに錆びつかせてしまうのである），身体の側から見るとナイフのような毒薬のような恐ろしい兵器である．でも活性酸素は身体の中に一定の量は必要で，常に生産されているものである．さもないと人間は呼吸ができなくなる．それが余ってしまったのである．いかなる化学反応も必ず行きすぎたり足らなかったりする誤差がでる．しかし人の身体というものはよくできたもので，この余剰の活性酸素を壊し，おとなしい普通の酸素に戻す酵素が身体にあるのである．この酵素を作る遺伝子を壊してやる（つまり，この酵素がない遺伝病患者．もちろん人ではない）と，劇的に老化が促進されることがわかってきた．人に換算すると，もう10歳になる前に普通の人の80歳以上の老人に見かけ上なってしまうのである．つまり，この遺伝子もまた大きく人の寿命を司っていることになる．この話も今ではよく研究されており，もっと知りたい人は，やはり，詳しい専門書を読むことおすすめする．

ただ，活性酸素のお話だけならこれでおしまいなのだが，実は奇妙なことを見つけた人がいる．この活性酸素を普通の酸素に戻す酵素の研究をしていた人が，そのメカニズムを詳しく研究するために，遺伝子工学的にこの酵素の遺伝子を改造し，この酵素が作れなくなった突然変異体のネズミを創った．彼はあくまでもその分子メカニズムを追求するために創ったのである．ところが驚いたことに，ネズミの寿命が大幅に縮まってしまったのである．これは何かの病気になったとか，そのメカニズムが機能しないので死んだとかではなく，単純にあっという間に老衰してしまうのである．そこで，培養した細胞の寿命には差がないのに実際の個体には差があるもの同士（例えば，人とネズミとか，人とネコ）で，この酵素の強さや遺伝

学的な状況などを比較したら，人の方が圧倒的にこの活性酸素を元に戻す能力が高かったのである．他には今のところ，このような状態を示す遺伝子はまだ知られていない．もちろん他にも寿命を決める遺伝子がある可能性は高い．例えば，人の遺伝病で寿命が非常に短縮する病気があるが，それらの原因遺伝子もまた，寿命を決める遺伝子であることを示している．

　だから，他にも寿命を司るメカニズムはあるかもしれないが，今のところよくわかっているのはこの2つ（**テロメア短縮**と**活性酸素の無毒化**）である．さて，この2つのメカニズムに逆らって老衰を遅らせ，寿命を延長できるか？

　まあしかし，今のところはまず成人病を治せるようにするのが，寿命延長の近道だろう．平均寿命120歳への道である．このためには癌，血管疾患，脳神経疾患の治療法ばかりでなく，臓器移植も活用していくことになるのだろう．人工的に造り出された若い臓器に入れ替えていくのである．自動車の修理で言えば，部品の交換である．

17 心や記憶はバイオで解き明かせるか

❖ 自分という存在の認識，意識とは？

　このようなバイオの話を読んでくると，自分という存在と他人との関係は何が違うのか不思議に思う人は多いと思う．特に意識とは何だろうか．記憶のメカニズムは脳の研究で大いに進められている．しかし，記憶のメカは自分にもあれば他人にもある．しかし自分というものは明らかに他ではなく自分である．自分が眠っているときには自分という意識はない．自分がいつか迎える死はどのようなものか？このような自分という意識をバイオで説明できないのか，と誰も思う．

　ここでは宗教的な話ではなく，バイオでわかる範囲で語ってみたい（？）．自分という意識は，普通は魂とか霊魂とかいう言葉で表されることも多い．もし，記憶のメカニズムの積み重ねが最後にはこのような自己の認識をもちうるのなら，未来の機械で作られた精巧なロボットは自分という存在を意識するようになるのだろうか？

❖ クローン人間を創っても元の人間は復活しない

　この疑問を考える前に，一つだけ必ず確認しておかねばならないことがある．それは**遺伝子組成（つまりゲノム）が同じなら同じ人物なのか？**ということである．社会ではそうだと誤解している一般の方々は多い．もっとわかりやすく言うとDNAが同じだと同じ人物だ，という話である．もし

そうなら織田信長の墓を掘り起こし，骨からそのDNAを取り出し，そっくり同じDNAをもつ人を創れば織田信長が再び蘇ることになる（クローン人間の一つ）．否！それは同じ人物ではない．また，同じゲノムをもつ生き物とは二つといないのだろうか？否！たくさんいる．身近なところでは一卵性双生児は理屈上は全く同じゲノムをもっている．しかしその二人は全く別の人格である．顔かたちはそっくりだが，決して同じ人物ではない．片方が片方に乗り移ることもできない．他人である．織田信長のクローンは，見た目は織田信長で性格もそっくりであるだろうけど，かつて歴史の彼方で活躍した織田信長ではない．その記憶も全くない．別人である．

　かってイギリスで羊のドリーという**クローン羊**が創られた．ドリーと同じ遺伝子構成をもつ元の羊とはやはり何の関係もない，別の羊にすぎない．ゲノムが同じでも個体が違えば，それは別人なのである．双子の兄弟姉妹は互いに相手を別人としてみている．同じゲノムの復活はあり得ても同じ個人の復活はそれではあり得ないのである．いったい個人とはなんぞや？

　それは今のところ誰にもわからない．DNAだけでは認識できないのである．それこそ魂とか霊魂の議論までしなければならないことになる．

　基本的にまず記憶のメカニズムを解明しないといけない．この研究は今の分子生物学では最高の研究課題の一つになっているから，近い将来かなりのヒントが得られるかもしれない．この研究はコンピュータ理論の発達と共に進んでおり，今の最大の課題は，ものを記憶する際の記憶素子が生き物の場合，何なのか，という方面に集中している．コンピュータの記憶素子の観点と同じである．画面の場合は画素数というのでよく表されている．人の記憶もこれと同じなら，この物質は頭の中の成分の何かという方向になる．未だ不明である．DNAだRNAだタンパク質だ，いや何々だと昔からいろいろ言われているが，よくわかっていない．そのうちわかるだろう．

　もちろんそれがわかっても自己認識の問題には何の解決にもならないかもしれない．でも，とにかく話はそれからである．要するにただ今は何もわからないのである．大上段に題をかかげておいて，お粗末な結論で申し

訳ない．とにかく，この本で述べてきた生き物の誕生と進化の観点から，こねられる理屈だけでもこねてみよう．

❖ 記憶を司る遺伝子も単細胞生物から進化した？

　元は単なる自己増殖できるユニットが，より効率的なマシーンに進化し増えだしたのが生命のはじまりだとすると，今でもどこかにそれを反映しているかもしれない．その原理は，増えるが元の形を正確に保つ必要がある．そのためには自分を守る自己保身を非常に発達させることになるに違いない．死にたくないという心理はそれを反映しているのだろう．危ないところから退避する，事前に察知して近寄らない，傷がついたら治す，親は子を守る，全てが同じようなものなのだろう．

　この中には一つの問題が含まれている．このような原始細胞は1個の細胞の中の話である．神経もなければ脳もない．考えているとはとても思えず，もともと遺伝子の中に暗記されている設計図通りに動いているにすぎないはずである．このような単細胞生物をみて，彼らに魂とか霊魂があるとは思えない．簡単にいうと，アホかいな，という気分になる．そこで多細胞生物について考えてみたい．以下，ここに述べることは学問的な根拠は全くない．私の空想であると思っていただきたい．

　何度も書いてきたように，多細胞生物は単細胞生物からできた．多細胞生物では多数の細胞が集まり，機能を分業している．つまり，単細胞生物1個の中には生きるためのあらゆる機能がつまっているが，多細胞生物の1個の細胞は機能的にわずかのことしかできない．多細胞生物の1個の細胞は能力的にかなり退化した細胞ということになる．記憶するところはその機能だけが仕事になる．この分業が意識を発達させることになったのかもしれない．意識だけの専業細胞ができたのかもしれない．では全体としての分業の設計図は何から来たのか？当然のことながら，その設計図（遺伝暗号，DNAの中の塩基配列）の原形は全て単細胞生物の遺伝暗号の中にあったはず．それが増えたり変化して，それ用に使われることになったは

ずである．進化の過程を考えるとそれ以外には考えようもない．さて，人の自己の認識に戻ろう．自己の認識が脳神経で行われていると考えよう．意識を司る専業の細胞も脳神経としよう．脳神経を創る遺伝子群は，単細胞生物時代のどこの遺伝子から進化してきたのだろうか？

　原始細胞の基本は，①DNAを倍加（複製）する能力と，②できたDNAに傷がついても自分で治す能力が備わっていること，③そのメカニズムを取り巻き守る部屋の仕切り（細胞膜）があることが基本だった．この3つの違う能力を作りだす遺伝子はそれぞれにたくさんあるので，①DNA複製遺伝子群，②DNA修復遺伝子群，③細胞膜遺伝子群と呼ぶようにする．この3種の遺伝子群は全ての生き物に共通して存在している．しかもどの生き物でも全遺伝子の中のものすごい割合を占めている．極端なことをいうと，人でさえ，その30,000個の遺伝子の大部分はこの3つで占められているといっても過言ではない．脳や神経は単細胞生物には存在しないのだから，当たり前のことだが脳や神経を司る遺伝子群はこの3つには属していないはずである．人もこのような単細胞生物が先祖である．単細胞生物ではこの3つの遺伝子群が中心だったのだから，脳や神経を形成したり，その働きに関係したりする遺伝子もこの3つのどれかが発達して転用されたはずである．転用されたものが，のちの意識の形成に大きく関与する遺伝子群になったに違いない．

　どれだろう？これを調べる簡単な方法が，最新のバイオエンジニアリングの中にある．単細胞の生き物から，それぞれの遺伝子を取り出す．そして，同じような遺伝子やそこから発達したと思われるような遺伝子（塩基配列が似ているので，見つけることができる）を多細胞生物の中から探す．次にその遺伝子が欠けたネズミをつくり出す．驚かれるかもしれないが今ではこんな酷いことも可能なのである．そして，そのネズミを受精直後から精密に観察していく．特に脳や神経の分化，成長や発達がおかしくなるのはどれか？と探るのである．すると驚くことに，ほとんどの場合，②の修復遺伝子の異常が関係している．DNAのキズ治しの遺伝子が脳や神経を創る遺伝子に発達したのである．この話には2010年現在では異論のある学

者も多いので，私の独断と偏見だと思って聞いて下さい．つまり，なんとか壊れず維持しようという原始の構造が，神経になったのである．神経の，身体を維持しよう，壊れるのは恐い嫌だ，死にたくないという行動は，遠い太古の昔，DNAが壊れるのを防ごうとした行動と同じなのかもしれない．自己の認識，すなわち霊魂も，38億年の生命の歴史が創ったはずだから，どこかに原形を求めるとそうなる．関係があるのかどうかわからないが，実際に脳や神経ではDNAを修復する遺伝子がいつも大量に働いていることが知られている．大人の脳の中では，もはや細胞は増殖しておらず意識専業に分業してしまっているのに，なぜ，そうなってしまってからもたくさんのDNAを修復するための遺伝子が機能しているのか，今のところはまだ謎である．

　ではいつの間にやら，ただ危険を回避するという現象から自己を認識する反応に至ったのか？　眠りの研究がそれに迫ることができるのかもしれない．眠っているときには自己の認識はない．しかし生きている．この場合危険を回避する能力は休んでおり，上から石が落ちてきても避けることはできない．自己の認識はやはり単細胞生物の危険を避ける反応と似ていると言わざるを得ない．さらにいえば，DNAの修復反応用の遺伝子から発展したのなら，その原型的な能力は今も維持されているかもしれない．すると記憶のメカニズムも自己の認識もDNAの構造を直したり変えたりする反応の延長線にあるのかもしれない．もちろん人間が記憶できる項目は天文学的で，コンピュータの記憶素子のようなものを想定したとき，細胞の中に入っているDNAの塩基配列による暗号の数ではカバーできない．何かわからないが，しかし，そのような機構はDNAを用いる反応の中にある，と予言しておこう．

　人間に対する免疫反応の中で，抗原となるものは世の中に何千万種類とある．最初，この各々に対する抗体タンパク質を身体がいかにして作っているのか？　その方法が全くわからなかった．何しろ各々の抗体は違うタンパク質で，それぞれが抗原に対して特異的につく．わからなかった当時の常識に従えば，タンパク質にはそれぞれに対応する遺伝子がある．だから

数千万種類の抗体用の遺伝子が必要になるはずである．ところが人にはわずかに2万数千種類程度しか遺伝子はない．とても数が合わないのである．しかし，述べたようにうまい具合に部分を増幅できる方法があったのである．しかもここで強調しておきたいのは，この反応もそれ専用に分業した細胞組織があることである．分業が新たに何かの機能を獲得したという仮説はここでも成立しそうだ．ただし，この免疫でやられている方法をもってしても，記憶の素子の数にはならない．もっと天文学的にたくさんの素子が必要である．また，そんなたくさんの素子を収納していく方法もわからない．この方法がわかれば，人の記憶の素子がまずわかる．そして，その素子を収納しておく装置，素子から記憶を取り出すメカニズムもわかることになる（→第12章も参照）．そして，記憶の素子が物質的に解明されれば，眠りのメカニズムもわかることになる．ここに自己認識の理由もわかり説明できるのだろう．

　問題は記憶素子の機能が極限まで高まれば，人の意識のようになるのだろうか？魂や霊魂がこれで説明できるのか？いや，やっぱり違う何かがプラスされているのか？この点には答えようもない．しかし，記憶素子の機能を極限まで高めるという作業は，何も脳の研究をしなくても，コンピュータの記憶素子機能を極限まで高めれば，同じことができるはずである．今のただひたすら記憶容量を増やし演算能力を高速化するということ以外に，どのような回路を構築するかというところが重要なのかもしれない．回路の構築の研究は脳の生理学的および分子生物学的な研究を並行することにより，お互いの相手の研究への影響の相乗効果で解明できる可能性もある．こんなことで霊魂のあり方や存在様式がわかるのかどうかわからないが，もしわかってしまえば，むしろ困るのかもしれない．わからない方がよいということもある．しかし，人はわかるまで研究を止めることなく続けるだろう．

❖ おわりに

　今のところは何もわからないのである．研究というものは，普通はこういうふうにしていけば解けるかもしれないという段階のものと，もう何をどうしてよいか研究の方向の指針さえわからない段階のものとがある．今までに述べてきたバイオは前者の段階にあるか，すでにわかっているものの話であった．この章のような自己の認識，霊魂の研究は，もう何をどうしてよいか研究の方向の指針さえわからない段階のものなのである．ではなぜこんな章を設けたかというと，本書は教科書のつもりで書いたものであるから，今後，研究されねばならない大切な領域であることを知らせるためである．普通，教科書というものは，確かにそうだと証明があるものしか書かない．するとそれを読む若者たちも，それが全てだと誤解し，その外側にはみだして考えようとはしなくなる．もうどうしようもない，お手上げだ，降参という領域があることも知らせておく必要があると，私は思っている．そして言えることは，生命なぞ決して神秘的なものでもなく，単なる地球の自然現象，地球の中にある河が流れ，水が流れ，大地が動き，風が吹きというような変化が創った現象にすぎない．だから決して自然法則にない現象がつくり出されることもないのである．その中にある法則で必ず証明できるはずである．それは強調しておきたい．

索引

数字・欧文

数字

2 分裂型 …………………………… 144
6-4 光産物 …………………………… 89

A〜C

AdR …………………………………… 55
AT ペア ……………………………… 55
C- バンド法 ………………………… 109
cDNA ……………………………… 214
cDNA クローニング ……………… 214
CdR …………………………………… 55
Cot 値 ……………………………… 164
Cot 分析法 ………………………… 110

D

DNA ………………………… 14, 53
DNA 鑑定 …………………………… 84
DNA 合成期 ……………………… 100
DNA 合成酵素 ………………… 81, 198
DNA 修復 ………………… 76, 88, 198
DNA 切断 …………………………… 92
DNA 損傷 ………………… 88, 92, 238
DNA の反復配列 ………………… 113
DNA の融解温度 ………………… 112
DNA 複製 …………………………… 76
DNA プライマーゼ ………………… 82
DNA ポリメラーゼ ………… 81, 200
DNA リガーゼ …………………… 213

E〜I

ES 細胞 …………………………… 226
G_0 期 …………………………… 103
G_1 期 …………………………… 102
G_2 期 …………………………… 102
GC ペア ……………………………… 55
GdR …………………………………… 55
iPS 細胞 ………………………… 227

M〜S

M 期 ……………………………… 100
M_1 期 ……………………… 103, 159
M_2 期 ……………………… 103, 159
mRNA ……………………………… 67
pachDNA ………………………… 164
recA ……………………………… 198
recBCD …………………………… 198
RNA ………………………………… 66
RNA プライマー …………………… 82
rRNA ……………………………… 67
S 期 ……………………………… 100

T〜Z

TdR …………………………………… 55
Tm ……………………………… 112
tRNA ………………………… 67, 71
V（D）J 組換え ………………… 203
VEGF …………………………… 265
X 線 ………………………………… 48
Y 染色体 ……………… 109, 154, 157
zygoDNA ………………………… 163

和文

あ行

アクシャルコア …………… 159, 164
アグロバクテリウム ……………… 216
アデニン ……………………………… 55

索引 **281**

アバスチン	266	活性酸素	272
暗回復	89	鎌状赤血球症	63
アンチセンス鎖	57	癌	20, 182, 187, 230
鋳型	81	間期	100, 148
鋳型 DNA	79	幹細胞	226
異質染色質	109, 192	間性	156
異種間雑種	118	癌治療	243
一塩基変異	63	癌免疫反応	233
一本鎖 DNA	53	キアズマ	151, 159
一本鎖 RNA	67	記憶	205
遺伝子	19, 33	旧口動物	175
遺伝子組換え	210	旧鎖	81
遺伝子組換え作物	216	旧鎖 DNA	79
遺伝子クローニング	214	凝縮	150
遺伝子操作	211	協調進化モデル	126
遺伝子多型	128	魚毒性物質	254
遺伝子地図	196	近交系	138
遺伝子重複	128, 190	グアニン	55
遺伝子の多重化	190	組換え	116, 151, 159, 164, 195
遺伝子ノックアウト	181	組換え修復	198
遺伝子ノックダウン	181	クローン	153
遺伝子プール	138, 141	クローン生物	221
遺伝病	44, 63, 123, 184	クローン人間	275
移動期	159, 166	クローン羊	275
伊藤道夫	167	クロスリンク	92
イニシエーション	241	クロマチンタンパク質	104
ウラシル	66	系統進化分類	133
塩基	40, 53, 55	系統発生	170
塩基置換	116	血管新生	232, 265
塩基対	84	血管新生因子	265
岡崎断片	83	ゲノム	48, 121, 245, 274
岡崎フラグメント	78, 83	ゲノム分析	121
オリゴ糖	256	原核生物	48, 130, 147
オリジン	84	原口	174
		原始細胞	22
か行		減数	125
外胚葉	174, 177, 255	減数分裂	38, 99, 145, 150, 158
核	94	減数分裂前期	103, 159
核型	40, 97, 154, 156	原腸胚	168
核型異常	122	抗原	203
核小体	113	抗原決定基	203
加算説	241	後口動物	175

項目	ページ
厚糸期	159
合糸期	159
抗生物質	17
抗体	203
抗体医薬	216, 266
腔腸動物	168, 174
コートタンパク質	211
高度反復配列	113
ゴジラ	64, 74
個体発生	170
五炭糖	53
コドン	58

さ行

項目	ページ
ザイゴテン期	159
細糸期	159
再生医療	225
再生組織	223
細胞周期	102
細胞置換修復	93
細胞内器官	94
細胞分化	174
細胞膜	21
サットンの染色体説	38, 99
紫外線	49, 64, 88, 236
自己増殖	22
自然淘汰	126
シトシン	55
シナプトネマ複合体	159, 164
姉妹 DNA	103
姉妹染色分体	39, 96, 97
ジャイアントミュータント	74
重合反応	81
雌雄同体	155
条件的再生組織	223
娘細胞	94
ショウジョウバエ	156, 189
常染色体	39, 156
仁	113
人為突然変異	48
進化	18, 115
真核生物	48, 130, 147

項目	ページ
進化系統樹	19, 140, 174
進化図	141
進化中立説	137, 140
進化のクリスマスツリーモデル	125
新口動物	175
新鎖	81
新鎖 DNA	79
真正染色質	109
スーパーコイル	41
スクリーニング	20
スティッキーエンド	213
生活習慣病	248
制癌剤	23, 230, 254
性決定機構	155
制限酵素	213
成人病	248, 268
性染色体	39, 97, 109, 154
生存競争による自然淘汰	125
性転換	155
脊椎動物	174
節足動物	174
前癌状態	241
前期	150
前減数分裂期	103, 159
前口動物	175
潜在的腫瘍細胞	241
染色糸	105
染色体	38, 95, 97, 144
染色体異常	116
染色体多型	128
染色体重複	123, 128, 185
染色体の核型	154
染色体の多糸化	192
染色体の部分交換	116
染色体の不分離現象	185
染色体の分染法	107
センス鎖	57, 70, 83
選択毒	17
選択毒性	248
相同染色体	39, 97, 144
相同染色体の組換え期	151
相同染色体の対合	164

相同染色体の対合期……………………… 151
相補配列…………………………………… 79
損傷乗り越え DNA 修復………………… 89

た 行

第 1 群変異………………………………… 241
第 1 分裂期………………………………… 159
第 2 群変異………………………………… 241
第 2 分裂期………………………………… 159
ターゲットスクリーニング……………… 249
体細胞分裂…………………………… 97, 148
対立遺伝子……………………… 29, 33, 42
対立遺伝子の優劣の法則………………… 29
ダウン氏症候群…………………………… 122
多型化……………………………………… 129
多細胞……………………………………… 132
多糸化……………………………………… 193
多糸染色体………………………………… 192
多重遺伝子族 DNA ……………………… 127
単細胞……………………………………… 132
遅延 DNA 合成…………………………… 162
チミン……………………………………… 55
チミン二量体……………………………… 89
抽出精製…………………………………… 31
中等度反復配列……………………… 113, 165
中胚葉…………………………… 174, 177, 255
中立進化説………………………………… 140
重複…………………………………… 120, 127
対合…………………………………… 159, 164
対合期……………………………………… 151
ディアキネシス期…………………… 159, 166
ディプロテン期…………………………… 159
デオキシアデノシン……………………… 55
デオキシグアノシン……………………… 55
デオキシシチジン………………………… 55
デオキシチミジン………………………… 55
デオキシリボース………………………… 53
テロセントリック染色体………………… 95
テロメア……………………………… 104, 269
テロメア短縮……………………………… 271
テロメラーゼ………………………… 234, 270
転移………………………………………… 258

転移 RNA ………………………………… 67
転写………………………………………… 67
転写制御…………………………………… 73
転写・翻訳系……………………………… 71
伝令 RNA ………………………………… 67
動原体…………………………… 40, 95, 150
糖鎖……………………………… 178, 231, 256
糖鎖工学…………………………………… 260
糖タンパク質……………………………… 258
糖尿病……………………………………… 44
独立の法則…………………………… 33, 42, 104
トチポテンシー…………………………… 223
突然変異…………………………… 35, 63, 66, 240
突然変異説………………………………… 47
突然変異体………………………………… 184
ド・フリースの突然変異説……………… 47
ドリー……………………………………… 275
トリプレット……………………………… 57

な 行

内胚葉…………………………… 174, 177, 255
二重らせん………………………………… 53
二重らせん構造…………………………… 79
二本鎖 DNA ……………………………… 53
二本鎖 DNA 切断修復…………………… 89
二本鎖 RNA ……………………………… 67
ヌクレオソーム…………………………… 41
ヌクレオチド……………………………… 53
粘着性末端………………………………… 213
能動輸送…………………………………… 23
嚢胚………………………………………… 255
嚢胚期………………………………… 168, 174

は 行

ハーシーとチェイスの実験……………… 51
パーティクルガン………………………… 216
ハーバート・スターン…………………… 158
肺炎双球菌の形質転換…………………… 51
倍加…………………………… 23, 39, 125, 190, 269
胚性幹細胞………………………………… 226
パキテン期………………………………… 159
バクテリオファージ………………… 51, 211

発癌源	236
発癌の多段階突然変異説	241
発癌物質	92, 236
発生	72, 168
発生奇形	186
反復配列	110
非遺伝子領域	62
光回復	89
非再生組織	223
標的探索法	249
ピリミジン環	55
ピリミジン二量体	89
ファージ	211
複糸期	159
複製	269
複製開始点	83, 84
複製点バブル	84
プライマー	82
プラスミドDNA	214
プリン環	55
プロモーション	241
分化	72
分化全能性	223
分子進化	136
分子創薬	261
分離の法則	33, 103
分裂期	100, 150
ペアリング	159
ヘテロ	43
ヘリカーゼ	80
ホイタカーの5界説	133
ホイタカーの分類図	132
放射線	64, 92
胞胚	255
胞胚期	168, 172
ホスホジエステル結合	55, 79
堀田康雄	158
ホモ	43
ポリメラーゼ	81
ホルモン様総合ブレーキのアイデア	236, 252
翻訳	71

ま行

マラーの人為突然変異の発見	48
ミスマッチ修復	89
ミトコンドリア	94
メタセントリック染色体	95
メチル化シトシン	88
メルティング温度	112
免疫反応	203
メンデルの遺伝の法則	33
毛細血管の新生	261
モルガン	195
モル濃度	31

や行

優性	29, 33
優劣の法則	34, 43
ユニーク配列	113, 164
四分子期	159

ら行

ライガー	131
ラギング鎖	78, 83
卵割	134
リーディング鎖	78, 83
リボース	66
リボソーマルRNA	67
リボソーム	67
リンケージ群	36, 193
劣性	29, 33
レプトテン期	159
連関群	36, 193
老化	268

わ行

ワトソン・クリックの二重らせんモデル	51

著者プロフィール

坂口 謙吾（さかぐち けんご）

【現 職】
東京理科大学・理工学部・応用生物科学科・教授
東京理科大学・総合研究機構・教授

【略 歴】
1967年　北海道大学理学部生物学科卒業
1972年　理学博士，学位取得後しばらくして渡米
1990年　帰国，東京理科大学に着任，現在に至る

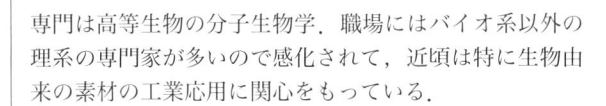

専門は高等生物の分子生物学．職場にはバイオ系以外の理系の専門家が多いので感化されて，近頃は特に生物由来の素材の工業応用に関心をもっている．

ブログ「ぐうたら能無し教授の日記」 http://ameblo.jp/sakaguchikengo/

くり返し聞きたい分子生物学講座

2010年4月1日　第1刷発行

著　者　坂口 謙吾（さかぐち けんご）
発行人　一戸 裕子
発行所　株式会社　羊　土　社
　　　　〒101-0052
　　　　東京都千代田区神田小川町2-5-1
　　　　TEL 03（5282）1211
　　　　FAX 03（5282）1212
　　　　E-mail eigyo@yodosha.co.jp
　　　　URL http://www.yodosha.co.jp/
装　幀　小野 貴司（やるやる星本舗）
印刷所　株式会社平河工業社

ISBN978-4-7581-2011-1

本書の複写にかかる複製，上映，譲渡，公衆送信（送信可能化を含む）の各権利は（株）羊土社が管理の委託を受けています．

JCOPY ＜（社）出版者著作権管理機構 委託出版物＞

本書の無断複写は著作権法上での例外を除き禁じられています．複写される場合は，そのつど事前に，（社）出版者著作権管理機構（TEL 03-3513-6969, FAX 03-3513-6979, e-mail : info@jcopy.or.jp）の許諾を得てください．

バイオ研究者が知っておきたい 化学シリーズ

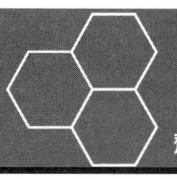

齋藤勝裕／著

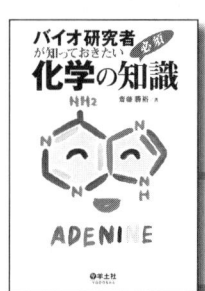

バイオ研究者が知っておきたい 化学の必須知識

バイオ実験や生命現象など, 化学の観点から解説.

化学を初歩から学び直したい方におすすめ！
1章 タンパク質を作るもの／2章 分子間力は生命を作る／3章 二重らせんの秘密／
4章 分子膜／5章 生体エネルギー／6章 光と電気／7章 反応速度／
8章 生体と放射能／9章 毒物／10章 バイオ実験の化学的側面

■定価（本体3,200円＋税）　■B5判　■183頁　■ISBN978-4-7581-0732-7

▼化学の土台をしっかり固めたい人向けの体系テキストシリーズ▼

バイオ研究者がもっと知っておきたい化学（全3巻）

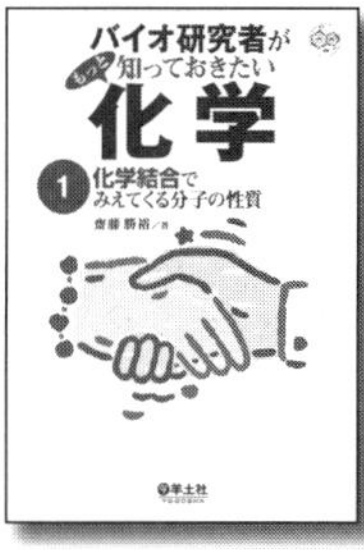

どの巻から読み始めても大丈夫！

「化学結合」を知れば分子の物性, 反応性, 構造がもっとわかる！

「化学反応」を学べばバイオ実験の原理がもっとわかるようになる！

酸・塩基, 酸化・還元, コロイドなどバイオに役立つ知識を凝縮！

① **化学結合でみえてくる分子の性質**
■定価（本体3,200円＋税）
■B5判　■182頁
■ISBN978-4-7581-2006-7

② **化学反応の性質**
■定価（本体3,500円＋税）
■B5判　■188頁
■ISBN978-4-7581-2007-4

③ **溶液の性質**
■定価（本体3,500円＋税）
■B5判　■165頁
■ISBN978-4-7581-2008-1

発行　羊土社 YODOSHA
〒101-0052　東京都千代田区神田小川町2-5-1　TEL 03(5282)1211　FAX 03(5282)1212
E-mail：eigyo@yodosha.co.jp
URL：http://www.yodosha.co.jp／

ご注文は最寄りの書店, または小社営業部まで

羊土社のおすすめ書籍

ハーバードでも通用した 研究者の英語術
ひとりで学べる英文ライティング・スキル

著／島岡 要
Joseph A. Moore

ハーバード大学でラボを運営する島岡要先生の,実体験に基づく英語独習法!
研究者にとって必須の各種ドキュメント作成を通して,真に役立つ英語力を身に付ける!

- 定価（本体3,200円＋税）
- B5判　182頁　ISBN978-4-7581-0840-9

ライフサイエンス 必須英和・和英辞典 改訂第3版

編著／ライフサイエンス辞書プロジェクト

好評書を最新の文献解析データに基づいて改訂!
前書の1.7倍の収録語数でPubMed抄録の93%をカバー. 英和・和英に加え発音注意語の音声まで聞ける機能的な1冊!

- 定価（本体4,800円＋税）
- B6変型判　660頁　ISBN978-4-7581-0839-3

理系総合のための 生命科学 第2版
分子・細胞・個体から知る"生命"のしくみ

編／東京大学生命科学教科書編集委員会

東京大学発の定番テキストが堂々の改訂!
理・医・農・薬・歯学部など生物系を専門とするなら最低限知っておきたい各分野の基礎を網羅した,学生・研究者必携の1冊!

- 定価（本体3,800円＋税）
- B5判　343頁　ISBN978-4-7581-2010-4

絵とき シグナル伝達入門 改訂版

文と絵／服部成介

複雑なシグナル伝達がよく理解できた, と評判の入門書が待望の改訂!
「どこで」「どの因子が」「どんなふうに」細胞の性質を決めているのかを丁寧に紐解きます.

- 定価（本体3,200円＋税）
- A5判　246頁　ISBN978-4-7581-2012-8

発行　羊土社 YODOSHA

〒101-0052 東京都千代田区神田小川町2-5-1　TEL 03(5282)1211　FAX 03(5282)1212
E-mail：eigyo@yodosha.co.jp
URL：http://www.yodosha.co.jp

ご注文は最寄りの書店,または小社営業部まで